普通高等教育“十一五”国家级规划教材

21世纪大学本科计算机专业系列教材

计算机伦理学

冯继宣 主编

冯继宣 李劲东 罗俊杰 编著

清华大学出版社

北京

内容简介

本书探讨了计算机与人类之间的相互作用关系和伦理影响,提出了计算机技术设计者和使用者应当在日常工作、学习和生活当中恪守道德行为规范的思考,以及计算机信息产业给生态环境带来的负面影响等问题。本教材具体分为上、中、下三篇,共10章:第1章为计算机伦理学概述,第2章为计算机伦理的基本原则和伦理分析方法,第3章为计算机技术的社会环境,第4章为IT职业道德和社会责任,第5章为信息技术带来的社会影响,第6章为软件品质、IT的风险及其管理,第7章为信息技术与知识产权,第8章为计算机技术与隐私保护,第9章为计算机犯罪,第10章为计算机技术相关的经济问题。

本教材适宜于IT类专业学生、计算机技术人员、各行各业计算机用户等人员使用。对于计算机职业人员来讲,就要努力设计制造出与自然相协调的、稳定可靠的、不对人类造成伤害的技术成果、产品和工程项目;而对于广大计算机、互联网用户而言,应该正确认识IT、恰当使用IT、妥善对待IT,运用技术造福人类。

图书在版编目(CIP)数据

计算机伦理学/冯继宣主编.—北京:清华大学出版社,2011.5
(21世纪大学本科计算机专业系列教材)
ISBN 978-7-302-25305-1

Ⅰ.①计…　Ⅱ.①冯…　Ⅲ.①电子计算机－伦理学－高等学校－教材　Ⅳ.①B82-057

中国版本图书馆 CIP 数据核字(2011)第 057131 号

责任编辑:张瑞庆　薛　阳
责任校对:焦丽丽
责任印制:王秀菊

出版发行:清华大学出版社		地　　　址:北京清华大学学研大厦 A 座	
http://www.tup.com.cn		邮　　　编:100084	
社　总　机:010-62770175		邮　　　购:010-62786544	
投稿与读者服务:010-62795954,jsjjc@tup.tsinghua.edu.cn			
质 量 反 馈:010-62772015,zhiliang@tup.tsinghua.edu.cn			
印 装 者:北京富博印刷有限公司			
装 订 者:北京市密云县京文制本装订厂			
经　　　销:全国新华书店			
开　　本:185×260	印　张:15.25	字　数:364 千字	
版　　次:2011 年 5 月第 1 版		印　次:2011 年 5 月第 1 次印刷	
印　　数:1～3000			
定　　价:25.00 元			

产品编号:030166-01

序言

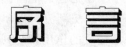

计算机伦理学：探索计算机世界的人文建构

随着被称为"e"时代的来临，实际上人类社会早已置身于与现实物质世界完全不同的新的时空领域——虚拟世界。在由计算机与网络技术支撑着的这个虚拟世界里，基本可以做到"相知无远近，万里犹比邻"。然而，当科技为我们人类生活提供极度便捷与享乐之际，每个人也时常会产生这样的心理矛盾与理论困惑——"处天外遥望地球很小，居体内细察心域极宽"。计算机网络编织出的虚拟世界的虚拟性、开放性、互动性与无国界性等都给人类社会提出了前所未有的挑战，尽快建构一门量身定制的计算机伦理学便是其中核心与富有考验的一个命题。

由于自身所扮演工作角色的原因，笔者曾应约为浙江万里学院师生的多部著述撰写过序言。但当冯继宣高级工程师、李劲东教授伉俪提出这个同样请求的时候，我真的有点为难了——却之不恭、受之难为。因为对于计算机领域的研究，我纯粹属于外行，充其量只是一个初级水平的"计算机技术使用者"。而之所以明知不可为还为之，完全是出于对大学专业教育中人文精神缺失的关注，以及科技发展进步所带来的利弊双重性所产生的负面影响的关切。计算机与网络技术应用中已经出现的和将要出现的诸多问题自然也在我的思考之列。

我以为，网络虚拟世界中的计算机以及计算机专业人员，犹如人类社会与作为社会个体的人。因此，计算机伦理问题的凸现是最自然不过的事情。计算机伦理学作为一门应运而生的新兴交叉学科，对于像浙江万里学院这样一所创新创业型普通本科高等院校来说，应该会具有特别的吸引力，也具有研究的可能性和可行性。因为浙江万里学院始终自觉践行"以生为本、以师立校、面向市场、国际接轨"的独特办学理念，致力于新兴、交叉、复合学科的培育与建设，有条件有信心扬长避短，并充分利用自己的后发优势，最大限度地实现错位竞争，体现鲜明的办学特色，占据发展的领先地位。《计算机伦理学》一书就是其中一个生动的例证。

在这里，我首先感谢编著者的远见卓识，敢为人先，勇于探索，孜孜不倦，以及善于博采众长、精益求精，辛勤的努力终于集成为创新之作，大有裨益于网络的健康发展与网民的和谐相处，大有裨益于计算机技术的健康发展，大有裨益于现代大学生的成长与成才。同时，作为《计算机伦理学》的第一读者，我也由衷地赞佩它的现实价值。说实话，当我们已经步入"云计算"时代，以及互联网正向物联网转型升级势不可挡之际，对计算机与网络技术再抱讳医妒药的消极态度或采取自欺欺人的"鸵鸟政策"，都属不明智之举。因为计算机与网络技术早已把包括中国、中国人在内的世界联系在了一起,谁想拒绝它们不仅不可能,而且也不合乎历史潮流。当今世界能够称为"地球村",以计算机与网络为核心的信息技术发挥了举足轻重的作用,因为是它们才将世界一"网"打尽,地球上的时、空概念才有了全新的含义。纵然,计算机与网络所构成的虚拟世界具有令人忧虑的诸多因素,有时甚至良莠难分,比如在那乌有之乡"偷菜"、以隐身人的方式大放厥词,等等。但"青山遮不住,毕竟东流去"。历史告诉我们,科技与人文总是交织着前行。在人类与生俱来的好奇心的驱使下,前卫的科技从来不肯放慢脚步,匆匆又冲冲,急急复切切。持重而又稳健的人文则始终在被动、滞后的状态下猛拽拉几近失控的缰绳,让科技有效地牵引着人类前进。我想,计算机与网络技术所反映出来的喜、忧最终也会是如此,在具有自我反省的人类面前,它们绝对不会是潘多拉魔盒,应该是可以驯服的神"机"妙算、天罗地"网",并将服务于人类,造福于社会。我们完全应该抱有科技服务人类可持续发展的信心。

庄子曰:"技近乎道。"这是一个乐观的态度。2009 年 10 月 21 日中国国务院新闻办主任王晨在第二届以色列总统会议上发表演讲时说,"世界上五分之一的网民在中国,平均每天有 24 万人成为互联网的新用户,两年后,中国的互联网使用者将超过 5 亿,中国互联网普及率将达到 38.5%。"2009 年 10 月 30 日,国际互联网名称和编号分配公司(ICANN)在韩国首尔举行的第 36 次理事会上决定,从 2010 年开始可使用中文、阿拉伯文和韩文等非拉丁字母文字注册域名。中国工程院院士、云计算机专家委员会主任委员李德毅提出,在科技发展日新月异的今天,我们应该积极推动互联网向物联网发展。物联网指的是将各种信息传感设备与互联网结合起来而形成的一个巨大网络,其目的是使所有物品都与网络连接在一起,使之智能化,然后人们借助网络,就可以和物体"对话",物体和物体之间也能"交流"。这样,日常生活中任何物品都可以变得"有感觉、有思想"了。

以上这些,听起来虽然一时难以令人置信,但却又是不争的趋势,并终将很快变为现实。回首既往,从电子计算机诞生到因特网出现,人类仅用了 40 年的时间。现在,微软已经正式宣布,将启用"云计算"系统,及在互联网上运行 WindowsAzure 软件。人们意识到可以把计算能力、存储能力再一次集中起来,放到网络中去。当需要的时候,就通过网络拿下来,不需要时再放回到网络上面,就像一片漂浮在天上的"云"。

尽管如此,计算机与网络并非完美无缺,诚如克莱因罗克所说的那样,"40 年前,根本没有想到会出现'脸谱'、YouTube 等社交网站和视频网站,也没有预料到互联网带来垃圾邮件和恶意软件等问题。"实际上,互联网、电子邮件、卫星远程通信等教育媒体的普遍应用,难免导致新的道德问题,网瘾、网络犯罪等"网上社会"的网络生活与行为失范等现实问题亟待解决。《2009 年青少年网瘾调查报告》显示,城市青少年网民上瘾率较高——7 个网民中竟有 1 个成瘾,总量超过 2400 万!网瘾青少年在年龄分布上呈现上升趋势,年龄 18～23 岁的青少年网瘾比例最高,而他们正处于高中与大学的学习阶段。所以,全社会乃至全世界都非常关注这个问题。令人可喜的是,在这一领域前行者已经很多。美国学者约·冯·诺依曼在 20 世纪 50 年代就写出了《计算机与人脑》,时下探研网络社会、网络行为等论著更是雨后春笋,《计算机伦理学》积多年之努力与结晶,以高校"十一五"国家级规划教材的形式奉献给读者,真可谓一举多得,既追踪前沿研究,又放眼教育实际;既参与学术交流,又注重教书育人。这对于广大青年人的健康成长,努力让他们成为计算机、网络与虚拟世界的主人是一件功德无量的大好事。

其实,人类一直关切科学技术与伦理的"共生(Symbiosis)"问题,比计算机与网络反映更强烈的当推医学和军事科学。全国人大常委会副委员长韩启德院士说得好:没有人文精神,医学将失去目标。是的,没有计算机伦理导航,人们将会在网络世界中迷失方向,尤其是缺乏自我控制能力的轻年学生。

显然,问题既不能等闲视之,更不能听之任之。况且一旦当我们开始关注问题的时候,解决问题的转机也就离我们不远了。"美韵根系混沌地,生机原发太虚空。"当计算机遇到伦理,虚拟世界与现实世界也就结合到了一起,并催生出了计算机伦理学。我衷心地希望并坚信,《计算机伦理学》能为计算机、网络的健康发展,为虚拟世界的价值取向,为人与人造物之间的和谐相处提供理性伦理指南,并为后续研究者起到承前启后的作用。

陈厥祥

(浙江万里学院党委书记、执行校长)

2011 年 1 月

前　言

计算机伦理学是近三十年来逐渐从欧美发展起来的一门新的交叉学科。其英文名称是 Computer Ethics,首先是由美国老多米宁大学(Old Dominion University)哲学系教授瓦尔特·曼纳(Walter Maner)在 20 世纪 70 年代提出来的。现在,计算机伦理学已经发展成为一门应用性的规范伦理学学科,是将一般规范伦理学的原则和方法应用于计算机制造、技术研发和计算机应用中的学科。

基于计算机与通信技术的高速发展,网络与信息管理普遍存在于百姓生活、工作和学习当中,从而衍生出网络伦理学与信息伦理学。它们分别研究网络中(因特网)的道德行为与信息管理中的伦理问题,与计算机伦理既密不可分又有所不同,因为信息管理、网络通信都离不开电脑、计算机。本教材以计算机伦理学作为主要的学习研究对象,是建立在编著者多年教学、科研以及自身学习积累基础之上的。

目前,我国已有近 4 亿网民,计算机技术已经渗透到社会生活的政治、军事、经济、科技、工业农业、文教卫生等各个层面,计算机信息技术对于社会的运转起着不可或缺的作用。在这种情形下,对每一个公民普及基本的计算机伦理学知识,担当起时代赋予我们的责任,尽一个公民应尽的义务已十分必要。编著者在收集、研读了大量国内外有关计算机伦理学的文献资料、分析教学内容体系、课程安排框架后,为本教材设计了 10 个章节的内容,它们分别是:第 1 章:计算机伦理学概述;第 2 章:计算机伦理基本原则与伦理分析方法;第 3 章:计算机技术的社会环境;第 4 章:IT 职业道德和社会责任;第 5 章:信息技术带来的社会影响;第 6 章:软件品质、IT 的风险及管理;第 7 章:信息技术与知识产权;第 8 章:计算机技术与隐私保护;第 9 章:计算机犯罪;第 10 章:计算机技术相关的经济问题。

为使各章之间的逻辑衔接更符合中国的教材惯例,全书按照上篇:计算机技术与伦理学基础,中篇:计算机伦理学基本问题,下篇:计算机伦理学相关问题等三篇组织结构进行编写,这是本书的基本逻辑脉络。在计算机无处不在的今天,编著者不能一一列举计算机信息技术在各个社会生活层面的伦理问题,如"人工智能中的伦理问题","3G 对我们生活的影响"等,只能强调基本概念、基本的伦理分析理论和分析方法。

同时,这种内容编排也是编著者在研究教育部高等学校计算机科学与技术教学指导委员会编制的《高等学校计算机科学与技术专业发展战略研究报告暨专业规范(试行)》(2006年),并在有关专家、学者的不断教导下,耐心、悉心的帮助和热情的鼓励下,不断探索完成定稿的。编著者参考了上述规范中的"社会与职业问题"知识内容作为基本框架。这些相关知识点及其理论方法启发、引导了编著者,在此,编著者表示衷心的感谢。清华大学出版社为本书的完成也不遗余力地提供了帮助和支持。随着人类对自然、社会、自身以及技术认识的不断提高,计算机伦理学的理论研究和实践指导将会更加深入。当然,本教材也会随着时代进步而不断得到完善。

参与本教材编写的每一位教师都非常敬业。冯继宣老师完成了第 1、2、4、7、8 章的编写;李劲东老师完成了第 3、5、6、10 章的编写,罗俊杰老师编写第 9 章,全书由冯继宣统稿并定稿。但是,计算机伦理学在我国毕竟还是一个刚刚起步的学科,故本教材在很多地方还不尽如人意。恭请读到本书的每一位朋友不惜笔墨,给予斧正和建言,以促进我国职业伦理教育事业的繁荣与发展,谢谢!

编著者联系方式：fjx2094@zwu.edu.cn。

作　者

2010 年 10 月

目 录

CONTENTS

上篇 计算机技术与伦理学基础

中篇　计算机伦理学基本问题

下篇　计算机伦理学相关问题

CONTENTS

PART ONE   FOUNDATIONS OF COMPUTER TECHNOLOGY AND ETHICS

PART TWO　THE MAJOR CONCERNS OF THE COMPUTER ETHICS

Chapter 4　IT Professional Ethics and Social Responsibility ················· 59

Chapter 5　The Social Influence of IT ······································· 77

PART Three OTHER RELATED PROBLEMS IN THE COMPUTER ETHICS

上篇　计算机技术与伦理学基础

第 1 章

计算机伦理学概述

> "吾闻之吾师,有机械者必有机事,有机事者必有机心,机心存而胸
> 中,则纯白不备;纯白不备,则神生不定;神生不定者,道之所不载也。"
>
> ——庄子

本章要点

早在两千多年前,中国先哲就看到了机械技术的出现会给人类的心灵造成影响,带来
"机巧"和污染。同样,计算机的出现,也会给人类的生活带来"善"与"恶"的双重影响。本章
从"计算机-人-社会-宇宙自然"的关系入手,介绍计算机伦理学的基本概念,引导读者对计算
机伦理学的发展有一个初步的认识,进而对分析计算机及信息技术给人类生活带来的伦理
变化理清认识思路。

最早开发出计算机技术的是德国人[①],他们为了计算武器发射时射出轨迹的问题而研
制出了快速运算的机器,从而延伸了人大脑的工作能力。计算机问世不过短短的六十余年,
但它给人类社会带来的冲击和改变却是史无前例的。它比起哲学、数学、艺术、化学、宗教等
已存在并发展了数千年的学科与文化带给人类的冲击和挑战都要大。计算机也远比电的发
明以及工业化、现代化进程给人类的社会生活带来的变革、对自然环境带来的影响要深刻、
广泛得多。

基于计算机技术和通信技术的网络,已成为人类交流的主要工具;发电子邮件,打网络
电话,和国内外的朋友在网络上聊天,开网络国际会议、电子商务、电子政务、远程教育等活
动,已成为人们日常生活中的家常便饭;网络通信方便、快捷、成本低廉、不受时空地域限制,
是以往任何通信工具都不能匹敌的。目前,由芬兰计算机专家李纳斯·托瓦兹(Linus
Torvalds)以及《大教堂与市集》、《新黑客词典》的作者埃里克·斯蒂芬·雷蒙(Eric Steven
Raymond)等人倡导的数字空间的"开放源代码运动"已使"只要能够上网就能享受平等教
育"的梦想成为现实,并把"开放、自由、共享、合作、免费"这个信息时代的伦理精神付诸实

---

① Barry B. Brey. The Intel Microprocessors 8086/8088, 80186/80188, 80286, 80386, 80486, Pentium, and
Pentium Pro Processor—Architecture, Programming, and Interfacing(Fourth Edition). Prentice Hall, 1997, Upper
Saddle River, New Jersey

施,自由软件,开放源代码软件可以在网络上免费下载使用。同样,以美国麻省理工学院为首的一批世界名校(包括英国的牛津大学,我国的清华大学、北京大学等)也把自己的课程教学资料和教授联系方式等信息全部在网上免费公开发布,每个能够上网的人都可以不受时间、地点限制,学习自己喜欢的课程和知识,并和授课教师用电子邮件联系、请教问题。这一做法使每个人都能平等地、免费地享受优质教育;这为促进全球不同信仰、不同文化、不同种族人之间的相互了解、相互理解和相互尊重,进而促进世界和平,起到了不可估量的作用。

与此同时,不正当使用计算机的各种行为和现象也时有发生。学校里有学生为了省事,从网上下载文章当作自己的作业、毕业论文上交;还有的人把别人的科研成果从网上拼接起来当自己的学术作品拿来发表;在美国,垃圾邮件每年带来的经济损失就达几十亿美元。更为严重的是,有人利用计算机技术从银行窃取钱财、欺诈行凶,从事各种各样的、历史上从未有过的违法犯罪活动。仅通过网络盗用身份证号这一项,每年给美国就造成大约 500 亿美元的损失。

所以,不仅要关心计算机带来的工作效率,更要关心使用计算机的人的精神品质,尤其是有些人在看到技术的优势后,而引起的懒惰、投机取巧、贪婪等“机心”,从而产生很多意想不到的后果。

1.1　计算机伦理基本概念

计算机伦理学(the Computer Ethics)是讨论、研究并教育人们如何使用计算机技术为人类的生活带来健康和幸福,抑制并最小化由它带来的不良社会影响的学科。在这个理念下,应当将加强道德教育与相应的社会道德规范建设,将法律法规制度建设与计算机技术的发展同步进行。凡事预则立,运用人类社会所积累的知识与文明,恰到好处地处理好“计算机-人-社会-宇宙自然”的关系,是实现和谐社会的重要保障。事实上正是由于计算机技术的出现,使人类对人-社会-自然-宇宙之间的关系有了更为清晰的认识。图 1-1 显示出计算机把“宇宙-社会-人”联系在一起。

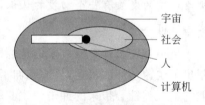

图 1-1　宇宙-社会-人和计算机

1.1.1　计算机伦理的提出

早在 20 世纪 40 年代第二次世界大战中期,著名的科学家与哲学家、美国麻省理工学院教授维纳(Norbert Wiener)[①],在他 1948 年出版的《控制论》(*Cybernetics, Or Control and*

---

① 维纳的主要论著有:

1933, *The Fourier Integral and Certain of It's Application*

1948, *Cybernetics, or Control and Communication in the Man and the Machine*

1949, *Extrapolation and Interpolation and Smoothing of Stationary Time Series with Engineering Application*

1950, *The Human Use of Human Beings*(1954 年又做过修改)

1964, *God & Golem, Inc.: A Comment on Certain Points Where Cybernetics Impinges on Religion*

Communication in the Animal and the Machine）一书中就指出：像众所周知的原子弹一样，超高速计算机器给人类带来的是美好还是罪恶？如何看待动物和机器之间的相互依赖与交流？这是一个非常深刻的哲学问题。其计算机伦理观还见诸于他1950年出版的另外一本代表作：《人有人的用处》（*The Human Use of Human Beings*）。书中提出了数字伦理与社会的问题，探索了计算机技术将会给人的价值观带来多方面的影响，比如生活、健康、快乐、安全、自由、知识、机会和能力、失业以及计算机与安全、计算机和学习、残疾人使用计算机、计算机和宗教、信息网络和全球化、虚拟社区、计算机专家的责任、人类身体和机器、代理技术、人工智能等。在他1964年出版的《上帝与机器人》等书中，维纳讨论了控制论与宗教的关系，如机器学习、机器再生产、在宗教的背景下机器的社会地位，最后维纳还做出了伦理对政治的责任等结论。这些思想为计算机伦理学奠定了基础。

为什么维纳教授会提出上述问题呢？因为在第二次世界大战中期维纳教授和一个研究小组承担了研究数字计算机和雷达的工作，其目的是尽早发现飞近的敌机，收集飞机的速度和飞行轨道等信息，预测战机在下几秒内的准确位置，这样就能决定防空炮在哪个时间、向哪个方向发射炮弹去摧毁目标。所有的这些步骤可以说是瞬间完成的，而且还不需要人为地去控制它！维纳超人的洞察力和远见告诉他，他和他的同事们正在研发的这种新科技和新科学将会像原子弹一样，有潜在的非常庞大的力量——无论是把它用在造福人类上还是摧毁人类上。他预言，在战争结束以后，这种新的信息技术将会像19世纪到20世纪初的工业革命一样改变这个世界。他还预言，在"第二次工业革命"、一个自动化的时代，将会出现一系列令人惊愕的新的挑战和新的机遇，而在那时人们都还没有完全意识到这些问题。所以，维纳被公认是信息和计算机技术伦理的鼻祖。他提出了人类生活的目的，应以控制论对人类本性、对社会的观点为基础建立计算机信息伦理学。但是，当时很多人却认为他只是一个投身于未来幻想的、年迈的、古怪的科学家而已。当时没有人意识到他在计算机伦理方面所创造的成就，甚至连维纳自己也没有意识到这一点。这也充分说明，哲学思维对于计算机技术这样一个工程性质很浓的学科的发展同样是非常重要的。

在维纳的预言过去了将近20年后，计算机、信息技术开始在世界上风靡。又过了一个10年之后，美国著名哲学教授瓦尔特·曼纳（Walter Manner）[①]将这个由维纳所奠基的"计算机伦理学"深深地刻在了人类历史的脚印上。

看过著名表演艺术家卓别林（Charlie Chaplin）主演的最后一部无声影片《摩登时代》（Modern Times）的读者一定对影片中描写人和机器的冲突有很深刻的印象，其历史背景是：当时世界正处在经济危机中，大批工人失业，而美国工业因为使用机器而提高了工作效率，但这给工人造成强烈的精神压力，带来了失业、精神分裂等双重痛苦。现在，信息技术（Information Technology，IT）已运用在许多领域中，计算机技术设计者和计算机技术使用者分别与计算机产生各种不同的关系。机器固然节省了人的劳动，但带来的社会整体影响如何解决？计算机技术同样也会在带给人类生活、工作、学习方便、快乐的同时也带来一些负面影响。因此，从历史的角度看，计算机伦理学的兴起与发展是自然而然的事情。

---

① 美国俄亥俄州博林格林州立大学计算机科学系教授，计算机与社会研究中心研究员，计算机伦理的先驱者（20世纪70—80年代），计算机伦理与应用伦理学会议的组织者和作者。

1.1.2 计算机伦理学研究的基本问题

1. 计算机伦理学的研究对象

目前，很多学者认为，计算机伦理学(Computer Ethics)是应用伦理学的一个研究领域，其研究对象是在计算机的设计、开发和应用中，以及信息的生产、储存、交换和传播中所涉及的伦理道德问题。具体讲，是讨论计算机学科所固有的，涉及传统文化、社会、法律和伦理等方面的问题，是研究如何弘扬计算机技术带来的新的学科。

计算机的设计、开发和应用的主要目的就是生产、储存、交换和传播数据和信息，这些活动中会涉及哪些伦理道德问题呢？非法获取和泄露个人信息、公开个人隐私、买卖商业机密、环境污染等是其中比较常见的伦理问题。去商场购物是人们日常生活中很平常的活动，可是人们有没有想过：个人信息很可能被泄露：做商场会员卡时填写个人信息，用信用卡付款时可能泄露自己的资金账户信息；从消费者的购物单中可以分析出他们的喜好、家庭情况等信息。如果这些信息被居心不良的内部人员得到，他就会发给消费者一些并不想得到的商业广告、产品发布推销信等，影响人们的正常生活和精神状态。这就是典型的非法利用个人信息案例。

侵犯知识产权也是一个比较常见的伦理问题。借助于计算机技术，电影盗版、书籍盗版、在网上下载复制传播有知识产权的信息太容易了。凡此种种行为，已严重违反了知识产权，是对别人劳动的不尊重，是盗窃别人智力劳动成果的非法行为，是一个文明社会所不允许的。目前许多国家已经对知识产权问题实行了立法保护。

电子垃圾是另一个严重的社会问题。信息产业带来的环境污染主要是指电子垃圾(也称电子废弃物)，是指淘汰或报废的电器和电子产品。据统计，电子垃圾的增长速度比生活垃圾要快3倍。这些电子垃圾包括：大小家用电器(电源开关)、计算机设备、通信设备(手机电池)、电视及音响设备、照明设备、监控设备、电子玩具和电动工具等。一旦处理不当，这些垃圾就会对人类的生存环境造成污染。目前，欧盟国家每人每年平均产生电子垃圾16kg。在人口只有520万的芬兰，每年产生的电子垃圾达10万吨，人均超过了19kg。然而，电子产品中也含有众多贵重金属和可再利用的材料和物质。因此，电子垃圾处理逐渐成为新一轮的环保热点和新产业热点。我国商务部会同国家环保总局等部门联合颁布的《再生资源回收管理办法》自2007年5月1日起施行，这标志着我国政府对废弃物质处理和对环境保护的重视与规范化管理已逐渐与国际接轨。

信息垃圾。铺天盖地的广告和莫名其妙的电子邮件可能会使人们陷入无用信息的沼泽中，从而空耗宝贵的时间。由于垃圾邮件通过因特网(Internet)①发出，可以在很短时段里将邮件数量激增。如果说近现代工业文明带来的是全世界的环境污染，那么，垃圾邮件无疑就是当代的信息文明滋生出的、无数的数字化信息垃圾，并正日益演变为信息污染。网络正成为一个无所不包、"永远填不满"的仓库，久而久之会不会演变为虚拟垃圾站呢？人类社会尚未摆脱原有的环境污染的困扰，现在又要面临信息污染的挑战，人类如何跳出这种技术文明越发展，越偏离纯朴、真诚、友善等美好的品质，精神污染越严重的恶性循环的怪圈呢？为

---

① 本教材除了个别组织机构名称采用"互联网"一词外，其余均使用"因特网"一词，尽管"互联网"与"因特网"不是一个含义但是在有些场合"互联网"一词更为确切。

了阻止垃圾邮件、信息污染的蔓延,国际反垃圾组织相继行动起来,跟踪在因特网上发送垃圾邮件的网站、个人等,与法律界人士一同为因特网提供保护,如 Spanhaus,它是一个致力于消灭垃圾邮件背后支持者的网站,是欧洲最著名的反垃圾邮件组织①。

从目前的情况来看,网络色情信息和网络色情活动正呈现出愈演愈烈的趋势。但是不同的国家对待网络色情的态度不一样,尤其是东西方文化的差异导致对这一问题的分歧很大。随着网络多媒体技术的发展以及网络传输信息带宽的加大,在网上不仅可以看到大量的色情影像,而且还能拨打色情电话乃至举行色情电视会议。而在五花八门的 Web 页上,每秒钟自动更新的色情图片更是扰乱了各个部门的正常工作。这也是一种信息污染的形式,给上网者尤其是青少年造成了心灵伤害。如何追究这些信息垃圾制造者给网民造成的精神伤害的法律责任和道德责任,也是计算机伦理与信息时代的法律要研究的课题之一。本节先从一般的伦理概念入手。

2. 哲学中的伦理概念

伦理的基本概念是研究关系和秩序,即人与人,人与社会,人与自然之间的关系,以及社会生活应该是什么样的秩序,也称为道德哲学。一个具有伦理修养的人,无论在有人监督还是在无人监督时都能做到不伤害他人,当然也不能伤害自己(如身心保持健康、积极面对生活)。《说文解字》曰:"伦,从人,仑声,辈也";"理,从玉,里声,治玉也"。"伦"、"理"二字的合用至少具有这样 3 个方面的意义:

(1) 区别与秩序是伦理的第一要义;

(2) 伦理是人伦关系的法则与原理;

(3) 伦理以人性,确切地说,以善之人性为前提。

"伦理"一词,原指人与人之间微妙复杂而又和谐有序的辈分关系,后来进一步发展演化,泛指人与人之间的相互关系应当遵循的道理和规范。因此,可将伦理定义为:伦理是对人的社会关系的应然性认识。通俗地讲,伦理学就是为人们建立快乐的、有秩序的生活的理论,属于应用哲学的一个分支。时代无论如何变化,以衣食住行为基础的人类生活和人际关系在哪个时代都会存在,所以,就把研究关系,研究秩序的学科称为伦理学。有的学者也把伦理学称为研究行为理由的学科:为什么这样做、不那样做呢? 它的伦理依据是什么呢?自然界有自然界的运行规律,物质世界有物理的法则,肉体有生理的法则,与此相同,人类的生活也存在着伦理的法则。人只要活着,就有一种正确的法则存在于人与人,人与物和人与自然之中,这就是仁爱。它指导人类与宇宙万物和谐地生活在一起。这种不变的生活法则称为绝对伦理。伦理具有如下特性:

① 绝对性。无论是谁,在何时何地进行实践,都存在着一个正确的伦理法则。

② 普遍性。所有人类社会活动的各个方面都存在着伦理,计算机技术也是一样。

③ 一贯性。伦理法则不因历史和时代的变迁而变化。

④ 基本性。这是人类所有活动的基础,是文化、教育、政治、经济等一切的基础。

伦理学是研究道德的科学,但由于历史上伦理学派林立,对道德的认识、理解有很大差异,因而对伦理学研究对象的看法也很不一样,难以进行概括。以下面 4 种观点为例:

(1) 伦理学的研究对象是"善";

---

① http://www.spamhaus.org/

（2）伦理学的研究对象是人类的道德行为；

（3）伦理学的研究对象是人类的幸福；

（4）伦理学的研究对象是道德原则和规范。

可以看出，上述观点只是强调了道德的某一方面，是片面的、不完整的。

以西方伦理学史的文化哲学分期来划分，伦理学的发展分为远古、中古、近代和现代4个时期。其中，远古与中古的界线是4世纪晚期5世纪早期基督教神学伦理学的形成，而中古与近代的界线是17世纪前期英国经验主义伦理学和欧陆理性主义伦理学的兴起。近代西方伦理学与现代西方伦理学的界线是20世纪早期英国分析伦理学派（直觉主义支派）和德国现象学价值论伦理学派的出现。历史的连续性在西方伦理学史的每两个时期之间都插入了一个过渡阶段，如远古与中古之间的早期基督教阶段，中古与近代之间的文艺复兴阶段，近代与现代之间的非理性主义哲学初兴阶段。

从西方伦理学史可以看出，为了人们生活的和谐，多少贤哲做出了大量艰苦的努力研究，研究人与人之间的关系、人与自然的关系。研究社会生活秩序也是一门很深的学问①。在国内，目前讲的和谐社会也是在研究建立一个人们生活幸福、健康的社会秩序，从应用伦理学的角度讲是属于社会伦理学的范畴。由此理解，计算机伦理学就是研究计算机技术产生后，带来的新的人与人之间的关系，新的人与社会之间的关系，人和机器之间的关系以及人与自然的关系；研究各种技术带来的人对自身、对自然、对宇宙新的认识，以及由此带来的人与自然、与宇宙万物的关系的改变和给人类的社会生活带来的新的关系和新的秩序。

伦理学与哲学有密切的联系。伦理学是从哲学分化出来的，是哲学的一个分支学科，是对人类道德这个特定现象进行哲学思考的产物。哲学是关于自然、社会和思维发展的最普遍规律的学科；伦理学是关于道德的学科。哲学遵循理论理性，伦理学遵循价值理性。因此，不应将伦理学消融于哲学之中，以哲学取代伦理学。同样，伦理学也不能替代哲学。

3. 伦理学的基本问题

1）基本问题

有学者认为善与恶的矛盾问题是伦理学的基本问题；有的则认为道德与社会历史条件的关系问题是伦理学的基本问题；也有学者认为应有与实有的关系问题是伦理学的基本问题；还有学者认为人的存在发展要求和个体对他人、对社会应尽责任义务的关系是伦理学的基本问题，如此等等。目前占主导地位的观点是：伦理学的基本问题，就是道德和利益两者的关系问题。具体表现为：

（1）道德和利益的关系问题体现了伦理学研究对象的矛盾特殊性。

（2）道德和利益的关系问题是研究和解决其他一切伦理问题的前提和基础。

（3）道德和利益的关系问题贯穿于伦理思想发展的始终。

2）研究方向

人们普遍认为一个人是见利忘义还是重义轻利，是衡量他的伦理素养的试金石。伦理中这两个关系具有以下两方面的研究方向：

（1）经济利益和道德的关系问题。即，是经济关系决定道德，还是道德决定经济关系，以及道德对经济关系有无反作用。

① 杨方. 西方伦理学历史分期新探. 湖南师范大学社会科学学报，2003，(6)

（2）个人利益和社会整体利益的关系问题。即，是个人利益服从社会整体利益，还是社会整体利益从属于个人利益问题。

无私忘我、为人民服务是中国历来崇尚的伦理境界，也是全世界各民族共同的价值理念。

4. 计算机伦理学研究的问题

【案例 1-1】　无花果树上的故事

无花果树上生长着一种小昆虫，英文单词是 Blastophaga grossorun，简称 BG 虫，如图 1-2 所示。无花果树与 BG 虫都是生物，但却是两个极不相似的有机体：一个是动物，而另一个是植物。就在这么两种生物之间发生了非常紧密的共栖或称共存关系：BG 幼虫需要以无花果树的"子房"为生存环境，而无花果的"花"则要靠 BG 幼虫来授粉才能结果繁殖。这样，无花果树与 BG 虫就形成了一种在非相似的有机体组织之间的、相依为命的共栖或共存关系。

图 1-2　Blastophaga grossorun 虫示意图
摘自于：tc. usf. edu/clipart/23600/23690/wasp_23690_th. gif

当利克里德讲述上面的故事时，他希望唤起人们对人-机工程理论适用性的密切关注[①]。他提出了一个大胆假设：人类的大脑与计算机紧密耦合，组成一种"联合体"。这样一种"联合体"想人类从未想到的事情，处理以往所有的计算机所没有计算过的数据。

相比较无花果与 BG 虫之间的关系有所不同，人类与计算机是有机体组织与非相似的无机体之间的关系，但利克里德认为人类与计算机应该是像无花果与 BG 虫那样的共存关系。在计算机的设计开发过程中，人类要考虑环境保护问题，因为随着人类科技的进步，人类赖以生存的空气和水却越来越差了：自然水井、江河湖泊中的水重金属超标，残留药品、残留农药超标，有害生物超标……2007 年太湖水被严重污染，造成无锡市几百万人民生活用水困难就是一个在经济发展的同时没有保护好环境的生动案例。在计算机硬件生产过程中和硬件报废等产生的电子垃圾中，含有不少对人体有害的化学物质或有害的重金属，如铅（Pb）、汞（Hg）、六价铬（Cr6$^+$）、镉（Cd）、有机氯化合物、有机溴化合物、有机锡化合物、偶氮化合物、甲醛、聚氯乙烯及其聚合物等。它们随时都有可能通过呼吸、食物链甚至皮肤进入人体，它们也会随着水的循环进入到植物和鱼的身体中，人类在吃鱼时会把重金属等有害物质一同吃进去，尤其是孕妇经常吃这种鱼/蔬菜水果等含有有害物质的食品后，会造成胎儿神经系统发育不全，生下先天性残疾婴儿。在美国，每年约有 2.5 亿台计算机以及 1 亿部手机成为电子垃圾，如何处理它们已成为该国环保组织时刻关心的一个重要"议题"。再就是人们经常使用计算机，会造成视力下降、辐射超常，眼睛、肩膀、颈部、手腕等部位不适。所以，在机器外形设计时，要运用人机工程学的原理、方法，最大限度地减少操作机器给人的健康带来的损害。欧洲机器学研究网站专家克里斯腾森指出：治安、安全及性爱是最令人忧

---

① Licklider, J. C. R.. Man-Computer Symbiosis. IRE Transactions on Human Factors in Electronics, Volume HFE-1, March 1960, 4-11

心的 3 点;人类 5 年内就会发明出可以跟人做爱的机器人,那么,这些机器人性玩具的外表要设限制吗? 这些都需要计算机伦理理论给出指导和解答。

作为一个新兴的交叉学科,计算机伦理学以计算机、计算机技术制造者、使用者等社会技术群体和环境为目标,围绕以下几个重要问题不断进行理论探讨与实践:

(1) 计算机技术与环境的协调关系,这个关系中既有 IT 从业者和使用人员的问题,又有社会、文化、经济等因素。

(2) IT 职业,包括职业道德、社会责任产生的伦理问题。

(3) 技术如何为人类生活得更美好服务,软件品质、IT 的风险及其管理问题。

(4) 软件等产品的知识产权保护,盗版及开放源代码运动问题。

(5) 网络、数据库等信息存储、传播带来的个人隐私及其保护的问题。

(6) IT 的使用不当,如网络成瘾、网络犯罪,给人造成的身心健康问题。

(7) "数字鸿沟"加剧了不公平竞争、IT 技术垄断等所涉及的相关经济问题。

1.1.3 计算机伦理学的定义

计算机伦理学是国内外学者广泛使用的一个称谓,在其发展史上,计算机伦理学有过很多不同的定义。按照美国计算机伦理学家摩尔(James Moor)的经典定义,计算机伦理学是"研究计算机技术的本质及其对自然和社会的冲击分析,以及形成相应的伦理道德规范与评判政策"的应用伦理学科。我国学者认为,计算机伦理学是对计算机技术的各种行为(尤其是计算机行为)及其价值所进行的基本描述、分析和评价,并能阐明这些分析和评价的充足理由和基本原则,以便为有关计算机行为规范和政策的制定提供理论依据的一种理论体系。可以看出,他们对计算机伦理学的认识是基本一致的。

西方学者对计算机伦理学代表性的观点还有很多,如自 1978 年以来一直活跃在计算机伦理的教学与研究领域、美国南康涅狄克州大学教授、计算机与社会研究中心主任拜纳姆(Terry.W. Bynum)的观点是:以技术进步并且保护人类价值的方式整合计算机技术和人类价值,而并非是伤害人类;"计算机革命的自然属性提示未来的伦理将带有全球化的特性。因为计算机技术革命要席卷全球,所以它要成为全球化的伦理。基于对计算机伦理将要说明人类的活动和关系的认识,它也要成为全球化的。未来的全球伦理将是计算机伦理……如果这一假设成立,计算机伦理应该作为哲学研究的一个最重要的分支之一",美国学者克里斯蒂娜·格尼亚克(Krystyna Gorniak) 1995 年如是说;牛津大学信息伦理研究组卢西亚诺·福洛里迪(Luciano Floridi)对信息伦理理论则给出了一个非常宽泛的"繁荣伦理学"理论:宇宙中所有的物体都是信息体,如果人类是"信息体",那么,像人类这样兴旺的信息体意味着什么? 其中心的伦理问题是:不仅对人类需要尊敬和关爱,对宇宙中所有的物体都应表示尊敬和关爱。这些为人类环保的理念、关爱动物的理念等提供了理论根据。

国外某大学的《计算机基础》(*Computer Essentials*)教科书中谈到计算机技术有效利用时要限制的技术负面影响是:隐私、安全、人机工程学(关心计算机用户的身心健康)和环境。伦理,作为道德行为标准;计算机伦理,则是人类在社会生活中使用计算机的可接受的道德行为指导。它主要包括 4 个方面:

(1) 隐私。在收集、使用个人信息,包括使用数据库、网络时都必须遵守相关的隐私法。

(2) 准确性。在收集数据时要保证所收集到的数据是准确的。

（3）所有权。数据的所有权以及它在软件中使用的权限必须界定清楚。

（4）访问权。对数据的操作控制和使用权限的管理。

1.2　计算机伦理学的研究方法及其发展

1.2.1　计算机伦理学的研究方法

在研究方法上,计算机伦理学采取了以多学科合作、实证研究和案例分析为主的技术路线,也有采用社会调查的研究方法。多学科合作主要是指计算机信息科学与哲学、社会学、心理学、法学等学科的合作。所谓实证研究主要是回答做得怎么样,本质上是证伪。它主要完成两项任务：①证明现有的、公认的、设想的理论不能说明、解释的事实,即对理论进行探索；②现有理论没有关注到的事实,或者,现有理论关注得不够、不全的事实,就是对理论给出新的、更为完善的解释。相比较而言,规范研究则主要回答"对不对",用公认的价值判断去衡量事实,给出现实做得对与否的结论。

实证研究还可以进一步划分为实地研究(Field Research,也译做现场研究)、实验研究(Laboratory Experimentation)和调查研究(Survey)。案例研究与实地研究紧密相关,在有的学科中,实地研究被进一步区分为狭义的实地研究、实地实验(Field Experimentation)和案例研究；而在另一些学科中,案例研究与实地研究被视做基本同质的研究方法。罗伯特K.尹(Robert K. Yin)也认为案例研究是一种实证探究(Empirical Inquiry),它研究现实生活背景中的暂时现象(Contemporary Phenomenon)。在这样一种研究情境中,现象本身与其背景之间的界限不明显,研究者只能大量运用事例证据(Evidence)来展开研究。调查研究的有效性介于实地研究/案例研究与实验研究之间。调查研究强调采用统计性概括方法,实地研究/案例研究强调采用分析性概括方法；此外,在很多情况下实地研究/案例研究都是一种小样本的研究方法。

案例是一个包含了一个或多个真实疑难问题的复杂情景的描述。好的案例要能够叙述一个从开始到结束的完整情节,包含问题的困境,以及做出决策所依赖的事实、认识和偏见。如你是一个企业的雇员,领导也很欣赏你,可是为了公司的利益,领导为节约成本让你把未按标准严格测试的产品交付给用户,你该如何办理？而未经标准测试的产品在使用时会产生潜在的危险每个人心里都清楚。你要么按领导的意思办；要么加班加点地把产品按标准测试好,放心地交付给用户；要么委托出去测试,费用自己想办法解决。这些做法对社会、雇主、上司都会产生什么影响？哪种方案得益面最大、最圆满呢？

社会调查是指应用科学方法对特定的社会现象进行实地考察,了解其发生的各种原因和相关联系,从而提出解决社会问题对策的活动。对于职业伦理和社会责任教育来说,社会调查不失是一种让学生了解实际职业生涯、树立正确的生活价值观、培养实际工作能力的好办法。通过社会调查,掌握个案调查法、文献收集法、问卷法和访谈法等4种信息收集方式,然后对这些信息进行分析整理写出报告,尤其对统计数据做出数学分析、做出推断得出结论并进行伦理理论分析,对学生的职业生涯很有帮助。

综上所述,由计算机技术提出的对传统伦理、文化、社会、法律和哲学等方面的挑战是现在社会所必须面对的。计算机伦理学要回答"计算机技术到底给人类的生活带来什么样的变化"这样一类哲学问题。短短的三十多年,计算机伦理学从概念已发展到了能够指导工程实践与应用、非常普及的一门应用伦理学;从理论基础到研究方法学,从教育到工程实践都开展得非常深入、广泛;并在哲学界掀起了大风波。所以,这个学科的发展,必将使计算机技术以更加健康和规范的方式发展。

1.2.2 计算机伦理学的发展

1. 计算机伦理学先驱者

计算机伦理学的发展历史是伴随着技术的发展史而深入的。计算机伦理学的始祖罗伯特·维纳是美国数学家、控制论的创始人(中国近代杰出的科学家钱学森,就是在学习维纳的思想之后提出工程控制论的,后来成为控制论的一个重要应用分支)。维纳 1894 年 11 月 26 日生于 Columbia Mo.,1909 年他从 Tufts 学院毕业,1913 年在不满 19 岁时从哈佛得到了博士学位,他也进过康奈尔、哥伦比亚等大学,在剑桥、哥廷根、清华(1935—1936 年任教清华大学电机系,研究傅里叶变换滤波器)等学校任教;1933 年获美国数学学会的 Bocher 奖;1936 年作为 7 名美国代表之一参加了在挪威奥斯陆召开的世界数学大会。他从 1937 年起就一直在麻省理工学院教授数学,1932 年成为全职教授,1933 年当选美国科学院院士。在第二次世界大战中,他为政府工作,对自动电子计算机和相似机器上的信息处理过程产生了兴趣,并从进一步的研究中,特别是在对自动火箭控制系统的研究中,发展出一门新的学问——控制论(Cybernetics)。这个词是他从希腊词根中创造出来的,意思是"控制或掌舵,同时也与人脑、神经系统与机器的功能的关系问题有关"。在《人有人的用处》一书中,他讲到:有机体是信息。维纳自己也认为这有点像"科幻小说",但他还是认为,实物传送和信息传送之间的界限并非是永远不可逾越的。他认为有机体,包括人在内,都是一些模式,而这些模式就是信息,可以被传送的信息。这种想法很可能来自于控制论的某些想法中。这位伟大的科学家、哲学家于 1964 年 3 月 18 日瑞典斯德哥尔摩逝世。

计算机伦理学这个词汇的问世是由美国学者瓦尔特·曼纳在 1976 年首次提出的,他较早关注计算机伦理问题,最先将伦理学理论应用到生产、传递和使用计算机时所出现的伦理问题上,从而开拓了一个应用伦理研究的新领域——计算机伦理学。此外,他开始着手编写教学大纲并撰写文章,使得这门课程逐渐在美国大学开设,并吸引了许多重要学者加入到这一领域中来。这门学科的真正兴起是在 20 世纪 80 年代,以 1984 年美国哲学杂志《形而上学》(或翻译为《元哲学》)10 月刊登的摩尔和拜纳姆两位该杂志的主编的两篇论文——《计算机与伦理学》、《什么是计算机伦理学》为先河,对计算机技术运用中的一些"专业性的伦理问题"进行了系统的探讨。随后一个时期,大量关于计算机伦理的论文、辩论和专著不断涌现,为后来丰富和发展信息伦理的研究提供了较为充分的理论准备。正如一些国外学者所指出的,这些研究"对于信息技术和信息系统(Information System,IS)有关的伦理问题和社会问题,以及解决这些问题的方法缺乏深层次的研究和认识"。1983 年,拜纳姆教授自己也开始编写教学大纲,给学生上计算机伦理课。1987 年秋,拜纳姆教授在美国南康涅狄格州立大学成立了世界上第一个"计算机与社会研究中心"。1991 年,在国家科学基金的资助下,拜纳姆主持召开了第一届国际计算机伦理大会。到 20 世纪 90 年代,随着网络技术的普及,计算机应用技术所带来的对人类道德的冲击,如网络生活中的黑客、隐私权得不到保障、计算机软件盗版等一些社会学、伦理学问题越来越受到哲学界、伦理学界、科技界和法律等各界人士的关注,他们经常性地组织召开国际会议并制订计算机行业职业道德规范和信息网络技术行为标准(如自 1995 年开始,由现任美国南康涅狄格州立大学哲学教授、美国哲学协会哲学与计算机委员会的前任主席拜纳姆和英国德蒙特福特大学计算机和社会责任研究中心主任罗格森教授(Simon Rogerson)创立的"国际计算机与信息技术伦理会议ETHICOMP"每 18 个月召开一次)。2001 年,在波兰召开的第四届国际计算机与信息技术伦理会议的主题是:信息社会的制度。会议上讨论了这些制度对社会、机构和个人的伦理学和社会学影响。这次会议从 4 个方面进行了探讨:

① 软件工程和系统开发;

② 计算机专业学生的伦理教育;

③ 虚拟社区伦理学;

④ 离线(off-line)世界伦理学。

"计算机伦理学"这一术语最初的含义是:它是一门应用伦理学,用来检验由计算机技术带来、转化或变得更为严重的伦理问题。1995 年,摩尔根据人们积累的研究成果,总结出了计算机伦理学新的概念:由计算机技术带来的问题和矛盾,它迫使人们去探索新的道德价值,从而形成新的道德规范,研究出新的政策并找到新的办法来解决所面临的新问题。

而美国学者克里斯蒂娜·格尼亚克于 1995 年做出假设:"计算机革命在道理上必然表明了道德的未来将是全球性的象征。其将围绕整个地球,于是在空间感觉上是全球性的。当然,在定位人类行为和关系方面这也将是全球性的";"未来全球性的问题将是计算机伦理……如果这成立,那么计算机伦理将是哲学研究领域中最重要的一块"则将计算机伦理的哲学特征描述了出来。

现任美国东田纳西州大学教授、软件工程伦理研究所主任的唐纳德·哥特巴恩(Donald Gotterbarn)则是计算机职业职责教育的领军人物、计算机伦理的实践者。他首先领导开创了软件工程的伦理标准和职业实践规范;协助设计了软件工程师执业证书标准并任美国ACM 职业伦理委员会主席。现任英国 De Montfort 大学计算机与社会责任研究中心主任罗格森教授是欧洲研究计算机伦理的第一个教授,他在"作为一个技术人员应对社会承担的责任"方面做了很多工作,合作创作了《软件开发影响评价软件》(*Software for Software Development Impact Statement*),与拜纳姆教授合作出版、发表了很多计算机伦理方面的书籍和文章。联合国教科文组织(UNESCO)从 1997 年开始也经常举办信息伦理学国际会议。

我国学者对计算机伦理的关注开始于 20 世纪 90 年代。以严耕、陆俊、孙伟平等为代表的一批中青年学者在 1998 年出版了《网络伦理》,随后身为北京林业大学教授的严耕又编写了《终极市场——数字化经济时代》等书,陆俊的新作《虚拟生存的意义》和他们翻译的作品相继问世。他们的网络文化网站是一个开放的学习资源(http://www.net-culture.org/)。2000 年,从美国留学回来的上海师范大学王正平教授发表了《西方计算机伦理学研究概述》一文,引起了国内学者的普遍关注。王正平教授于 2007 年 6 月 21 日在《解放日报》的"新论版"又发表了题为《着力构建中国特色的网络伦理》的长篇论文,文章从中国的实际情况出发,总结了构建中国特色网络伦理的基本原则应包括:

① 促进人类美好生活原则;

② 平等与互惠原则;

③ 自由与责任原则;

④ 知情同意原则；

⑤ 无害原则。

对如何营造我国健康的社会伦理文化环境，王正平教授提供了以下具有建设性的对策：

① 建立多层次、多样化的计算机网络道德委员会；

② 加强对计算机网络行为的引导与监督；

③ 增强计算机网络行为主体的道德自律，加快信息网络行为的法规建设；

④ 强化舆论监督，加强对社会公众特别是青少年的计算机网络道德教育等。

中国社会科学院哲学所的刘钢研究员在信息伦理方面也很有研究，其代表作有：《信息化对 21 世纪经济和社会发展的影响》《信息化的哲学基础》等①。湖南大学李伦教授翻译和著述了不少关于计算机伦理方面的文章和书稿，如 2002 年出版的《鼠标下的德行》等。湖南大学也是我国第一个培养计算机伦理方面博士/硕士的学校②。徐云峰在 2007 年 7 月也出版了《网络伦理》一书。目前，在中国期刊库中可以检索到很多关于计算机伦理、信息伦理和网络伦理方面的文章，但与国外相比，国内开展相关研究的学校以及学者有限，获得研究资助也比单纯的计算机技术学科困难。

2. 计算机伦理学教育发展现状

美国是最早开始在大学开展计算机伦理教学的，最初的大学教育课程是 1978 年开设的。20 世纪 90 年代慢慢发展到欧洲、澳大利亚等国家和地区。美国计算机学会 ACM 也是领先制订计算机伦理教学计划和教学大纲的组织之一，其大学《计算机文化》和《信息基础》这类书中都有相关章节讲述计算机伦理问题；网络开放课程中也有这方面的内容，可以说非常普及。美国是引导信息伦理专业规范的建造者（例如，信息伦理工程编码软件和专业的实践，开发申请工程软件许可证的标准，开展软件工程师的职业认证等）。这些国家早已把计算机伦理学作为学位课程，是获得学位的必要条件。一些相关的专业，如档案、商务、信息资源管理等都开设这些专业伦理课程，目的是引导计算机设计者、开发者以及用户明白计算机技术不是带来的都是阳春白雪，还有负面的影响，如长期使用计算机会得计算机病；理解如何在实际生活中理性控制技术发展的意义。它也会普及有关哲学问题的思考，如人类生存的意义，社会的和谐发展等。

我国虽然在 21 世纪初期就要求在计算机信息类专业开设计算机伦理学位课程，教育部高等学校计算机科学与技术教学指导委员会编的《高等学校计算机科学与技术专业发展战略研究报告暨专业规范（试行）》（以下简称《规范》）也一再强调伦理教育必不可少。但由于主管部门的意识问题，以及师资、教材等问题，到目前为止，这方面的教育还十分贫乏。不少人还认为没有必要开这门课。的确，计算机伦理是一门多学科综合的课程，涉及社会学、经济学、哲学和法学，最好的办法是不同专业的教师分担相关的教学内容，再利用网络开放资源完成基本知识的学习。国内的高等院校计算机相关专业已经或者准备开设伦理方面的课程，但在名称上各为政。本教材就针对这一现象做个简单分析，以引起读者的密切关注。

（1）国外最早的课程设置。

IEEE-CS 与 ACM 2001 界定的伦理知识领域是以"社会与职业问题"提出的（Social

---

① 详见其个人主页：http://philosophy.cass.cn/facu/liugang/liugang.htm

② 计算机伦理网站. www.chinaethics.org

and Professional Issues):

SP1　History of Computing

SP2　Social Context of Computing

SP3　Methods and Tools of Analyzing

SP4　Professional and Ethical Responsibilities

SP5　Risks and Liabilities of Computer-based Systems

SP6　Intellectual Property

SP7　Privacy and Civil liberties

SP8　Computer Crime

SP9　Economic Issues in Computing

SP10　Philosophical Frameworks

为进一步跟踪了解 IEEE-CS 和 ACM 最新的教学大纲,本教材参阅了很多 IEEE-CS 和 ACM 的资料,虽没有找到 CC 2004,但在相关网站里查阅到 CS Interim Review 以及 CC 2005 The Overview Report 文档。而且,在 Computer Science、Computer Engineering、Information Technology 和 Software Engineering 等 4 个专业中都涉及了伦理、职业、道德、责任等课程。

（2）近年来国外计算机伦理教学计划的新进展。

在 IEEE-CS 与 ACM 2001 之后,Computer Science、Computer Engineering、Information Technology 和 Software Engineering 等 4 个专业的教学计划相继推出了新的版本。

① Computer Science 专业。

出台了 CS Interim review(2004)以及 CS 2008 Curriculum Update。

② Computer Engineering 专业。

2004 年颁布了 CE 2004: Curriculum Guidelines for Undergraduate Degree Programs in Computer Engineering。

③ Information Technology 专业。

提出了征求意见的教学计划 IT 2008 版（最终版,等待批准）。这也是目前计算机学科所能看到的最新版本的一份教学计划。该版本指出：The social and professional issue of IT is treated as the core at the advanced level and IT body of knowledge——对信息科技的社会和职业问题视为处于 IT 知识体系中的高级核心知识。

④ Software Engineering 专业。

制定了 SE 2004 版: Curriculum Guidelines for Undergraduate Degree Programs in Software Engineering,2004 年。

（3）国内外的做法比较。

我国教育部组织发布的《高等学校计算机科学与技术专业发展战略研究报告及专业规范(试行)》2006 年版将"社会与职业问题"的知识内容分散到了"计算机科学"、"计算机工程"、"软件工程"以及"信息技术"4 个专业方向中,虽然各专业方向中所使用的名称不尽相同,但核心内容是一致的。

① 计算机科学专业方向(CS)知识体系,开设"社会与职业问题(CS-SP)"课程,与"计算机导论"、"程序设计基础"、"软件工程"等课程并列。

社会与职业问题(CS-SP),11个核心学时,9个知识点,其中核心知识点是7个,部分知识点如"计算机历史(CS-SP1)"与计算机导论相互覆盖。与CC 2001相比,计算机科学专业方向的"社会与职业问题"课程少了"哲学框架"一章,其他几乎全是照搬CC 2001的知识点,只不过是将CC 2001中的"computing"译作"信息技术(IT)"。

而国外,除了CS Interim review,又推出了CS 2008版教学计划:The Computing Curricula Computer Science Volume。

② 计算机工程专业方向(CE)知识体系。也开设"社会与职业问题(CE-SPR)"课程,与"计算机体系结构与组织"、"电路和信号"、"嵌入式系统"等课程并列。

社会与职业问题(CE-SPR),16个核心学时,10个知识点,其中核心知识点是9个。与CC 2001对照后发现,计算机工程专业的"社会与职业问题"课程不多不少,几乎与CC 2001的知识点一摸一样,只不过将CC 2001中有些名称做了改变,如"Social context of computing(SP2)"改做"公共政策(CE-SPR1)","Risks and liabilities of computer-based systems(SP5)"改为"风险和责任(CE-SPR4)",也是完全按照CE 2004的教学模式与要求,即将职业伦理问题列为计算机工程教学大纲中的基础知识。

③ 软件工程专业方向(SE)开设"职业实践(NT291)",总学时14个,教学建议作为讲座,请道德规范专家、专业团体代表和知识产权专家来讲授,学生通过阅读、讨论、观点阐述以及意见保留,训练职业道德选择理论与技能。强调讨论时学生不能因为与教师意见不同而受到惩罚。

专业技能包括(PRF. pr13/20)如下几个方面:

PRF. pr. 2　职业道德和行为规范;

PRF. pr. 3　社会、法律、历史和职业问题及关系;

PRF. pr. 4　专业团体的本质和作用;

PRF. pr. 5　软件工程标准的本质和作用;

PRF. pr. 6　软件的经济效应;

QUA. cc. 2　社会对质量的关注;

QUA. cc. 3　低劣质量的代价和影响。

而国外计算机工程专业则把上述职业实践作为一个伦理课程教授。

④ 信息技术专业方向(IT)所开设的相关课程以及所描述的知识体系,有关内容的名称都不一致。在信息技术专业方向知识体系的名称为"信息技术与社会环境(SP)",23个学时,而在信息技术专业方向必修课程示例中起名是"社会信息学",建议36学时。

信息技术与社会环境(SP)知识点:

SP. his　信息技术行业与教育发展史;

SP. sc　计算的社会环境;

SP. pcl　隐私和公民权利;

SP. per　职业操守规范与责任;

SP. int　知识产权;

SP. leg　信息技术应用涉及的法律问题;

SP.tea　团队合作；

SP.org　机构环境；

SP.pc　信息技术专业写作。

这个知识体系前 6 个知识点与 CS 2001 基本相同（除了"IT 系统风险"之外），后面的则是与"软件工程"的"专业技能"相近，所以，它是 CS 2001 与"软件工程"的混合。

"社会信息学"主要内容包括信息技术对社会发展的作用与影响、信息化涉及的法律问题以及信息技术职业的发展。

（4）关于"计算机伦理学"课程的内容体系。

美国戴博拉·约翰逊（Deborah G. Johnson）在佐治亚理工学院开设了学时安排为一个学期的课程，主要讲授"计算机伦理"、"应用伦理学"、"计算机、伦理学和社会"、"伦理学和信息系统"、"计算机与社会"以及"技术的社会效用"等内容。2001 年，她还编著出版了《计算机伦理学》（第三版）。该教材将哲学、法律、技术清晰地、可接受地结合在一起，深入、严谨地探讨和分析了计算机技术广泛应用的伦理学意义这一宽泛的领域，表明其规范科学精神以及灵活的伦理学态度。该教材在 2009 年又出版了第四版，内容主要包括：计算机伦理概论、哲学伦理学、职业伦理、计算机软件中的知识产权、计算机和隐私、犯罪滥用和黑客伦理、职责和义务、计算机的社会意义等 8 章内容。鉴于她在"计算机伦理学的哲学基础所做出的杰出贡献"，戴博拉·约翰逊获得了 2000 年度 ACM SIGCAS 的"特别奖"。现在她是佐治亚理工学院公共政策学院的哲学教授，同时她还是"哲学、科学和技术"项目的组长。

澳大利亚汤姆·福雷斯特（Tom Forester）是 20 世纪 90 年代计算机人文方面卓有建树的学者，于 1994 年去世。他所编著的《计算机伦理学》一书系统地探讨过计算机带来的社会、伦理及法律等方面的问题。福雷斯特曾任教于澳大利亚昆士兰市格里斯大学计算机与信息技术学院，编著过多本有关计算机之社会影响方面的书。《计算机伦理学》是他逝世前最后一本有影响力的著作，对各种工程实际伦理案例介绍得非常多。

国内大学中当推北京航空航天大学熊璋教授开设的"计算机导论与计算机伦理学"课程，该课程并于 2008 年得到了教育部本科国家精品课程的称号。

该课程的教学目标定位在：使学生可以体验到这些教师治学、分析和表达问题以及如何看待科学与世界的方法。课程内容方面的具体教学目的包括：

① 掌握计算机学科的基本概念；

② 熟悉计算机学科的基本知识；

③ 了解计算机学科相关的课程设置和专业发展；

④ 认识计算机伦理学和加强职业道德修养的意义。

具体分成 3 大部分：第一部分计算机导论包括课程介绍、计算机的定义、计算机的分类、计算机的历史、计算机组成基本工作原理与设备、计算机软件基础、计算机应用、计算机网络的原理与应用；第二部分与计算机伦理学关系最直接，含有两讲内容，一讲是计算机伦理学初步，还有一讲是本专业的职业道德修养；第三部分主要是计算机研究热点和主要课程介绍。

还有姜媛媛老师和李德武老师于 2006 年编著了《计算机社会与职业问题》教材，用通俗的语言阐述了计算机领域中有关社会与职业方面的问题，为计算机专业学生职业道德教育提供了教学参考。该教材主要内容包括：计算机的历史、计算机的社会问题、职业和道德责任、信息伦理道德、计算机知识产权、网络隐私与自由、计算机信息安全与风险责任、计算机犯罪等8章，附录中还收录了与计算机相关的法律法规。该书被建议作为高等院校本科、专科与计算机相关专业的教材，或作为学校进行计算机社会职业与道德教育的教材，对从事信息系统管理以及信息安全咨询服务的专业技术人员也具有很好的参考价值。

综上所述，国内的各个专业规范基本上沿用了IEEE-CS和ACM的教学大纲CC 2001或者CC 2004，都没有单独完整地设立"计算机伦理学"课程，更没有专门制定"计算机伦理学"的相关规范和知识体系，计算机伦理学在计算机技术学科中的地位尚未确立。可喜的是，相关的教材、课程已开始有了一些，给国内"计算机伦理学"的进一步发展打下了基础。科学是一个开放的系统，是一个不断接纳新知识、不断发展扩大的系统，尤其是像"计算机伦理学"这种跨学科交叉性课程。因此，还需进一步跟踪IEEE-CS和ACM最新的教学大纲，及时掌握"计算机伦理学"的国内外研究动向，继续对计算机伦理学开展教学研究与科学研究，探索乃至最终确定该课程的内容体系。本教材分为10个章节：计算机伦理学概述；计算机伦理基本原则与伦理分析方法；计算机技术的社会环境；IT职业道德和社会责任；信息技术带来的社会影响；软件品质、IT的风险及管理；信息技术与知识产权；计算机技术与隐私保护；计算机犯罪和计算机技术相关的经济问题。

【案例分析】

信息技术使得远程医疗得以实现，从而救助了很多濒临死亡的人，使他们重新获得了生命。但也有人用信息技术非法进入数据库，非法进行银行转账以牟取他人的财产。分析信息技术的工具属性，讨论并思考"如何使用信息技术还是取决于人"的论断。

思考讨论之一

1. 中国传统文化非常强调人的精神品质、道德的修养，其总的价值观与现代社会的人生观符合吗？

2. 王选、姚期智等人在计算机发展史上做出了什么贡献？

3. 在计算机发展史上有很多图灵奖获得者，说说他们各自所做的贡献。

4. 谈谈计算机技术对人们生活的影响。人们应该怎样把握计算机技术的应用和发展方向，使它为人们的生活健康服务，为人们的美好生活服务？

5. 中西方伦理文化有何差异？请举例说明。

6. 你认为计算机用户应该承担什么样的社会责任？谈谈计算机技术带来的社会问题。

7. 去中华网络伦理网站 http://www.chinaethics.org/ 看看，谈谈你的读后感。

8. 目前，世界上有近10所大学建立了和平研究所（如澳大利亚昆士兰大学），说说他们所做的工作对人类生活的意义。

参考文献

1 严耕,陆俊,孙伟平. 网络伦理. 北京：北京出版社,1998年.

2 王正平. 伦理学与现时代. 上海：三联书店,2004年.

3　Prof. Terry Bynum's Home Page. http://home. southernct. edu/~bynumt2/,2007.06.

4　杨方. 西方伦理学历史分期新探. 湖南师范大学社会科学学报,2003,(6).

5　辞典编纂组. 伦理学大辞典. 上海：上海辞书出版社,2002 年.

6　日本伦理研究所网站. htttp：//www. rinri-chn. org. cn/index. as/. 2007.08.20.

7　赵秉志，卢建军. 中国网络犯罪的现状及特点. http://www. jcrb. com/zyw/n155/ca85541. htm/, 2009.08.10.

第 2 章

计算机伦理基本原则与伦理分析方法

"世界上有两件东西能够深深地震撼人们的心灵,一件是我们心中崇高的道德准则,另一件是我们头顶上灿烂的星空……"

——伊曼努尔·康德(Immanuel Kant)

本章要点

如何判断什么是正确的伦理选择,什么是不正确的言论、行为?本章介绍基本的伦理分析理论和方法,期望通过这些知识的学习,能够帮助每个人在做出行为决定、与他人谈话时做出最佳的选择,既不伤害他人,也不伤害自己。

如何使自己的行为、言论对自己、对他人、甚至对宇宙自然都有利?这是伦理学的核心目的。通过对一般伦理学的认识,并把这些原理和方法运用到与计算机技术开发、应用和技术实施过程中来,就能减少由于计算机技术带来的负面影响,最大化由其带来的优点和积极效应,使人类能够顺乎自然发展规律,控制技术朝着健康正确的方向发展。

2.1 伦理学基本概念

2.1.1 什么是伦理学

伦理学(Ethics)是一门研究世间万物之间的关系,研究宇宙万物之间如何维持一个良好秩序的学科。"伦理学"在西方也叫道德科学,是研究道德行为的学科。它是一门古老的学问,属于应用哲学。人类早在文明时代的初期,就已经开始探索这门学问了。"道德"一词来源于古希腊语,指风尚、习俗。古希腊、古罗马时期的许多哲学家都很关注伦理道德问题。古希腊百科全书式的人物亚里士多德(Aristotle)最早把他关于人的道德品质的学问称为伦理学,并确立为一门专门的学科。他给人类留下了一部专科性的伦理学论著《尼各马可伦理学》(*Nicomachean Ethics*),中译本书名为《亚里士多德伦理学》,由商务印书馆于 1933 年出版),全书共 10 卷,132 章,探讨了道德行为发展的各个环节和道德关系的各种规定等问题。

该书是西方伦理学史上第一部伦理学专著,书中系统阐述的德性在于合乎理性的活动,至善就是幸福等观点,成为西方近现代伦理与思想的主要渊源之一。从此,伦理学便成为一门独立的学科发展起来。

我国也以其丰富的伦理思想和道德文明著称于世。早在春秋战国时期就有了"伦"、道德等概念,有人认为"德"在《尚书·商书》中就已是一个重要的政治和道德概念。汉代的经学家郑玄在《尚书》中注释"德"字为:"人能明其德,所行使有常,则成善人。"所谓"行有常"也就是使行为合乎伦常规范的意思。在《尚书·周书》篇中提到的"天不可信,我道惟宁王德延",就是说周朝的天子在看到殷纣王失德而亡以后,总结经验教训,表示要遵循周文王的德行而治理国家。周灭商后,文明程度不如商,作为开国元勋之一的周公,非常注重总结和学习殷德政的经验,以保国家之长久。在这里,"道"就有了遵循法度和规范的意思。孔子、墨子、孟子、荀子等也都有丰富的伦理道德思想。《论语》、《孟子》、《荀子》、《礼记》等都是伦理学的名著。秦汉之际,形成了"伦理"的概念,产生了包含系统的道德理论、行为规范和德育方法的《礼记》、《孝经》等著作。此后,伦理学作为我国思想史的一个重要内容不断发展,以至于有人把我国古代的哲学称为伦理类型的哲学。

无论西方还是东方,伦理学作为哲学的一个分支学科,都有着源远流长的历史。它是广义的道德学,研究道德的本质、形成及其发展规律,是关于理由的理论,即做或不做某事的理由,认为某个行动、规范、做法、制度、政策和目标好坏的理由。它的任务就是寻找和确定与行为有关的动机、态度、判断、理想和目标的意思。从一定意义上说,它是以人为中心的,教导人们如何做人,怎样对待他人,对待自然,对待世间万物;如何生活才更有意义、更有价值。因此,可以说伦理学就是人的生活、实践的哲学,或称为道德哲学。

1937年,蔡元培先生在他的《中国伦理学史》一书中,曾经对道德规范与伦理学做了区分。他认为,伦理学就是要对道德现象进行系统的理论研究。这就是说,如果把伦理只是看做对于局部或个别道德行为、活动、关系所做的理论概括和说明,那么伦理学作为一门关于道德的学问,则要求对全部社会道德现象做出系统、理论的概括和说明。因此,伦理学就是用概念、范畴、规律对于全部社会道德现象所做的系统化、理论化的总结和概括,是关于道德的学说和思想体系。

"道德"一词,在中国哲学史上,主要指"道"与"德"的关系。如孔子在《论语·述而》中讲的"志于道,据于德",此处的"道"指理想的人格或社会图景,"德"指立身所依据的行为准则。《孟子·公孙丑下》讲的"尊德贵道";荀况在《荀子·儒效》篇中说:"注错习俗,所以化性也;并一而不二,所以成积也。习俗移志,安久移质",这里把道与德分开用,反映的仍然是"道"与"德"的关系。在他们看来,人的行为如果按风俗养成习惯,就可以改变人的意志和品性,所说的风尚、习俗就有道德规范的含义。因此,道德实质上是伦理实践。

在西方,英语中"道德"一词 morality 就是从拉丁文 mos 一词演化过来的,而拉丁文里 mos 的含义就是行为、习俗、风尚的意思。由此可见,"道德"这个词的词源含义,就是当时的社会现象及其在社会生活中所起的实际作用的一种反映。在人类社会历史生活中,道德还具有调节人际关系的功能,人在道德的发展过程中发挥着主体性的作用。从古老的意义上来说,道德就是风俗习惯。从道德的内容来说,道德就是调整人们之间、个人与社会之间关系的行为规范和准则的总和。道德在社会生活中,尤其是在人类社会原始初期曾表现为一种人们约定俗成的风俗、习惯或风尚。道德作为人类用以调节相互关系、发展完善自身的一种特殊的社会意识形态及行为践履方式,它对个人人格的塑造和社会整体风貌的形成都起着巨大的反作用。道德作为人的一种创造,一经产生,便同人形成了一种对立统一的关系。就是说,一方面,道德是人的积极创造,是人的本质属性和内在需要的对象化、外化;另一方面,它一旦产生,便具有了某种相对独立性和客观性,从而反过来制约个人和社会的发展。可见,就道德确证着人的本质属性和内在需求,为了个人与社会的发展调整着人们之间的相互关系这一方面来说,它把人设定为主体;而就它显示着独立性和客观性的功能,以律令和规范的形式与人发生关系的一面来看,它把人设定为客体。除此之外,道德作为一种社会现象,它的确不只是道德准则和规范,它是具有规范的内容,还包括人们的道德传统、道德行为、道德意识、道德关系和道德活动,另外还有道德评价、道德修养和道德教育等。

所以,从严格的科学意义上讲,如果概括道德的全部含义和内容,道德可以描述为:是一定的经济关系决定的,依靠人们内心信念、传统习惯和社会舆论维持的,反映和调节一定社会以一定经济关系为基础的个人、他人、社会之间的利益关系,并表现为善恶对立的人们的行为、意识、规范、活动及关系的总和。

全部社会道德现象大体上又可以分为两大类:一类是社会道德实践;另一类是社会道德意识。社会道德实践包括道德行为、道德活动、道德关系。而社会道德意识则包括人们的道德观念、道德情感、道德信念、道德意志、道德理想、道德原则、道德规范和道德理论等。伦理学更侧重于表现由各种观念形态得到的心理结构与行为活动组成的综合的道德意识(也有学者把道德健康作为衡量心理健康的标准之一)。

道德意识或价值观的形成首先是在家庭,然后是学校和社会。家庭教育承担着巨大的责任。"推摇篮的手就是推世界的手",每个做父母的对孩子的早期教育、品德教育、价值观教育是对孩子终生走正确道路、享受健康幸福人生的至关重要的第一课。"昔孟母,择邻处。子不学,断机杼",所以有了亚圣孟子,孟母教子之道是每个做父母的榜样。

在伦理学上,以往通常把伦理和道德作为等同概念来使用,其实这两个概念虽然含义相通,但从严格意义上说,二者还是有区别的。"伦理"一词在道德领域的特定含义是指关于人伦关系的道理、规范和原则。1989年版《辞海》中"伦理"的条注有二义,一指事物的条理;二指处理人们相互关系所应遵循的道理和准则。而道德作为一种社会现象,它的含义要比伦理广泛得多,伦理只是社会现象的一类。在人类思想发展史上,伦理学并非自人类社会形成时就具有的,作为一门学问,它是在人类对于道德现象已经有了相当的认识,而社会也已具备了产生这种认识的物质和精神条件时才产生的。因而伦理学的产生是人类社会分工及人类文明发展的积极成果。

尽管东西方对"伦理"与"道德"两概念的区别并不在意,但近年来学术界却引起了一些争论。一种观点认为,伦理是人与人之间的相互关系及处理这些关系的客观原则,"伦"为关系,"理"为道理和法则。伦理强调调节人与人、人与社会的关系,而道德则局限于个人,是个人处事和修养的法则。另一种观点认为,伦理是人与人、人与社会关系、人与自然关系的法则,道德是对伦理采取的态度。我国儒教提出所谓的五伦:父子、君臣、夫妇、长幼、朋友,来作为人际关系的代表;又提出所谓五常:仁、义、礼、智、信,以此作为五伦的德目,即为了实现五伦所应该具有的态度。由此看来,伦理和道德的关系也就十分清楚了。在通常情况下,两个词的使用是没有区别的,但如果把重点放在"德"这个词上,那么道德就是实现"道"的人的基本态度。正如儒家所言,"德"是得,是内得于身,"德"是"道"的体验。这两种观点都把伦理与道德做了内与外的区分,只是区分标准不同。前者以法则所指向的对象是社会还是个人为标准,后者则把法则与担当主体作为标准。

伦理和道德虽然存在着区别,但二者之间的紧密联系和相互转化则是主要的。在很大程度上,伦理可以内化为道德。伦理存在的目的和意义在于能够为道德所取法,能够为道德提供依据或理由,以指导人们的实践;而道德存在的目的和意义则在于能够把伦理落实在人心、落实在行动。正如美国计算机学会 ACM 发布的"计算机伦理十诫",就是告诫人们在应用计算机时具体的伦理实践内容应当为:

(1) 你不应该用计算机去伤害他人。

(2) 你不应该去影响他人的计算机工作。

(3) 你不应该到他人的计算机文件里去窥探。

(4) 你不应该用计算机去偷盗。

(5) 你不应该用计算机去做假证。

(6) 你不应该拷贝你没有购买的软件。

(7) 你不应该使用他人的计算机资源,除非你得到了准许或者为此做出了补偿。

(8) 你不应该剽窃他人的精神产品。

(9) 你应该注意你正在写入的程序和你正在设计的系统的社会效应。

(10) 你应该始终注意,你使用计算机时是在进一步加强你对你的人类同胞的理解和尊敬。

2.1.2 伦理、道德、法律

伦理、道德和法律同属于社会意识范畴,它们之间的相互影响、相互作用,较之道德与其他社会意识形态的关系,要密切得多、深刻得多。在伦理学史上,康德对法律与道德的关系,做了较深入的剖析。他认为,法是道德的外壳。人对自己的义务,属于道德的范畴;对他人的义务,就属于法或政治的范畴。道德命令采取内在的、自觉的形式,法采取外在的、强制的形式。道德统治内心的动机,法统治外部行为,而不问其动机如何。这意味着,道德是肯定性的,积极地推动人们的行为;法是否定性的,消极地限制人们的行为。不过,法的这种否定性和消极性对于道德来说,却又起着积极的维护作用。正是在这样理解道德与法的相互关系的基础上,康德提出了他对法的定义。他说:"法是能使各个人的意志依据自由的普遍的法则与他人意志相协调的条件之总和。"

究竟什么是"法"呢? 法是指由国家制定和认可的、反映统治阶级意志、靠国家强制力保证实施的行为规范。法律应该体现对人性中的真善美的保护和鼓励,在一个国家中应有独立的地位和经济支持。由于法和道德都具有行为规范的性质,所以它们在社会生活中有着紧密的联系。法律和道德无疑在某些关键的原则和义务方面确有共同之处,很难理清。尽管如此,它们之间仍有着质的区别,表现为以下几点。

1. 两者所借以维持的力量不同

道德这种行为规范是依靠人们内心的信念来维系的,其约束力不像法律那样需要一种特殊的外在的强制力量来维持。许多道德规范并无明文规定,也非强制执行与遵守,而是依靠社会舆论,依靠人们内心的信念、传统习惯和教育等途径,来约束和引导人们的行为。法律则不同,它是由国家制定认可的,并通过司法机关来实现的,带有强制性质。这种强制性是在法律规范中明文规定的,对整个社会有普遍的约束力,人人都必须执行和遵守;如违反它,就要受到法律的追究和制裁。因此,法律主要通过"他律"来实现,而道德则主要靠"自律"实现。

2. 两者作为行为规范的形式不同

道德和法律都有其各自的存在形式,同时法律和道德作为行为规范又有自己特殊的表现形式。法律通常有各种条文规定,如法律、法令、决议、命令、指示、条例、章程、判例、条约等这些法律规范的主要形式。只有那些通过一定的程序,经由相应的国家机关制定为具体形式的法律规范,才具有法律效力,取得要求普遍遵守的性质。而道德并不具有像法律那样的规定形式,而往往是以约定俗成的方式存在于人们的社会意识之中,存在于人们的观念形态和日常信念之中。

3. 两者对人们行为的规范和调整范围不同

道德的规范作用表现为它对人们的行为进行劝阻与示范的辩证统一。凡是法律规范的行为,道德一般也都应予以规范,但有些法律并未规范的行为,道德也应予以规范。从两者调整的范围来看,有一致的地方,也有不一致的地方。国家的强制力不可能扩展到许多在性质上不属于法律所调整的行为上,它的作用范围是有一定限度的;而道德作用的范围和领域就广泛得多,它可以说是无孔不入,遍及社会生活的各个方面。道德还调整许多法律效力触及不到的善恶是非问题。因此,在同一规范体系中,违背道德的行为并不一定就是违法的,而违反法律的行为,一般来说也是违背道德的。法律的作用是通过法律条文规定哪些行为不可以做,从而禁止人们做某些事情,法律没有禁止的事情人们做了就不违法。例如,大多数国家都没有明确的法律禁止人们在网上观看色情图像,但这并不说明这一行为是符合道德的,如果有人故意在网上散布色情信息,那么,这种行为就不仅违背道德,而且也违反法律。

需要特别指出的是,道德与法律之间还存在着如下关系:

首先,在阶级社会里,统治阶级总是把自己的道德提升为法律规范。也就是说,统治阶级为了强化自身的道德,总是赋予它法律的效力。这是因为,在阶级社会里缺乏统一的道德体系,统治阶级只有利用法律的强制力来推行和维护他们的道德规范,以此来削弱和破除被统治阶级的道德。

其次,统治阶级还从思想上禁锢人民,要求人民在道义上遵守和执行他们的法律规范,以保证他们的法律发挥应有的作用。

总之,在任何一个阶级社会里,统治阶级的道德和法律都是相互配合、相互支持、相互补充的。两者作为维护统治阶级利益的工具,分别体现出实行强制与教化的功能。法律是道德的权力支柱,道德是法律的精神支柱;法律的高境界应体现人性中的真善美,体现对正义的爱护,维护人类的美德行为。两者共同作用,完美配合,以达到维护和巩固本阶级的统治和利益的目的。因此,有时从被统治阶级的观点看来,统治阶级的法律并非都是符合道德的,例如,纳粹德国的法西斯就是违反道德的,是"不义之法"。

最后,道德还有一个突出的特点,即利他性。在任何一个道德体系中,即使是所谓利己主义的伦理学体系,道德在调整个人同他人、个人同社会的利害关系时,都不能仅仅只考虑个人利益,而是必须考虑或者至少不得不考虑他人利益、社会利益,否则就无所谓道德了。而那些完全考虑或追求全人类福祉、社会利益的行为,则被人们认为是神圣高尚的道德行为,这一点是法律所不具有的。

在人类历史上首次出现了连起二百多个国家、跨越所有自然疆界的因特网,也就出现了适用谁的法律系统、道德价值系统的问题,最终的结果很可能会出现一种"全球信息伦理"的概念。这将是对传统伦理学的新发展,而不仅仅是应用伦理学的一个新分支。

《中华人民共和国计算机信息系统安全保护条例》、《计算机病毒防治管理办法》、《信息安全等级保护管理办法》和《计算机信息系统安全专用产品检测和销售许可证管理办法》,以及有关信息技术安全的标准,如《信息技术-开放系统互连-系统管理-安全报警报告功能》ISO/IEC 10164-7：1992,《信息技术的安全技术标准》ISO/IEC JTC1/SC27 等,都是计算机专业技术人员要学习的有关信息技术安全知识和相关的法律法规。

2.2 伦理分析方法

所谓伦理方法也称为伦理学方法,或称为伦理分析方法,它是从伦理的视角和层面,以伦理理论为依据,对计算机技术的开发、应用以及所带来的环境影响、对人的身心健康影响、对社会的影响的全部过程及相关方面进行伦理分析,抽象概括出符合一定文化背景下道德规范要求的 ICT 的理论、规范和方法。

2.2.1 常用的伦理学理论

从应用伦理学的角度划分,常用的伦理学理论有：相对主义、美德论、功利主义(或结果论,Teleological Theories)和义务论(或道义论,Deontological Theories)。

相对主义认为不存在普遍的道德准则,强调各种文化中行为的差异,认为关于对与错问题是相对的,它更多的是对一种行为的描述,而非研究该怎么做的规范理论。

底线伦理和美德伦理是两种不同品性的伦理形态,处于社会伦理体系的不同层面。前者强调人们行为的合规则性,以社会调控、他律约束为实现机制;后者着眼于人的品质塑造、以自律与激励为其实现机制。本教材认为美德论的价值取向是符合人类文明的健康发展和可持续发展观的。因为美德伦理既具有理论上的前瞻性和先导性,在实践上还具有与克服困难相联系的可实现性,能服务于我国培养国际化、德才兼备的人才培养目标,同时也体现了我国学校德育通盘一体的系统性和循序渐进的过程性。以美德伦理为取向的道德价值观,是为人类社会一直追求的、赞赏的人生境界。美德伦理学可以分为非道德的美德伦理学和道德的美德伦理学。前者以亚里士多德的美德伦理学为代表,其核心的美德概念和道德的规范或法则没有明显的联系。亚里士多德提出的问题是：何为人生的目的？何种生活才是人类最好的生活？但亚里士多德并没有将这些优点和某个道德的法则的概念联系在一起,在这一道德法则之下,所有的人都同等地负有责任。美德对亚里士多德来说是选择自身美好或高贵事物,避免卑劣事物的心理倾向(dispositions)。最重要的概念不是一个人可以遵守或违反的规范或法则,而是尼采称之为"不同等级"(rank-ordering)的理想,根据这一理想,一个人可以变得或好或变得坏。对亚里士多德而言,最重要的伦理学情感包括羞耻、尊重、骄傲与鄙视或藐视、敬重、自重和义愤(moral indignation)。美德是优点,更确切地说,是使某事成为该类事物中的佼佼者的特性(traits)。在这一方面,亚里士多德的理论是某种至善论。例如,一把刀有锋利的刀刃,可以切割自如,这就是刀的美德。一般说来,用户将哪些特性算做优点(成为佼佼者的特性)涉及一个事物的功能或表现品质的行为。后者以18世纪苏格兰哲学家弗朗西斯·哈奇森的美德伦理学理论为代表,其美德的概念和道德上正确或错误的概念有着密切的联系。当代美德伦理学家更关注美德和行动正确性的关系,他们当中的许多人更强调美德,而不是行动的效果在决定一个行动正确与否中的作用。

孟德斯鸠(Charles de Secondat,Baron de Montesquieu)在《论法的精神·序言》中,开宗明义地说:"我所谓的品德在共和国的范畴里就是对祖国的热爱,可见,良好的品德,源自一种'热爱'。这是一种人类所共有的朴素的情感,它随着人类的发展而发展,始终支配着人的思想、精神、欲望和行为。正是这种广义的'爱',推动着人类社会在各个方面发展。这是人区别于兽和之所以能够区别于兽的本质特征。这是人类能够进行各种社会行为的基础,所以说:'爱是人类最基本的美德'。"而他将"法"定义为"浅显理性与各种存在物之间的关系的总和,同时也体现着所有客观存在物彼此间的关系"。这个"浅显的理性"是什么?孟氏认为"人"的意志是理性的主体。人类因为美德而选择理性,也因理性而体现美德。理性论是法的精神的要义,法是人们共同理性的体现,是公共美德的要求,而非个人独断专行或随心所欲发号施令的工具。孟德斯鸠又将法归为自然法和人为法。美德是自然而然的体现,是人为法制定的一个标准。所以,美德是法的精神的要义。这与我国"道法自然"的哲学思想很像。

美德论思想在我国传统文化中也有很深刻的体现,《墨子》强调要"举义",要"利人","利天下",历史上无数的志士仁人和民族英雄,诸如文天祥、岳飞、范仲淹、顾炎武、林则徐等,他们重民族气节,重国家利益,"富贵不能淫,贫贱不能移,威武不能屈","先天下之忧而忧,后天下之乐而乐","尽忠报国",为民族大业而"杀身成仁","舍生取义"。可见,强调群体利益、民族利益和国家利益确为中华民族的传统美德思想。儒家的"礼仪仁智信",注重以美德营造人际关系的和谐,"把别人的父母当作自己的父母孝敬,把别人的孩子当作自己的孩子来抚养"等博大爱心也是美德论的体现。

结果论直接认为一个行为是"对"还是"错"取决于它的结果,比如对社会的影响和效果。它的基本原理是每个人的所作所为都应致力于为最大多数人的最大利益,为大多数人带来最大的幸福。简言之,最大化有益的一面,最小化不益的一面。功利主义还认为幸福健康是最根本的善。因为人生其他的愿望都是达到这一目的的手段。健康幸福是人类的奋斗目标。因此,所有的行为都要以增进或减少幸福为基础来评价。一种行为是对还是错也就是看它对人类幸福这个总目标有无贡献。

相反,道义论者认为某种行为对或错是由行为自身决定的。道义论者强调一个行为的内在特性而不考虑其动机或结果。这样,一个道义论者会说复制别人的软件始终是错的,不必谈其他理由,而假如它对整个社会是有益的,一个功利主义者会说这样的行为也有可辩解之处。就像指出谋杀在任何情况下都是错的时候,道义论者处于很有利的地位,但指出说谎总是错的时候,就不太有力了。功利主义说在某种情况下说谎是可以谅解的,尤其是善意地说谎。另一方面,他们会发现自己在捍卫一些不道德行为(比如说谎)或宽恕一些为造福多数人而惩罚少数人的行为(比如在第三世界的工厂里剥削工人)。结果论者倾向于从整个社会看总体影响,而道义论者倾向于关注个体和他们的权利,德国哲学家康德的理论强调人应该始终被视为最终目的,而不仅仅是手段。

2.2.2　伦理抉择5个基本原则

伦理学中在实际指导人们的伦理抉择时还有5个基本原则:

1. 尊重生命原则

这是一条最基本的道德原则,也是道德之所以存在的基础,任何健康的道德体系都包含这条原则。如佛教的不杀生原则,现代生态伦理学提倡的保护所有的野生动植物(实际上每个人是生活在一个生物链中,你中有我,我中有你,同呼吸,同命运,宇宙万物是一个有机整体)。尊重生命的原则既包括尊重他人生存的权利,也包括对自己生命的热爱。在一般情况下,不应当以任何方式伤害他人或伤害自己。康德曾经论述过自杀是不道德的。他认为自然界之所以存在就是要促进生命的发展,这是一条普遍的自然规律。如果认为可以自杀,并把自杀当成普遍的规律,这就意味着自然界本身也将自我毁灭,由于自杀不能成为普遍的规律,所以自杀是不道德的。任何道德的基本原则都不是绝对的。尊重生命的价值不等于人们在任何时候,任何情况下都不可以伤人。比如,人在遇到歹徒危及他人或自己的生命时就可以自卫,必要时甚至可以将歹徒当场击毙,因此,"不应伤人"应该成为"除了自卫不应该伤人"才是在实际中真正可以遵循的道德原则。对故意伤害他人的人进行惩罚不能被认为是不道德的行为,但这种惩罚必须在可以容许的范围内由司法部门来执行,不能擅自施行。

广义的"尊重生命原则"可以扩展为"无害原则",即人们应当尽可能地避免给他人造成不必要的伤害,包括生理和精神的伤害及财产的损失。因此,人们不应该用计算机和IT给其他人造成直接和间接的伤害。例如,如果骇客或心怀敌意的人员故意用病毒感染关键的应用程序,从而造成巨大的损失就是极不道德甚至是违法的行为。无害原则虽然是一条最起码的道德标准,但对于分析计算机网络技术领域里出现的道德困境仍然是很有帮助的。对于任何一个案例的分析来说,首先都要确定谁是受害者,是谁通过什么手段造成了这些损害,损害程度如何等,这是分析伦理问题的一个逻辑起点。

2. 社会公正原则

公正与自由、平等一样,是人类历来追求的美好理想社会,是维护正常社会秩序所不可缺少的基本道德原则之一。"公正"一词的意思有时与"正义"相似,在英语中,justice一词便兼有"公正"与"正义"的意思。美国伦理学家罗尔斯(John Rawls)认为justice可以理解为承认和维护人们占有社会福利的平等权利,中文译者把它译为"正义",但本教材认为他所讲的实际上也是公正。汉语中使用"公正"与"正义"要比英语分得清楚一些。"公正"主要指人们按照某种公认合理的规则处理问题的方式,这种规则可以是法律,也可以是行为规范、协定、习俗乃至于游戏规则(如足球裁判执法是否公正就在于他是否能严格按照足球比赛规则判罚,否则便会影响足球比赛的公平进行和比赛的公正性和道德性);而"正义"则有一种与邪恶相对立的,带有善的、正确的、合理的等象征意味。

相对于人的需求来说,任何有限资源(包括土地、社会财富、名誉、地位、权力、信息等有形和无形的资源)的分配都存在着一个合理与不合理的问题。公正则是对有限资源的合理分配,使相关的社会成员都认为自己得到了应该得到的东西。所谓合理,则指分配时能按照某种人们事先公认的规则或约定进行分配,能否严格按照这些规则或约定办事则是公正的客观尺度。自由、平等、公正都是人类追求的理想目标,但三者之间却存在着一种辩证统一的关系。首先,公正是对个人自由的某种限制,如果每个人都可以享受充分的自由,例如可以根据自己的需要获取无限制的资源,任其所为,则谈不上什么公正。但在资源有限的人类社会中,任何人的自由都应该以不妨碍他人的自由为前提。公正则是对这种社会秩序的维护,这就必然要对某些人过分的自由加以限制,对违法行为的惩罚就是一种维护公正的表现。另一方面,公正所遵循的规则又只有在社会成员有充分意志自由的情况下制定出来才是合理的。如果这些规则只代表了少数人的利益,而大多数人没有表达不同意见的权利和自由,就没有真正意义上的公正可言。例如,在一个专制政权统治的国家里,通知"你同意了","强权即公正"实际上是不公正的。

第二,公正意味着人们都可以平等地享受权利和履行义务。公正是以平等为前提的,在专制的等级森严的社会中,例如奴隶社会,在奴隶主和奴隶之间没有平等也不可能有公正。公民在权利和义务上的不平等也就是社会最大的不公正。"在法律面前人人平等"即是公正的一种体现。另一方面,只有公正,才能维护公民在权利和义务上的平等地位,但公正不等于平均主义,不能把社会资源无差别的平均分配当成是否是公正的判断与象征。

3. 自主原则

在康德提出的3条普遍道德法则中,第3条是"意志自律",但这种道德自律只有当一个人的意志是自由时才有意义。这时,一个人既有自主决定采取何种行动来维护自身权益的能力,也有尊重他人拥有同样权益的能力。这种自主性充分体现了人的平等价值和普遍尊严。自主性原则的道德意义在于一个有理性的人应该自尊并同样尊重别人。自尊不仅表现为对自己权益的维护,而且也表现为能对自己的行为负责,能对自己的感性冲动进行克制。尊重别人与自尊是一致的,中国儒家传统道德提倡的"己所不欲,勿施于人",基督教的传统戒律"爱人如己",其实都表达了同样的思想。

计算机网络技术的发展使人们在网上有更多充分发表自己意见的自由,使人能更便捷地获取更多的信息。这无疑扩大了人们的自主性。但另一方面,正如本教材后面要讲到的,计算机网络技术的广泛应用也增加了人们的个人隐私被人利用的可能性。隐私权是自主性的必要条件之一,如果一个人没有任何个人隐私可言,他的行动也就受到了极大的限制。同样,一个企业连自己的商业秘密都不能维护,它肯定不可能在市场竞争中取得优势。保护企业的商业秘密和个人隐私,是自主性原则的重要表现形式之一。

4. 诚信原则

在各民族传统道德中都把诚信,如不说谎、不作伪证、信守诺言等作为基本的道德律令。例如,在我国儒家传统中,一直把"信"作为一条基本的道德规范,并列入"仁义礼智信"五常之中,我国素有"一诺千金"的成语。而基督教也把"不作伪证陷害他人"列入基督教的"十诫"之中。其他大多数道德体系也都至少有一条反对说谎的道德律令。人们在长期的社会交往中,无不实际地感受到这条原则的重要性。一种正常社会秩序的维护,取决于人们之间的相互信任。但在实际社会生活中,说谎、欺诈往往能使一些人取得暂时的利益,达到自己的某种目的,这种损人利己的行为最终将破坏正常的社会秩序,害人不利己。所以诚实、守信便成为人们值得提倡和称赞的美德,尤其要市场经济的正常运行,除了靠法律来维系外,其道德基础就是建立在相互信任之上。这条原则的重要性还在于一切道德都是人们在长期社会生活中为了维护正常社会秩序而达成的某种默契,如果没有基本的相互信任,其他道德又如何能维持下去呢?

但有时说谎并不是出于恶意的。例如,医生向危重病人隐瞒病情的情况,树立病人战胜疾病的信心,虽然医生没有讲实话,但相对于"尊重生命"的原则来说,在这种情况下不讲实话并非不道德。

基于计算机网络技术的发展,人们通过网络在"虚拟社区"里进行交往,人们每天面对的只是屏幕,看到的是与虚拟世界交流对方传来的文字符号,而包括性别、年龄、体貌、职业等许多重要的在现实生活中直接可以说明身份的信息,在网络中都可以十分方便地隐瞒或伪造,从而使许多人上当受骗。在信息时代,诚信原则在计算机伦理中更是要强调的品德。

5. 知情同意原则

"同意"是某人对某事自愿表示认可,但要使同意有意义,前提必须是某人对某事"知情",即他应该知道即将发生的事件的准确信息并了解其后果。知情同意原则是建立在前面所讲的公平原则、自主原则和诚信原则之上的,是人们的一项基本权利。因为只有知道与自己利益相关事情的真相,即只有知道实情,才能充分衡量事情的后果,并做出相应选择,以维护自己的正当权益,这也是公正的表现。只有充分知情才能做到真正的自主,故意向相关人员隐瞒事情的真相,违背了起码的诚信原则。当然,在特殊情况下,当这条原则与尊重生命原则冲突,或与国家安全等更大利益相冲突时,也可以具体问题具体分析。但在生命伦理学中,尤其是涉及有关人员的生命健康时,这条原则被当成是最重要的基本原则之一。

知情同意原则在评价与信息隐私相关的问题时可以起很重要的作用。如果要使个人隐私得到保护,为某一目的而采集到的隐私信息,在没有得到信息主体自愿和知情同意之前,就不能用做其他目的。当把信息作为商品并在计算机网络上自由交换有关个人的数据信息时,知情同意原则可以作为一个限制的条件。

这些是在分析伦理问题、做出正确伦理选择时,要全面、综合、具体情况具体分析时要考虑到的伦理理论和伦理分析原则。

目前,技术伦理学界还拥有一种称为"尊重人的伦理学"分析方法。它的道德标准是:人们所遵守的行为规则应当把每个人都作为一个相互平等的道德主体来尊重。它有3种分析方式:黄金法则、自我不利标准和权利。推广到对宇宙空间所有的客体都用这3种法则去对待,就可以理解计算机伦理、生态伦理、环境伦理和所有伦理学的基本理论思想了。

所谓黄金法则就是中国传统文化所弘扬的"己所不欲,勿施于人",就是对待他人像对待自己一样。在自己家收拾得干干净净,不随地乱丢东西,那么,在公共场合更应该不乱扔垃圾、随地吐痰。这就是道德行为的黄金法则。在IT技术人员进行计算机技术开发、使用信息技术时,自己不喜欢的、伤害到自己和用户身心健康的事就不要做。

自我不利标准。康德有个很著名的例子:如果我在借钱的时候承诺一定会还钱,但后来却没有信守承诺。如果把我的这种行为普遍化,那么,它就会产生自我不利的情况。因为如果每个人在借钱的时候都承诺自己会还钱的,而结果并不去实践诺言按时还钱,那么会造成社会没有诚信,别人借你的钱(或承诺你的事)也不会还的自我不利局面。其二,如果其他人都来做我做的事,那么即使我自己仍然做了这件事,但目的却达不到了:就像有人想在考试中作弊取得好成绩,如果别人也作弊,那么这个人作弊的目的就可能达不到了,因为每个人都作弊,他的优势就不存在了。靠作弊取得好成绩会造成内疚、怕别人发现、遭受谴责和惩罚等心理压力,所以是得不偿失的。天道酬勤,有播种就有收获,人生路一步一个脚印,踏踏实实地走,才是正道。从尊重人的角度分析,不履行承诺、考试欺骗都是对别人的不尊重,对自己人格的不尊重,是不道德行为,所以应该摈弃。

尊重人的道德标准要求人不仅要平等待人,而且要把他们作为道德主体来尊重。在尊重人的传统方面,许多理论家都得出结论,认为尊重他人的道德主体就要求每个人给他人必要的权利来行使其主体性。权利可以理解为一种行动的权力,或者以某种方式行使个体行为的权力。最低限度地说,权利起着一种保护屏障的作用,保护个人的道德主体不会受到他人不公正的伤害。除此之外,有时候权利的作用更积极些,比如,要求为个人提供食物、衣服和教育等。此时,首先关注的是那些仅要求不干扰他人的权利,而不是那些积极支持个人利益的权利。

当人们把权利看做保护屏障的时候,它的作用就在于防止他人对道德主体造成特定的伤害。一些法理学家用"权利的伴影"(penumbra of rights)这个表述来指称权利使个体免遭他人干扰的保护屏障作用。以这种方式来看待权利就意味着,对于人们拥有的每一项权利,其他人都有相应的不进行干扰的义务。表 2-1 列出了一些重要的权利和与之相对应的不受干扰的义务。对于人们所拥有的权利,确切地说,从别人那里所要求的权利,可能存在着争议。然而,贯穿表 2-1 的一般原则是:不应该剥夺个体的某些特定的权利,如果这种剥夺严重干扰了一个人的道德主体。如果有人控制着你,那么你就根本不可能行使你的道德主体。如果有人对你的身体或精神能力造成了伤害,那么他就干扰了你作为一个道德主体而行动的能力。就表 2-1 中所列的其他权利来说,对这些权利的妨碍可能并不会完全否定你的道德主体,但却削弱了你有效行使它们的能力。

表 2-1　个人的权利和社会应当对个人所尽的义务

序号	个人的权利	对他人的义务
1	刘友爱①有生存的权利	他人有不杀害刘友爱的义务
2	刘友爱有保持身体完整的权利	他人有不对刘友爱造成人身伤害的义务
3	刘友爱有保持精神完整的权利	他人有不对刘友爱造成精神损害的义务
4	刘友爱有自由行动的权利	他人有不强迫刘友爱的义务
5	刘友爱有言论自由的权利	他人有不妨碍刘友爱自由言论的义务
6	刘友爱有不被欺骗的权利	他人有不欺骗刘友爱的义务
7	刘友爱有不被欺诈的权利	他人有不欺诈刘友爱的义务
8	刘友爱有不被偷窃的权利	他人有不偷窃刘友爱物品的义务
9	刘友爱有被尊重的权利	他人有尊重刘友爱的义务
10	刘友爱有遵守承诺的权利	他人有不违反他们对刘友爱承诺的义务
11	刘友爱有处理私人事务的权利	他人有不侵犯刘友爱私人事务的义务
12	刘友爱有不受歧视的权利	他人有义务不因种族、性别、信仰或性别歧视而否定刘友爱拥有的机会
13	刘友爱有财产权	他人有义务不妨碍刘友爱自由、公平地竞争,获取财产的权利

---

①　"刘友爱"只是为了说明问题而杜撰的一个人名,泛指"个人"。下同。

对权利的任何一种解释都要面对一个问题,即怎样处理相互冲突的权利。假设一位工厂的经理想通过让该厂向外排放致癌气体的方式来节省资金,作为公司利益的代表,为了企业的经济利益,该经理拥有自由行动以及使用该工厂(属于公司的财产)的权利。但是,排放的污染物却威胁到附近居民的生命权。应该注意的是,尽管这些污染物并没有直接地,而且也并非在任何情况下都会剥夺附近居民的生命权,但它们确实增加了附近居民患癌症的风险。所以,这些污染物侵害了居民的生命权,而不是侵犯了这一权利。在权利侵犯中,个人在某一情形下行使权利的能力从本质上被完全否定了;而在权利侵害中,个人行使权利的能力只是被削弱了。产生这种削弱的方式有两种:其一,有时候这种侵害是对权利的一种潜在的侵犯,例如,污染物增加了死亡的几率;其二,有时候侵害是一种部分侵犯,例如,一个人的财产部分地而非全部地被剥夺。

从上面的例子可以得出现实生活中存在着相互冲突的权利问题,这就要求人们区分出权利的优先次序,给予某些权利更多的权重。在此,哲学家艾伦·格沃思(Alan Gewirth)提供了一种有效的区分方式。他建议把权利由更基本的到不那么基本的分为3个层次的等级:第一级包含最基本的权利,即行动的必要前提——生命、身体的完整和精神的健康;第二级包含维持个人实现自己的目标水平的权利,其中包括诸如不被欺骗或欺诈的权利,对医疗实践或实验的知情同意权、个人财产不被偷窃的权利、不被诽谤的权利和不遭受毁约的权利;第三级包含实现提升个人的目标水平所必需的权利,其中包括设法获得财产的权利。

根据这种分级模式,该工厂经理为了节省资金而向外排放有高度致癌性的污染物就是不正当的。因为生命权是第一级的权利,为了个人利益而获取和使用财产的权利则是第三级的权利。

2.2.3　伦理分析的一般框架

上海师范大学哲学系教授陈泽环在《道德结构与伦理学——当代实践哲学的思考》中提出了在当代开放、平等、多元社会的道德结构框架中应当包括底线伦理、共同信念和终极关怀3个基本要素。在分析计算机技术应用实践是否合乎伦理时就可以参照这3个框架去判断。

"底线伦理"这个概念阐发的是一种普适的、最基本的行为准则。在现代多元文化共存交融的,虚拟和现实双重社会生活中,人们可以追求各种各样的人生目标,做各式各样前所未有的事,但有一些必须的行为约束和规范是所有人都应遵循的,即所谓道德底线。这一道德底线也可以说是社会维持正常运转的基准线、生命线。最基本的道德行为规范如"勿杀人"、"勿盗窃"、"勿说谎"、"勿奸淫"等。很明显地,这些伦理底线或说"戒律",是可以从各个国家、各个民族的传统文化中找得到的,是人类共享的基本道德共识。

在人类历史上,一个时代的精神面貌和社会风尚,在很大程度上是与人们的理想信念或精神信仰有关。歌德曾经说过:"世界历史的唯一真正的主题是信仰与不信仰的冲突。所有信仰占据统治地位的时代,对当代人和后代人都是光辉灿烂、意气风发和硕果累累的,不管这信仰采取什么形式;另一方面,所有不信仰在其中占统治地位的时代(不管这信仰是什么形式),都只得到一点微弱成就,即使它也暂时地夸耀一种虚假的光荣,这种光荣也会飞快地逝去,因为没有人操心去取得一种对不信仰的东西的知识。"

信念就是精神支柱,是人们对事物的存在及其性质、状态、功能和变化等方面坚定不移的判断或命题,它总是表现为一定的观念、概念、定理、公理等。也就是说,信念是人们基于知识理性和实践判断所建立起来的真理性确信,它具有知识真理的判断标准和抉择理由。学术界通常把它与信仰进行联系和区别。总的来说,信仰更具有文化根源性和价值思想性,信念强调的是知识的真理性和可靠性。简单地讲,信仰中包含着非理性的成分,而信念更注重的是理性成分,信仰的情感因素比信念多。两者共同渗透在人们的生活中,交织在一起为人生带来奋斗方向、精神支柱和希望。比如我国现阶段的"建设中国特色社会主义"就是人们的共同信念。促进全人类的和平与发展则是人类的共同信念。1972 年 6 月 16 日联合国人类环境会议通过的人类环境宣言中提出了以"人类有权在一种能够过尊严和福利的生活环境中,享有自由、平等和充足的生活条件的基本权利,并且负有保护和改善这一代和将来的世世代代的环境的庄严责任。在这方面,促进或维护种族隔离、种族分离与歧视、殖民主义和其他形式的压迫及外国统治的政策,应该受到谴责和必须消除。为了这一代和将来的世世代代的利益,地球上的自然资源,其中包括空气、水、土地、植物和动物,特别是自然生态类中具有代表性的标本,必须通过周密计划或适当管理加以保护"等为主的保护和改善人类环境的 26 项原则代表了世界各国人民的共同信念。

对于人的整个生命过程来说,能够引导人们在生命的各个时期都能健康全面发展的理论教育,就是终极关怀,这个关怀当然包括生与死的问题:如何生的伟大死的光荣?人作为自然存在物,是有限的,必然面临生死问题。但是和其他物种不一样的是,只有人才有高度思维活动,才会思考生死存亡这一根本问题;也只有人才会给予人生种种实践以终极性的价值和意义根据,以求克服生与死的尖锐冲突。终极关怀正是源于人的存在的有限性而又企盼无限的超越性本质,它是人类超越有限追求无限以达到永恒的一种精神渴望。对生命本源和死亡价值的探索构成人生的终极性思考,这是人类作为万物之灵长的哲学智慧;寻求人类精神生活的最高寄托以化解生存和死亡尖锐对立的紧张状态,这是人的超越性的价值追求。只有终极关怀才能化解生存和死亡、有限和无限的紧张对立,才能克服对于生死的困惑与焦虑。终极关怀是人类超越生死的基本途径。

张岱年先生研究古今中外的终极关怀有 3 种类型:

① 皈依上帝的终极关怀;

② 返归本原的终极关怀;

③ 发扬人生之道的终极关怀。

我国传统文化中将孔子、老子等"万世师表"的圣贤人物称为生命的永存。

美国波士顿学院教授、技术和伦理学专家理查德·斯皮内洛将"利害关系人分析"作为伦理分析框架,即计算机伦理所涉及的主要利益主体。利害关系人即计算机技术交往中的相关利益群体、个人或自然环境。这是从管理学中借用了这一概念,利害关系人被定义为任何能够影响机构目标成就或受其影响的群体、个人、生态环境。利害关系人分析就是识别各自的不同利益,做出符合伦理的决定。从一般意义上分析,任何一项计算机技术开发应用,都涉及以下 5 类利害关系人:

① 计算机技术提供者;

② 计算机技术开发者;

③ 计算机技术利用者;

④ 其他受计算机技术利用者影响的利害关系人;

⑤ 生态环境。

利害关系人分析涉及以下两个主要步骤：

① 认识利害关系人及其利益需求；

② 考察决策者对利害关系人的道德责任。

利害关系人分析旨在提示人们，计算机技术开发应用中每一方的权利和观点都应得到充分尊重。利害关系人不仅是决策者达到目标的一种工具性力量，更重要的是，他们是计算机技术开发应用的共同构建者。

我国传统文化认为，追逐利，害自然就跟着来了，所以成"利害"一词。只有舍才能得，所以成"舍得"一词。其中的哲学思想值得思考。

上述这些伦理理论和分析方法对于综合分析计算机专业人员所涉及的职业伦理问题，以及用户的伦理问题是非常有帮助的。计算机伦理案例分析在报纸、网络上经常能够看到，可以作为进一步学习的资源。下面的案例来自北京网 http://www.beijing.cn/index.shtml 和其他内容相关的网站。

【案例 2-1】 彩票预测网站诈骗案

2006 年 9 月 7 日，北京警方历经一个月的缜密侦查，南下厦门抓获了两名操纵虚假彩票预测网站的"幕后黑手"。这是北京警方破获的彩票预测网站诈骗第一案。

受害人姜先生是一名忠实的老彩民，刚学会上网不久的他在 2005 年 7 月 24 日登录一彩票预测网站，被骗子网站先后骗去资金共 3 万余元。

姜先生是在该网站上看到了"诱人"的提示："由全国 28 位彩票界权威人士联合推出的专业彩票预测网站，提供给彩民中奖率高达 80％的彩票预测信息……"中奖心切的姜先生随即按照网站上以 010 开头的电话跟一个操着南方口音、自称业务助理的男子取得了联系。被对方索要了 1000 元的入会费后，姜先生陆续被要求汇了 5000 元保密费和 2.5 万元资料费。两天后，他再上网时发现网站已经无法登录，而且对方留下的电话始终联系不上。姜先生这才意识到自己被骗了。虽然已经报案，但是由于这些彩票预测网所留电话和地址都是假的，根本找不到骗子。北京市海淀消费者协会透露，这些彩民们被骗的钱是很难拿回来的。

分析：第一，不劳而获、投机取巧是不健康的心理，不符合中国传统道德，是受骗上当的根源，也是假网站骗人得逞的心理基础。制造假信息是欺骗人的不道德行为，应该受到法律的制裁；第二，网络信息是真是假要有鉴别能力，可以与政府网络比较、拨打固定电话联系问询，请教专业人士，一个很简单的办法就是打电话到 114 查号台问彩票中心的电话，然后直接打电话到彩票中心咨询就清楚了。切记："没有免费的午餐"，劳动致富不仅是中华民族的传统美德，也是一条生活真理。同时还应有维护消费者权益的意识，发现不良信息及时举报有关部门，把对大众的身心伤害降低到最低程度。

【案例 2-2】 利用网络进行金融盗窃犯罪

人民日报（2003 年 12 月 8 日）：一名普通的系统维护人员，轻松破解数道密码，进入邮政储蓄网络，盗走 83.5 万元。这起利用网络进行金融盗窃犯罪的案件被甘肃省定西地区公安机关破获——2003 年 11 月 14 日，甘肃省破获首例利用邮政储蓄专用网络，进行远程金融盗窃的案件。这起发生在定西一个乡镇的黑客案件，值得多方面关注。分析整个案例，不难看出，是管理上存在的漏洞、工作人员安全意识的淡薄，才造成了如此严重的局面。而且，当工作人员发现已经出了问题时,还认为是内部网络系统出了故障,根本没有想到会有网络犯罪的情况发生。马上修改原始密码,定期更改密码是信息社会生活的安全常识。从罪犯人的角度看,利用自己的知识盗窃,是对工作的不尊重,对客户的不尊重,对自己人格的不尊重,给社会正常生活造成了混乱,属于违法行为,会受到法律制裁。

【案例分析】

1. 案例介绍

在山东、广东两省警方的大力配合下,台州警方破获了特大网络赌博案件。据初步统计,该案涉及浙江、山东等5个省市,涉案人员四百多人,其中已查获的台州籍涉案人员就一百多人,涉案赌资高达十多亿元,获利累计三千多万元。

2. 问题分析

赌博恶习在我国法律中是严格禁止的。利用赌博手段聚敛钱财危害社会更是为法律严格禁止、遭到社会唾弃的行为。这几年,随着网络日益普及,利用网络进行赌博的案子也多了起来,例如利用网络参与境外赌博,赌球、赌股指、赌马、赌体育比赛以及其他一些赌博形式,都给社会造成极大危害。网络赌球还导致大量的赌资流向境外,还严重地损害了体育精神,可以说赌球已经成为了社会公害。警方的严厉打击可以制止这种恶习和犯罪活动的扩散和蔓延。

这些案例说明在IT发达的今天,人们身边有很多诱惑,自身的道德法律观念是抵御这些诱惑、不犯错误的基础。中华民族的勤劳致富、诚实守信等传统美德是人们一辈子幸福生活的道德保证。

"非礼勿视,非礼勿听,非礼勿言,非礼勿动。"

思考讨论之二

1. 谈谈你对道德和法律的认识,举一个生活中的例子,分析其中涉及的道德和法律问题。

2. 中西方伦理文化有何差异?试说明美德论的思想,列举中国美德论思想的代表。

3. 因特网礼仪的基本原则:自由和自律。守则:彼此尊重,容许不同意见,宽以待人,保持平静,与他人分享,帮助新手,幽默,做出贡献。那么,聊天室礼仪与电子邮件礼仪应该是怎样的呢?

4. 你是如何理解伦理学的基本原则的?为什么尊重生命是首要的原则?实际生活中有例外情况吗?如何综合各种伦理理论在生活中实践,做出正确的伦理抉择?

5. 在现代社会中,怎样的行为才称得上是一个高尚的人?爱祖国在日常生活中如何体现?

6. 网易CEO丁磊给浙江大学捐助是符合伦理的行为吗?结合比尔·盖茨成立比尔·梅琳达慈善基金会和股神巴菲特将自己85%的财富捐献给慈善机构(资金主要捐给微软创始人比尔创立的Bill and Melinda Gates Foundation),谈谈他们的财富伦理观。

参考文献

1 日本伦理研究所网站. http://www.rinri-chn.org.cn/index.asp,2007.08.20.

2 徐云峰. 网络伦理. 武汉：武汉大学出版社，2007.

3 丛杭青. 工程伦理：概念与案例. 北京：北京理工大学出版社，2006.

4 Ethical Implications of Emerging Technologies：A survey. Prepared by Mary Rundle and Chris Conley，UNESCO，Paris，2007.

5 [美]斯蒂芬·达沃尔. 美德伦理学. 邵显侠译. 江海学刊，2006.

6 钱文忠讲《弟子规》. http://blog. sina. com. cn/qianwenzhong，2010. 07. 26.

第 **3** 章

计算机技术的社会环境

"当它到了那个阶段,我们将不知道它是如何工作的。"

——阿兰·图灵(Alan Mathison Turing)

本章要点

计算机伦理学是对计算机技术的各种行为(包括与计算机相关的人员、文化、经济等环境)及其价值所进行的伦理基本描述、分析和评价。因此,本章从计算机技术与社会环境的认识角度入手,通过计算机技术设计者、计算机技术使用者和计算机这 3 个主要角色及其相互关系,阐明计算机、人类等的行为、现象的伦理学意义,探讨计算机技术在人类社会当中的各种应用,以及其给社会带来的伦理影响。

3.1　计算机技术与环境

3.1.1　基于角色论的认识

从广义上,计算机技术可以理解为是基于计算机和人类积累的技术知识和社会学知识的综合系统,它是人、管理制度、与计算机软硬件相关的信息技术和设备以及数据,如数据库、通信网络等组成的集合。计算机技术之外,就是环境。本节中所讲的计算机技术不是狭义的计算机系统,即不仅仅是一个由硬件和软件有机结合的整体,包括计算机的主机设备、输出输入设备、系统软件和应用软件。从广义的角度,对计算机技术与环境可做出的定义是:它是由计算机技术设计者、计算机技术使用者与计算机系统(狭义的)、数据、网络、自然环境等组成的系统,系统外面还有环境,如图 3-1 所示。把计算机技术的设计者、计算机技术的使用者与计算机视做计算机技术的 3 个主要角色,相互之间存在着密切关系。系统的环境则是与计算机有关的其他人员、文化、经济、社会、大自然等,本节讨论它们之间的关系。

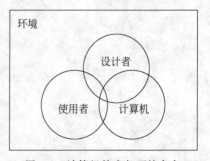

图 3-1　计算机技术与环境角色

　　计算机伦理学的研究任务是阐述计算机技术的三个角色之间的正确关系和不正确关系，以及在计算机的设计、开发、应用，信息的生产、存储、交换、传播中所涉及的伦理道德问题。在三个角色中，人是关键角色，是最具有能动性的角色，因为计算机和计算机技术不是自己来到这个世界上的，而是人创造的。本节中的计算机技术设计者（包括开发者，也称为IT设计者）、计算机技术使用者（也称为IT使用者）和相关人员就代表着设计、开发和应用计算机系统以及生产、储存、交换和传播信息的专业人员，他们的道德行为是计算机伦理关注的对象。澳大利亚的计算机学者福雷斯特（Tom Forrester）提出了计算机伦理学有两个任务：

　　（1）讲述一些计算机给社会带来的新问题。

　　（2）这些问题是如何给计算机专业人员和用户造成道德困境的。

　　计算机专业人员既可以是计算机技术设计者，也可以是使用者，因为计算机技术的使用者包含了非专业的普通用户与计算机专业用户两个类型。计算机技术设计者和计算机技术使用者分别与计算机产生不同的联系。

1. 计算机角色[①]

　　在计算机技术的3个主要角色中，计算机是不具备生命但发挥关键作用的角色。在本小节中，笔者假设计算机设备具备生命特征以及学习的能力，以便与人类生命现象对比分析。如果计算机具有生命特征，那就是以电能为能量之源。当然，它目前还只能被动输入电能（线路输送或者电池供应），并加以储存，或许将来，它可以像人类一样自主摄入能量。使用光蓄电池或者太阳能蓄电池作为计算机摄取能量与储存能量的器官。电压的变化将成为计算机的脉搏，连续变化的交变电流或者直流电流通过A/D转化成为数字脉冲，形成数字信号。计算机的控制是靠石英晶振形成的时钟脉冲，再由时序电路控制来实现的。

　　人类心脏的跳动接受自主神经系统的支配，与大脑的意志控制无关。计算机则运用程序存储与控制原则，将计算机工作的命令集合进行数字编码并存储在计算机的存储器中，顺序地执行代码以控制计算机运行。1940年，维纳在《控制论》中就提出了计算机5原则：

　　① 不是模拟的，而是数字的。

　　② 由电子元件构成，尽量减少机械部件。

　　③ 采用二进制，而不是十进制。

　　④ 全自动运算。

　　⑤ 具有存储或记忆装置。

　　迄今为止，所有计算机的体系结构未发生过大的变化，基本还是基于冯·诺伊曼（Von Neumann）的理论，如图3-2所示。而冯·诺伊曼正是受到维纳思想的启发，提出了著名的计算机构成3原则：

　　① 计算机由5大功能部件组成：控制器、运算器、存储器、输入设备和输出设备。

　　② 数据在计算机内部以二进制数码表达。

---

　　① 为了能够从生命体的角度来解剖计算机组成，本节采纳了一些非计算机专业的术语如"计算机组织机体"、"计算机生命"、"计算机逻辑思维"等来展开讨论。这并不表明本教材的编著者认同计算机已经具备和人类一样的"身体"与"意识"，尽管虚拟现实技术和人工智能的发展，使得某些计算机设备具有了生命的特征以及学习的能力，如"人工宠物"等。事实上，计算机设备目前并未达到"生命体"的层面。

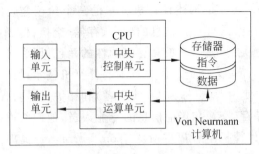

图 3-2 冯·诺伊曼型计算机结构图

③ 程序存储与控制原则：将指挥计算机工作的命令集合进行数字编码并存储在计算机的存储器中，顺序地执行代码以控制计算机运行。

（1）计算机组织机体。

如果将计算机比喻为有生命的有机体，门电路、触发器、锁存器、寄存器等就好比是复杂的计算机系统的细胞，完成数据的存储和运算等所有动作。门电路是在某一时刻的输出信号，它完全取决于该时刻的输入信号，没有记忆作用。触发器(flip-flop)、锁存器(latch)都是时序逻辑电路，锁存器是电平触发的存储单元，数据存储、运算等动作取决于输入时钟（或者使能）信号的电平值，即当锁存器处于使能状态时，输出才会随着数据输入发生变化。触发器是边沿敏感的存储单元，数据存储的动作由某一信号的上升沿或者下降沿来同步。寄存器的存储电路是由锁存器或触发器构成。

寄存器(register)是用来存放数据的一些小型存储区域，用来暂时存放参与运算的数据和运算结果。门电路、触发器、锁存器、寄存器等组成了计算机的硬件，计算机程序则提供了计算机运行所必要的软件。只要程序编写得正确，计算机可虚拟成一个剧院、一样乐器、一本参考书，或一个与你对弈的棋手。编程语言与人类语言相类似，也有词汇和语法，但编程语言的词汇和语法具有确定无歧义的意思。而且，计算机操作的每一细节都要描述得详尽精确。正确的程序与不正确的程序，二者之差，恰如闪电与闪电虫，区别仅在于一个虫字。

计算机所做的工作是由程序规定的，而程序是由程序员用编程语言编写的。编程语言再由解释程序或编译程序，通过预定义子程序集，即操作系统，转化为机器语言指令序列。注意，在这些处理过程中，人是起决定作用的。这些机器指令和数据都存储在计算机的存储器中，用二进制位组来表示。有限状态机①取出并执行这些指令。有限状态机和存储器都是由寄存器和布尔逻辑模块来构造的。布尔逻辑模块建立在与、或、非这些简单逻辑功能基础上，这些逻辑功能又是通过开关电路来实现的。这些开关可以串联，也可以并联。它们控制着某种物质，例如水或电，从一个开关向另一个开关发送两种可能的信号之一，即1或者0，也就是打开开关，或断开开关。

（2）计算机神经系统。

人类的神经系统是众多神经细胞互连形成的网状结构，又称神经网络。脑(Brain)和神经系统二者是有区别的，实际上脑只是神经系统的一部分。人的神经系统分为：中枢神经

---

① 有限状态机是该机器的下一个状态不仅取决于当前状态而且取决于输入的信号，它是由一个按布尔逻辑建立的查询表和一个存储器组合而成。

系统(Central Nervous System)、周围神经系统(Peripheral Nerve Sytem)和自主神经系统(Autonomic Nervous System)等 3 个子系统。中枢神经系统包括脑和脊髓两大部分,其中,脊髓上连脑部,外连周围神经,是连接中枢神经系统和周围神经系统的通道。在周围神经(还可细分为躯体神经和内脏神经)中,感觉神经是将神经冲动自感受器传向中枢,又称为传入神经(Afferent Nerves);运动神经是将神经冲动从中枢传向周围的效应器,故又称为传出神经(Efferent Nerves)。人类的内脏神经负责内脏、心血管、平滑肌、腺体等机体的运动,如心脏跳动、胃肠蠕动、唾液或肾上腺素的分泌等。内脏神经的传出部分只接受自主神经系统的支配,并不以人的主观意志所支配、控制。

反射(Reflex)是生物一种共同的最基本的神经活动。反射的定义是感受刺激并形成有因果联系的反应。人类的脑是神经信息处理中心,是一个极其复杂的控制与通信系统。人脑有大脑(Cerebrum)和小脑(Cerebellum)之分,大脑皮层控制着感觉、知觉、表象、记忆、学习,判断、推理、思维,以及想象和灵感等活动,而小脑是人体运动协调中枢,主要功能在于保持人体的姿态或平衡,控制肌肉,协调运动。

神经细胞(Neurocyte)是脑或神经系统的基本单元,又称为神经元(Neuron),它由细胞体(Nerve cell body)、树突(Dentrites)和轴突(Axon)组成。反射弧(Reflex arc)是产生反射动作的神经冲动传导的通路,它从外周感受器通过传入神经到达中枢神经系统的突触,然后再通过传出神经到达效应器。突触(Synapse)是神经细胞与另一个神经、效应器细胞(肌肉或者腺体)或感受器细胞之间膜与膜的功能性连接。突触前成分是棒状的轴突末梢,而突触后成分则指的是受体细胞的特定区域[①]。图 3-3 显示出神经元的结构,4 个神经元连接时形成相应的突触等情况。神经元的基本功能是:

① 整合。综合不同突触和不同时间的神经输入信号。

② 传导。包括突触传导和细胞膜传导。

③ 兴奋和抑制。神经冲动的形成或消失。

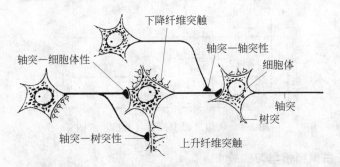

图 3-3　神经系统及其连接的结构示意图

一个神经元的末梢与另一个神经元的细胞体或树突相接触,接触的部位叫突触。在神经元之间,神经冲动的传导是通过突触实现的。如果将计算机比做生命,它具有与人类的神经系统相类似的中枢神经系统。例如,冯·诺伊曼型计算机具有如下神经系统的反射弧结构:

---

① 吴咸中. STEDMAN'S 实用医学词典(第三版).北京:中国医药科技出版社,2000 年

输入装置：传入神经

输出装置：传出神经

CPU：神经中枢

随着计算机网络和通信技术的发展,更多的计算机组成了宏伟巨大的因特网,计算机不再是以单个机器进行工作。计算机系统的触角深入到了地球的每一个角落,像一个自然生命一样,感知信息、处理信息、存储信息和传送信息。然而,智能行为最本质的特征是学习,学习在认知中扮演着重要角色。感知不是认知,感知只可以使生命能依据主客观世界的信息改变自己的行为。早期的计算机还只是一个计算装置,后来有了感应但并无认知功能。现在,计算机已经开始具有学习等认知能力了。

(3) 计算机逻辑思维。

1949 年,加拿大心理学家海布(Donald O. Hebb)发表专著《行为的组织》(*The Organization of Behavior*)对人类的神经系统学习机理提出了"突触修饰"假说。基于该理论,人类的认知是神经系统结构或神经细胞关系从无序到有序的过程,而无序向有序的演化过程是神经系统信息或知识增加的过程。人类的意识、思想和概念逻辑等皆来源于此。

对于计算机,早在 1940 年维纳就开始研究它如何能像大脑一样工作,并注意到了二者的相似性。托尔曼(Tolman)的认知图学习理论颇具有维纳控制的思想,即认知的过程表现为一个控制与通信过程,具有信息流动和信息反馈的特征,如图 3-4 所示。在托尔曼理论中,认知是符号结构的建立或演化,这与海布理论中神经系统结构的演化是相容的或相通的。

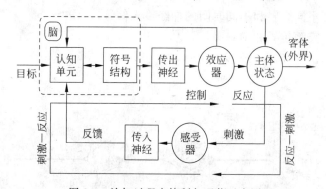

图 3-4　认知过程中控制与通信示意图

【案例 3-1】　白鼠顿悟学习实验

如图 3-5 所示是一个封闭环境。为了获取食物,白鼠一般会选择通道 1,当门 A 关闭时白鼠会选择通道 2,只有当门 B 关闭时才选择通道 3。然而,实验一开始就关闭门 B,白鼠被迫选择通道 3 获取食物。白鼠由此建立起出发地与通道 3 与食物的符号结构。这一结构因实现获取食物的目的,对白鼠有意义,因而具有稳定性。此后,即使门 B 未关闭而只关闭门 A,大多数白鼠仍然会选择通道 3 而拒绝通道 2。白鼠为了自己获取食物的生存的目的,通过认知,改变并且改善了自己的行为。

如图 3-5 所示的白鼠顿悟学习实验说明了使认知得以实现的符号结构对认知主体而言更稳定、更有意义。

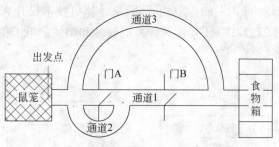

图 3-5　托尔曼白鼠顿悟试验示意图

同脑和神经系统一样,计算机也是一种物理符号系统(Physical Symbol System,PSS)。物理符号系统是处理符号的物质系统,它的基本任务在于鉴别符号,具有如图 3-6 所示的功能:输入符号、输出符号、存储符号、复制符号、条件转移,最后建立符号结构——发现符号间的关系。

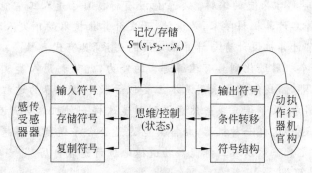

图 3-6　物理符号系统的功能结构示意图

1976 年,人工智能科学的先驱,美国科学家西蒙(H. A. Simon)和纽维尔(A. Newell)提出了 PSS 假设:"物理系统表现智能行为的必要和充分条件是它是一个物理符号系统。" PSS 假设只涉及了计算机表现认知行为的可能性。

2. 人类与计算机

(1)计算机技术使用者与计算机。

计算机技术使用者与计算机,两者之间具有较为复杂的关系,而且是因人而异的。对计算机的使用,既要使用硬件,也必须用到软件。作为产品,由于其生产过程的特殊性,软件具有其他商品所没有的特性。首先,它是经过智力加工或经激活的信息产品,是知识劳动的成果;其次,它的消费性与生产性很难严格加以区分,从而导致需求者和供给者混合在一起;最后,软件产品结构与使用它的设备具有不可分割性。

所有计算机技术的使用者包括两种,一个是非专业的普通用户,另一个则是计算机专业人员。图 3-7 描述了使用者与计算机之间的关系。有些用户将计算机技术作为维持社会正常运行来使用,有些则作为交流、娱乐等工具,有些甚至将其作为生活中的唯一兴趣,就像黑客、网瘾患者那样。还有的使用者只顾自己,不顾其他人,如垃圾邮件的制造者。

(2)计算机技术设计者与计算机。

计算机技术设计者与计算机,两者之间表现出来单纯的科学精神和工程意识,如图 3-8 所示。计算机技术设计者追求的目标也比较简单,就是创造新的知识或者技术。计算机系统、软件的开发过程被认为是 IT 的标志性活动,是计算机技术设计者所做的工作。在设计开发计算机系统、软件的过程中,还将涉及计算机硬件和相关的电子信息技术、网络通信、人机工程学等知识与技术。

图 3-7　计算机技术使用者与计算机的关系

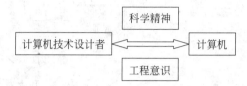

图 3-8　计算机技术设计者与计算机关系图

【案例 3-2】　一位著名计算机科学家的独白

丹尼尔·希利斯(W. Daniel Hills)是计算机科学领域中最著名的科学家和世界最快的计算机设计者之一,是 Artificial Life,Complexity,Complex System 和 Future Generation Computer Systems 等科学杂志的编辑。尽管他没有标榜自己是人工智能产物的道德模范,但他绝对称得上是著名计算机科学家,是设计、开发计算机技术的顶尖人物。他说出的话具有一种分量,其有关"计算机设计者与计算机之间的关系"具有代表性。

"假定我们使一个机器进化到具有理解语言的能力,就可利用人类文化的优势,开始大步飞跃。我设想,到那时,我们需要采用基本上类似于教小孩学习的过程来教导智能机器,即包括技巧、事实、寓意、故事等。我当然意识到制造这样一种机器会产生一堆乱麻般的道德问题。例如,一旦造出这样一种机器,断掉其电源是否合乎道德?揣想起来,我认为断其电源是不对的,但我无意俨然以人工智能产物道德地位讨论者自居。"[①]

(3) 其他人与计算机。

计算机的发展不仅得益于计算机科学家和工程师,在计算机技术设计者和计算机技术使用者之外,还有像科幻作品大师艾萨克·阿西莫夫、约翰·马尔科夫等新闻传播、文学影视巨星们的"艺术创造"以及那些既不设计制造,也没有利用计算机技术的公民,他们的经历也促使人们对计算机技术进行伦理的思考。

20 世纪 40 年代到 50 年代的经典巨作《我,机器人》中提出的机器人 3 定律:"服从人类指挥,保护自我存在,永不伤害人类"就是计算机伦理方面思考的一个例证。如果说到好莱坞的机器人形象,可圈可点的名片就很多,并且真正与计算机有关的电影,就有影片《2001太空漫游》(1968 年)中型号为"HAL 9000 系列"的计算机,它的经典对白有:"HAL 9000系列是有史以来制造的最可靠的计算机",宣扬计算机是可以信赖的机器之意图非常直截了当。然而,1968 年的计算机才刚刚步入第一代晶体管时期,直到目前的超大规模集成电路计算机,在几十年的历程中有很多计算机器出事伤害到人的事故,最令人难忘的就是前苏联棋手,国际象棋冠军尼古拉·古得科夫,与一台超级计算机对弈,在连克对手 3 局后,突然被计算机释放的强大电流击毙,倒在了众目睽睽之下。我们能断言计算机对人类是安全的吗?

这些历史人物的经历与思考,散发着人类所共有的思维空间纬度,"人类从根本上来说是空间性的存在者,总是忙于进行空间与场所、疆域与区域,环境和居所的生产。"[②]既然生

---

①　(美)丹尼尔·希利斯.通灵芯片.崔良沂,译.上海:上海科学技术出版社,2009 年

②　曼纽尔卡斯特.网络社会的崛起.夏铸九,王志弘,等译.

活在被计算机技术包围着的社会环境中,他们不断受到计算机技术的影响,包括社会生活环境、文化道德和自然环境改变的影响。同时,他们也将个人的学术研究、创作思想、价值观、生活方式等传递给设计制造和利用计算机技术的其他科学家和工程师,烘托出一种氛围,从而间接地反作用于计算机技术的发展。

在市场经济日益发达的社会里,计算机技术与设计者、使用者之间渗透进来各种经济的、文化的和社会的因素,使得上述较为纯粹、简单的关系变得复杂化了。在科学家眼里,知识是全人类的财富,自然应该没有任何保留地、不计报酬地贡献给社会。工程师的发明,有很多是凭借个人的爱好搞出来的各种新技术、用品,科学家和工程师们感到高兴是因为他们的作用能够得到发挥。然而,在商家的眼里,这些都是商品,可以卖出不等的价钱来获得利润。计算机等新技术和新产品在这些商人的手中成为挣钱的新途径,自然他们要有所保留、斤斤计较。这种意识还传递到计算机技术开发与设计者的身上,导致他们的角色产生了变化,与计算机之间的关系也不如上面所述的那样纯粹。

3.1.2 知识的形成与科学家的基本素养

计算机技术设计者在设计、开发各种计算机系统以及计算机软件的过程中,创造出新的知识或者技术。从科学的角度,技术、知识的形成遵循一定的规律,受到科学家们——现在的计算机技术设计者本身的素质以及经济社会等因素的影响;而它反过来又影响到产品的社会文化。如电子游戏就有品位高低之分,数字动漫作品更是良莠不齐。像动画片《花木兰》激励人们孝敬老人,忠于祖国,为家为国分忧,深受人们喜爱;而有的黄色作品则害人不浅。在计算机技术无处不在的当下,技术人员的职业素养和职业道德显得更为重要。

1. 知识的形成理论

任何一门专门知识的形成都要经历 3 个过程:

(1) 产生过程。知识增长的源泉和机制。

(2) 选择和评价过程。检验新规范的真理性和人类对其接受和认定的过程。

(3) 建立新旧理论体系的关系。

当一门学科的理论在概念、范畴、原理和定理等基本元素积累到一定数量,再依据理论成熟的内在联系加以整理,使之系统化以后,才会真正具有独立的科学理论体系。计算机伦理学经过 40 年左右的发展,目前已逐渐形成了自己的理论研究和教学内容体系。随着技术和社会经济的发展,设计、开发和应用计算机技术的各种动机和目的愈来愈复杂,如各种网站、人工智能、机器人等,已给人类原本自然的生活方式、工作方式带来了隐患,如网络游戏、虚拟家庭等,这将加快推动计算机伦理学科的深入发展。

2. 科学家的基本素养

对于科学精神,古今中外早已有精辟的描述,并持续地在学术界延续、传承下来。所谓科学研究就是对新知识的追求。马克思也曾说过:科学就在于用理性方法去整理感性材料[①]。对于科学家及其研究行为的特点加以分析与归纳总结,不难看出作为真正的计算机系统的设计者,他们的价值观在理想状态下具体表现为:

---

① 马克思,恩格斯. 神圣家族或对批判的所做的批判(第 1 版). 中共中央马克思恩格斯列宁斯大林著作编译局,译. 北京:人民出版社,1958 年

（1）他们受到未知世界精神上挑战的吸引，并乐于施展才智以寻求答案。

（2）他们有一种要同事与自己分享快乐的强烈愿望，与此同时，他的同事也受到激励。所以，一项新的发现，为技术的进一步发展创造了有利条件。

（3）在科学研究中失败多于成功。科学家经常不能取得进展，仿佛陷入了不可逾越的障碍圈内。

（4）他们普遍承认并遵守一些道德观点。首先，对于所参考利用的前人成果以及任何曾经提供实质上帮助的人，有责任给予应有的肯定和感谢。其次，将实验结果和观察到的现象发表出版，以便别人可以利用并给予批评。最后，在广大科学家之间存在着一种天然同情、互相理解的国际精神。这主要归结于科学家们的基本伦理观，对人类的未来抱有信念——世界会更美好。

3. "经济人"假设

根据经济学家的观点，只要是人，大都有"利己心"，可能会有"利他心"。人具有追求自身利益的普遍性，每个人行为的出发点都是为了"利己"。经济人假设的始祖，亚当·斯密（Adam Smith，1723—1790）有这样一段被广为引用的名言："我们每天所需要的食物和饮料，不是出自屠户、酿酒家和面包师的恩惠，而是出于他们自利的打算。我们不讲能够唤起他们利他心的话，而是讲能够唤起他们利己心的话。我们不说自己需要，而说对他们有利。"[①]斯密在论述市场秩序形成的原理时，特别强调追求私利的意义。这种人都有自利动机和行为的假设，被后人概括为"经济人"假设。当代管理学家沙因（Edgar H. Schein）把"经济人"假设具体归纳为 4 点：第一，人是由经济诱因来引发工作动机的，其目的在于获取最大的经济利益；第二，经济诱因在组织的控制之下，因此，人被动地在组织的操纵、激励和控制之下从事工作；第三，人以一种合乎理性的、精打细算的方式行事；第四，人的情感是非理性的，会干预人对经济利益的合理追求。因此，组织必须设法控制个人的感情。

亚当·斯密不仅在经济学界的地位是独一无二的，他的《道德情操论》至今依然是经典之作。在书中，斯密用同情的基本原理来阐释正义、仁慈、克己等一切道德情操产生的根源，说明道德评价的性质、原则以及各种美德的特征，并对各种道德哲学学说进行了介绍和评价，进而揭示出人类社会赖以维系、和谐发展的基础，以及人的行为应遵循的一般道德准则。相比亚当·斯密另一部被称为西方经济学的"圣经"之作《国富论》，《道德情操论》给西方世界带来的影响更为深远，对促进人类福祉这一更大的社会目的起到了更为基本的作用；而它对处于转型期的我国市场经济的良性运行，对处于这场变革中的每个人更深层次地了解人性和人的情感，最终促进社会的和谐发展，无疑具有十分重要的意义。

3.1.3 工程意识与专业学生

对于计算机专业的大学生——未来潜在的计算机技术职业人员，以后将会参与制造对个人、组织和整个社会有重大影响的各种计算机系统。如果希望将来那些系统能在经济和社会方面获得成功，毕业生们必须知道迄今为止计算机化的社会教训，包括伦理和社会问题，以及计算机专业人员面临的一系列选择。

---

① 亚当·斯密. 国富论. 王亚南，郭大力，译. 北京：商务印书馆，1972 年

1. 意识的由来

意识的概念在本教材中是一个非常重要的概念,本章第 3.1.1 节中讨论了"计算机神经系统"、"计算机逻辑思维"等"机器意识",本节以及后续相关章节还将要讨论"工程意识"和"风险意识"等"人类意识",希望能够激发出读者的工程伦理意识。

(1) 意识的概念。

意识到目前为止还是一个不完整的、模糊的概念。一般认为,"意识"是人的大脑对于客观物质世界的反映,是感觉、思维等各种心理过程的总和,其中的思维是人类特有的反映现实的高级形式[①]。有时候,"觉察"、或者"知觉"成了"意识"的同义词,它们甚至可以相互替换。意识与物质也是经常同时加以讨论的两个名词。马克思主义哲学是从意识与物质的关系上来揭示意识的起源、本质和作用的,即意识对物质的依赖性和能动性。

① 从意识的起源看,意识是物质世界高度发展的产物,既是自然界长期发展的产物,又是社会的直接产物。

② 从意识的本质看,意识是物质在人脑中的主观映像。

③ 从意识的作用看,意识对物质具有能动作用。主要表现在:意识反映世界具有目的性、计划性和主动创造性;意识指导人们的行动,能动地改造世界。

意识总是包含着两个方面。一方面它是人们对于被意识对象本身的了解,包括对它的视、听、嗅、味、触等知觉,及印象、表象、经验、概念、理解、描述等。这些了解的最典型形式是知识。另一个方面,它是人们对被意识之对象、同它的关系和人类自己行为的选择,包括态度、目的、设想、理想等。

【案例 3-3】 作为被意识对象本身,人们对于"花"的了解

"我的眼睛能看见东西。"

"我看见了一朵花。"

"它是大的、5 瓣的、红色的。"

"它是野生的,不是人工培养的。"

"它能够移种成活。"

"如果把它吃下去,会在肠胃里发生如此这般的化学反应。"

"这种反应会使人体发生如此这般的变化。"

"为了抑制这种变化,医生会采取如此这般的措施。"

……

(2) 意识与态度。

态度的内容,不是知识本身所决定的,而是对知识所提供的多种可能性的主体定向。所以,意识还是人们对被意识之对象的态度。仍以上面的"花"为例,上述关于花的一系列理解、描述或者知觉,并不能直接决定下面的不同态度:"我"是否去看花,"我"是否喜欢红色的 5 瓣花,"我"是否移种它,把花吃下去以后引起的人体变化是否受人欢迎,医生的措施是为了救人还是害人,等等。这些不同的态度都不违背知识,但其社会后果却是截然不同的。

态度既可以是在知识的范围以内,也可以在知识的范围以外。例如,人是否相信并依靠自己的眼睛,是否相信并依靠实践,这种态度只能在知识或常识的范围以内解决。但是,像

---

① 中国社会科学院语言研究所词典编辑室.现代汉语词典(2002 年增补本).北京:商务印书馆,2004 年

"我喜欢红色的花"这一类态度就不是或者至少不完全是个知识、概念等架构,还涉及实践体验、社会生活等。事实上,如果不是作为专家在有意寻找某一种花的话,人们常常不会根据植物学的知识去喜爱或不喜爱某一种花,尤其不能代替的是赏花时那种审美感受、价值体验。

态度是涉及道德等社会伦理问题的一个概念。就像"花被吃下去之后引起的生理反应是否受欢迎"这样的问题,尽管取决于吃的人是谁,吃的原因是什么,但假如人们事先具备了植物、医学、营养等科学知识,就会增添一些可用来解释生理反应是好还是不好的原因,帮助人们更加理性地做出"是否吃下这一种花"的决定。

(3) 自我意识。

尽管在自我意识的问题上还存有诸多疑问与不解,但不少哲学家以为,自我意识是理性的高度、逻辑的必然、精神的终极、自然的赋予等。

自我意识与整个大脑状态有关,即自我意识是整个神经系统,即中枢、周围和自主神经系统运动状态的体现。曾经有这样一个报道,某个病人的左脑和右脑被切开分离后,其自我意识开始出现问题:当她打开衣橱挑选衣服时,往往会同时挑中两件不同的衣服。自我意识与人们的身体(物质)有远远超乎想象的关联。没有食欲、性欲、亲情等的自我几乎不可能是原来的自我。

自我意识除了具有理性,还具有主观能动性。主观能动性分为本能的主观能动和自我的主观能动两种形式。狼、狮子等会集体狩猎捕获猎物,渴了寻找水源,饿了捕获猎物,交配期取悦异性,感到危险而逃跑,等等。这些只是本能意识,而不是自我意识。狼和狮子等动物只有本能方式的主观能动,而没有自我意识的主观能动。只有人类才具有自我意识的主观能动。自我意识以概念方式为架构,而本能意识则没有概念方式的架构。有无概念方式的架构是自我意识和本能意识的区别所在。人和动物一样具有本能意识,同时人又高于动物具有自我意识。自我意识既是由概念方式所架构,又是由社会生活所激活,具有实践建构性。

正是自我意识,使人类获得了心灵的主动,获得了对自身、事物和世界的知识,获得了物质文化的创造,从动物世界中走了出来。

(4) 意识与价值体验。

意识是高级情绪缘起和展开中的关键成分。意识是注意的选择性物质关联活动,是物质关系的精微形式。通过感觉意识进行价值体验的活动称为认知评估,而所谓价值就是一个事物在主体系统中的地位和作用。在价值体验中,主体可以直接地感受事物,如IT、因特网等技术的作用,并通过感应关联传导其作用于主体深层,改变深层情绪状态;也可以间接地通过经验能力内可操作的意识联想,唤醒基本的生理连接和感应活动,导致情绪反应,更新情绪的适应态度,从而使情绪活动通过经验意识的传导,沿着物质关系逐步获得扩展。

2. 工程意识问题

按照澳大利亚福雷斯特的观点,计算机职业是正在成长的行业,其成员还没有像医生或律师这样的社会身份。他们做的工作有些相近,但却没有像医生或律师那样严格的从业执照考试。在现实中,他们被比做工程师。计算机(尤其是软件)工程师具有像科学家一样系统的知识,但只具有少得可怜的一般科学家所应具有的自主权,大部分时间经常是为老板而非为自己工作。计算机技术设计者表现出来的工程意识是非常重要的。

关于"意识"的定义在本教材第6章中专门进行讨论,本节只涉及计算机技术设计理念——"工程思想"等方法问题。

2004 年底,中国工程院和中国自然辩证法研究会联合举办了第 33 场工程科技论坛暨第一届全国工程哲学年会,殷瑞钰等 7 位中国工程院院士和李伯聪等 4 位全国知名的自然辩证法领域专家共同呼吁,必须高度关注"工程的定位特征"这一基本问题。现在给工程下一个独一无二的准确的定义可能还存在比较大的争议,因为人们可以从各种视角来考察这个术语。经常看到"要有工程的眼光",那么究竟什么是"工程的眼光",这是难以用简练的语言精确地表达出来的。有些人认为工程师必须精益求精,只许成功不许失败。他们有系统的理论但只有很少的自主权,经常在一个团队或一个大项目下的小组里工作,而不是单干。工程师由实践经验所积累出的技艺和处理问题的灵感是"工程的眼光"之精华。

钱学森在 20 世纪 80 年代谈到"技术科学"概念的时候,曾经谈到了他本人对工程师的看法。钱先生认为:工程师用的方法"简直是猜想方法",而且,这些方法解决了"看来很复杂,不能够用死板的科学方法来解决的实际问题"。可以说,"越是好的工程师,他就越会运用这些方法"。表面上看来,"工程"两字多少带有"猜测"、"凑数"等嫌疑,而实际上他是用自己的"经验知识"来做事情,并且往往比较有效、对路。李伯聪从"科学-技术-工程"三元论的角度界定了工程:即科学活动是以发现为核心的活动,技术活动是以发明为核心的活动,工程活动是以建造为核心的活动。工程是按照社会需要设计造物,构筑与协调运行,讲求价值,追求一定边界条件下的优化。从学科的 3 种形态——理论、抽象和设计上来分析,科学与工程的不同之处表现在所重点关注的学科形态不一样,科学注重理论,注重抽象,而工程注重抽象和设计实现。

所以,工程意识是标准化意识,是用图表语言表达的意识,也是解决问题以及团结协作的意识。

3. 专业学生教育

教育在本教材中应该是非常重要的"话题"。除了道德意识、价值观等养成依赖于家庭、学校以及社会的教育之外,伦理本身也与教育密切相关。中国春秋战国时期的思想家、教育家荀子[①]基于"性恶"而劝学。既然人性恶,他便思以教育之力,使人去恶而迁善,又以圣人所厘定的礼义、法度来教化世人的性情。

实际上,当计算机专业学生已经或者准备学习这一领域的专门知识和技术的时候,他们更要对由于计算机技术带来的社会趋势、全球问题,或体制问题加以充分的认识。他们将来既有可能是计算机技术设计者,更有可能是计算机技术使用者,是计算机技术和环境的重要角色。因为黑客、病毒制造、计算机诈骗和侵犯隐私事件不断增加,他们需要进行大量的"培养意识"练习,尤其是对于尚未成年的青少年学生。计算机教育者必须做 3 件事情:第一,鼓励明天的计算机专业人员为了 IT 产业的长远利益,要遵守更有道德、更负责任的行为方式;第二,帮助学生认识到计算机造成的社会问题和产生数字化的社会原因和社会环境;第三,使学生对各种道德困境变得敏感,因为这些问题作为一个计算机专业人员以后每天都会碰到,并影响他们的工作和生活质量。

ACM 执行委员会于 1992 年 10 月 16 日表决通过的、经过修订的《美国计算机协会(ACM)伦理与职业行为规范》,不仅对美国计算机协会的每一名正式会员,也对非正式会员

---

① 荀子(公元前 313 年—前 238 年)名况,字卿,后避汉宣帝讳,改称孙卿。赵国人,著名思想家、儒家代表人物之一,提倡性恶论,常被与孟子的性善论比较。《史记·荀卿列传》记录了他的生平。

和学生会员就合乎伦理规范的职业行为做出承诺。它包含了职业人士可能会遇到的许多问题,意在为专业人员在业务行为中做合乎道德的决定提供一个基础,间接地,也可以为是否举报违反职业道德准则的行为提供一个判断的依据。

3.2 计算机技术的使用对人类的影响

3.2.1 计算机技术的主要应用领域

计算机技术发展到现在,已经成为了人类社会不可缺少的技术工具。去银行,去办证件,入学就医,政府部门办公,超市购物,交朋友娱乐等,都离不开计算机和计算机技术。到目前为止,我国互联网用户超过了 4 亿,手机用户接近 8 亿。其中手机上网用户达到了 2.77 亿,也就是说一大半的中国人每天都在使用计算机技术。

细细数来,生活中随处可见计算机技术在工作:天气预报,医院里从身体检查,治疗,康复到病人管理;学校从招生到毕业,学籍管理,教务管理等都是依靠计算机信息技术进行的。电子政务,电子商务,计算机辅助设计,数字动漫、数字媒体技术,虚拟现实技术,GPS 全球定位等新名词层出不穷。归类来看,计算机主要应用在以下几个方面:

1. 数值计算

在科学研究和工程设计中,存在着大量繁琐、复杂的数值计算问题,解决这样的问题经常是人力所无法胜任的。而高速度,高精度地解算复杂的数学问题正是电子计算机的特长。因而,时至今日,数值计算仍然是计算机应用的一个重要领域。

2. 数据处理

数据处理就是利用计算机来加工、管理和操作各种形式的数据资料。数据处理一般总是以某种管理为目的的。例如,财务部门用计算机来进行票据处理、账目处理和结算;人事部门用计算机来建立和管理人事档案,等等。

与数值计算有所不同,数据处理着眼于对大量的数据进行综合和分析处理。一般不涉及复杂的数学问题,只是要求处理的数据量极大而且经常要求在短时间内处理完毕。

3. 实时控制

实时控制也叫做过程控制,就是用计算机对连续工作的控制对象实行自动控制。要求计算机能及时搜集信号,通过计算处理,发出调节信号对控制对象进行自动调节。过程控制应用中的计算机对输入信息的处理结果的输出总是实时进行的。例如,在导弹的发射和制导过程中,总是不停地测试当时的飞行参数,快速地计算和处理,不断地发出控制信号控制导弹的飞行状态,直至到达既定的目标为止。实时控制在工业生产自动化、农业生产自动化,航空航天、军事等方面应用十分广泛。

4. 计算机辅助设计(CAD)

CAD 就是利用计算机来进行产品的设计。这种技术已广泛地应用于机械、船舶、飞机、大规模集成电路版图等方面的设计。利用 CAD 技术可以提高设计质量,缩短设计周期,提高设计自动化水平。例如,计算机辅助制图系统是一个通用软件包,它提供了一些最基本的作图元素和命令,在这个基础上可以开发出各种不同部门应用的图库。这就使工程技术人员从繁重的重复性工作中解放出来,从而加速产品的研制过程,提高产品质量。

CAD 技术迅速发展,其应用范围日益扩大,又派生出许多新的技术分支,如计算机辅助制造 CAM,计算机辅助教学 CAI 等。

5. 模式识别

模式识别是一种计算机在模拟人的智能方面的应用。例如,根据频谱分析的原理,利用计算机对人的声音进行分解、合成,使机器能辨识各种语音,或合成并发出类似人的声音。又如,利用计算机来识别各类图像、甚至人的指纹等。

6. 通信和图像、文字处理

计算机在通信和文字处理方面的应用越来越显示出其巨大的潜力,一般由多台计算机、通信工作站和终端组成网络。依靠计算机网络存储和传送信息,实现信息交换、信息共享、前端处理、文字处理、语音和影像输入输出等工作。文字处理包括文字信息的产生、修改、编辑、复制、保存、检索和传输。通信和文字处理是实现办公自动化、电子邮件、计算机会议和计算机出版等新技术的必由之路。

7. 多媒体技术

随着微电子、计算机、通信和数字化声像技术的飞速发展,多媒体计算机技术应运而生并迅速崛起。特别是进入 20 世纪 90 年代以来,多媒体计算机技术在信息社会的地位愈来愈明显,多媒体技术与计算机相结合,使其应用几乎渗透到人类活动的各个领域。随着应用的深入,人机之间的界面不断改善,信息表示和传播的载体由单一的文字形式向图形、声音、静态图像、动画、动态图像等多媒体方面发展。

8. 网络技术与信息高速公路

随着信息技术的迅速发展,发达国家或部分发展中国家都在加紧进行国家级信息基础建设。我国以若干“金”字工程为代表的信息化建设正逐步走向深入(如金卡工程),形成了整个信息网络技术前所未有的大发展局面。所谓计算机网络是指把分布在不同地域的独立的计算机系统用通信设施连接起来,以实现数据通信和资源共享。网络以地域范围大小分为局域网和广域网。著名的因特网(Internet)是一个最大的国际性广域网,它的业务范围主要有远程使用计算机、传送文件、电子邮件、资料查询、电子商务、远程合作、远程教育等等。

9. 教育

计算机在教育中的应用是通过科学计算,事务处理,信息检索,数据管理等多种功能的结合来实现的。这些应用包括计算机辅助教学,知识信息系统,自然语言处理等。计算机辅助教学生动、形象、易于理解,是提高教学效果的重要手段之一。目前,微型计算机已普及到了百姓家庭,可用于娱乐、教育、理财、通信、个人数据库等方面,给家庭成员的潜移默化作用不可估量。

随着业务需求和计算机技术的进步,计算机应用逐步向综合性的方向发展。例如,一个大型企业的 MIS(管理信息系统),可以包括多个子系统,如销售管理系统、生产管理系统、财务管理系统、人事管理系统、工程设计系统、仓储系统、客户服务系统等,有些子系统主要是用来进行数据处理的,有些主要是用来进行自动控制的,有些既有复杂的数值计算功能,又有强大的数据处理能力。又如,利用计算机来模拟人的智力活动,如学习过程、适应能力、推理过程,制造一种具有“思维能力”,即具有“推理”、学习和自动“积累经验”功能的机器,就不能简单地认为是计算机在模式识别方面的应用,其中可能包括了复杂的数值计算、大量的数据处理、精确的自动控制和多媒体技术等多种功能,而且,要与微电子制造技术等现代技术结合起来才能最终完成。

计算机技术，多媒体技术和网络通信技术相结合，又产生了很多的应用领域，这也是人们未来的工作：如何用技术提高人们的生活工作质量？如何用技术使人们能够永续发展？这是我们必须预先思考的问题。

3.2.2 计算机技术产生的影响

图 3-9 是编著者在因特网中搜索到的，它深刻地反映了当前人们生活的内容主要是依赖于信息技术：不是看计算机，就是用手机或是看屏幕。我们不禁要问：这种生活方式健康吗？长此这样人类会变成什么样？

图 3-9 生活依赖于信息技术示意图

人本来是自然的一分子，健康的生活是亲近自然，山、林、树木、河湖田野是人们最好的生活地方。可是有了计算机技术后，人们的大部分时间都是和计算机网络在一起，办公室、家庭到处布满了各种各样的电器，尤其是无线网络普及后，很多手持式设备都可以上网，那人们的眼睛更是离不开屏幕了。这对人们到底有什么影响？归纳起来，有如下几个方面。

1. 法律空白

在计算机信息技术和网络没有普及之前，法律是建立在传统的人与人，人与社会，人与自然的关系协调之上的，在计算机出现并普及应用之后，人们还没有来得及思考如何建立一种新的社会生活秩序，计算机犯罪已经很严重了。例如，骇客在网络释放病毒，篡改/盗用数据库信息；网络欺诈，网络色情；电子垃圾污染；用信息技术侵犯个人隐私等。很多问题的量刑没有现成的法律可依。而且信息技术还在以更快的速度向前发展着，这就要求人们有道德上的自律，"己所不欲，勿施于人"，才会有一个良好的生活环境。而且在法律建设方面要有预见性，所制定的法律法规本着弘扬人性中的善，遏制、制裁人性中的恶这一理念开展。

2. 道德延伸到网络虚拟世界

中华民族素有"文明古国，礼仪之邦"的称号，见面问好，分手道别。但在网络虚拟世界中接触到的人和事不再局限在国内，或是熟悉的人当中；网络聊天加入一个新人，我们很难知道他的真实身份，是哪国的人，名字是在网络中新起的，其他个人信息真伪难辨。所以需要建立一套全球化的道德规范来净化网络生活，如何写电子邮件，发送即时信息，如何与网络中的人聊天等都有其伦理规范。而网络中的不道德事件的影响是全球性的、及时传播的和实时的，蠕虫病毒很快使网络瘫痪和网络上的"艳照门"等事件就是很好的例证。所以，每个上网的人发现异常要及时举报，制止不良事态的扩大。而且网络礼仪，文明网络交流是信息时代每个人必修的功课。现实生活中的道德需要延伸、补充到网络世界中来。绿色网络生存空间才能得以营造。

3. 工作场所的变化

信息社会里信息的收集、查找非常便利，图书馆，电子阅读器、数字图书馆，手机上网搜索，打电话问询等都是获取知识和信息的手段。所以对文盲的定义有所改变。一个说法是不会使用计算机信息网络技术就是文盲；还有一个说法是不会利用信息技术自主学习就是文盲。这对人的要求越来越高。我们看看家庭请保姆的条件：会使用洗衣机、电饭煲等一切家用电器。在办公室,传真机、复印机、网络、打印机等设备越来越多,不会使用这些高技术设备如何能做好本职工作? 而另一方面,无论家庭还是办公室,增加了这么多计算机、电子设备,空间要求增加了,用电量增加了,而且电磁辐射也增加了,工作场所不健康因素越来越多。同时用纸也增加了,电子垃圾也多了,对环境的污染和生态平衡都带来了负面的影响。从伦理的视角看,这样符合以人为本的发展思路吗?

另外,有研究资料显示,办公室上网后,许多上班族上班后的第一件事是收电子邮件、看新闻。更有员工玩种菜游戏,偷菜。平均每人每天需要花 2.5 小时做这些事情。本来安装计算机是为了提高工作效率,结果反尔分散了职工工作时的注意力。所以,有些机关、企业在上班时不开通外网,只有内网可以使用。

4. 生态环境

生态环境的日益恶化是目前各个国家共同关心的焦点问题。倡导低碳生活,多种树,少开车,少开空调,节约用水是目前全球的口号。计算机的广泛使用,要求办公室用空调,装修,这增加了氟利昂、苯、甲醛等有害化学物质的使用量。办公区域的扩大,势必在有限的空间中,减少了绿地,人们在信息化与健康生活环境之间难以平衡。尤其是现在物种的消失加速,意味着生物链的破坏和需要重新建立,这对人类来说是一个最大的隐患。

5. 文教卫生的变化

计算机信息技术给文教卫生带来的变化是巨大的。首先,看病信息网络化,挂号发 IC 卡,医生开药用计算机,检查病人身体也是用嵌入计算机的检查仪器,如计算机断层扫描仪 CT,B 超检查等。病人一入院,就在医院的信息系统中有了记录,包括医药费也在其中。问题是一旦这个系统出了问题,就无法给病人做处理。如某医院的医疗管理信息系统出了问题,无法挂号,医生无法用计算机开药方,收费处也无法收费,只好请病人到其他医院就医。危重病人只好先处理,以后再说费用的问题。

如果停电,老师就无法用多媒体播放事先准备好的课件,必须改用黑板、粉笔授课。教育实行计算机辅助教学后,优点是优质教育资源可以放在网络上共享,缺点是上课灵活性降低:根据学生的具体情况随时调整授课内容。现在学生的教材很多都配有附属光盘,可是学生很少认真去看这些光盘,这也是一种浪费。

数字媒体技术的出现,给文化传播事业带来了新的春天:无论是创作手段还是创作形式都有了翻天覆地的变化。相应的多媒体产业,3G、4G 手机,MP3、MP4,数字阅读器,手持计算机,大屏幕显示器,声卡、显卡等产品也获得了空前的发展。总之,计算机技术的出现,给人们的生活带来了巨大的改变,尤其是在伦理方面。

特雷尔·拜纳姆(美)和西蒙·罗杰森(英)编辑了《计算机伦理与专业责任》一书[①],书中收录了美国沃尔特·曼纳教授(Walter Maner)关于计算机技术独特的问题的著名论文。该论文从案例介绍着手,归纳出 8 个与计算机技术有着本质的、根本的联系的特征的伦理问题:

(1)"计算机字"(Computer words)深深嵌入在高度一体化的子系统中,单个"字"(Single word)的崩溃会导致整个计算系统的崩溃,如医院、银行、证券等计算机系统的"数据溢出"(Overflow)。

---

① (美)特雷尔·拜努姆,(英)西蒙·罗杰森.计算机伦理与专业责任.李伦,金红,曾建平,李军,译.北京:北京大学出版社,2010 年

(2) 计算机是功能非常通用的机器,它可以改造成为残疾人都可以使用的机器。这种彻底的延展性(Malleable)赋予了计算机设计者们绝对的责任,因而科学家和工程师们对任何系统的改变都需要重新认真进行评估。

(3) 计算机具有超人的复杂性,而计算机设计者成为至高无上的主宰。软件本身又无任何规律可循,彻底验证检测程序性能责任重大。如果测试者只测试一些临界值(Boundary values),或者只具备代表性的等价值(Equivalence sets defined on the domain),甚至有时干脆不去做测试,这个计算机还能是一个可信赖的机器吗?更好的测试方法和更好的校正程序的机制非常必需,但是人类能够发现并找到它们吗?

(4) 计算机运算速度极高,实时监控股票、期货等信息,准确预测获利和"割肉"的时机,在市场波动时期,程序化的交易将放大和加快已经开始的波动,这对社会经济的稳定不利。

(5) 计算机每秒钟可以执行千百万次的计算,每一次的计算成本几乎为零。假如银行职员每个月从成千上万个账户中偷盗"无穷小"数目的钱,不用花费太长的时间就可以把数百万个"无穷小"集中到某个中心点上,从而获得数目不菲的"总和"——意大利香肠伎俩(Salami techniques)。

(6) 计算机赋予了人类精确复制某些人工作品的能力,拷贝和原件在功能上完全一样,而且这不存在财产转移。

(7) 计算机是离散的,后果难以常规的、熟知的方法加以预测。就像程序化的交易将放大和加快已经开始的经济波动,以及单个"字"的崩溃会导致整个计算系统的崩溃,最小的波动可能导致最剧烈的结果。对于支持后果论伦理观点的人来讲无法接受的是,数字化计算机的原因和结果的不对称性和不连续性的关系扭曲了行为和行为的后果之间通常可预测的联系。即不能仅仅根据人类的行为对其他机器所产生的结果,来类似地推论同样的行为作用于计算将会产生什么样的结果。

(8) 计算机是通过编写不同层次的代码来运行的。历史的、科学的和商业的数据面临着消融在没有意义的字母、数字和计算机符号(Computer symbols)的混合体之中的危险。当电子文件成为信息的基本存储载体时,任何已存储的文件最终都是可读的吗?这一问题的本质是,计算机经过人类自己的手,剥夺了人类未来世代都需要和珍惜的文献信息。整个文明将会被摧毁,宏大的图书馆被洗劫一空和捣毁,语言衰退消亡,书籍被禁止和焚烧,墨水在阳光下已经褪色,成卷的纸张腐烂,变成支离破碎的神秘古董。

3.3 计算机与文化

3.3.1 文化和文化差异

1. 文化的定义

荷兰文化协会研究所所长 G. 霍夫斯坦德(Geert Hofstede)对文化下了这样一个定义:"文化"是在同一个环境中的人们所具有的"共同的心理程序"。因此,文化不是一种个体特征,而是具有相同社会经验、受过相同教育的许多人所共有的心理程序。不同的群体,不同的国家或地区的人们,这种共有的心理程序之所以会有差异,是因为他们受过不同的教育、有着不同的社会和工作,从而也就有不同的思维方式。文化指导道德,而道德理念是文化的体现。

2. 文化差异

文化差异是由各国的历史传统以及不同的社会发展进程所产生的,表现在社会文化的各个方面。不仅东西方的文化差异十分明显,就是在同为东方文化圈的中国内地、日本、中国香港、新加坡等也存在较明显的不同。

霍夫斯坦德用 5 个维度的心智模式来解释不同国家和地区之间的文化差异,这 5 个维度分别是:权力距离(PDI)、个人主义(IDV)、男性特征(MAS)、不确定性规避(UAI)和长期取向(LTO)。通过对上述文化 5 个维度调查数据的分析,霍夫斯坦德证实了不同民族的文化之间确实存在着很大的差异性,而且这种差异性根植在人们的头脑中,很难轻易被改变。

(1) 权力距离(Power Distance,PDI),即在一个组织当中,权力的集中程度和领导的独裁程度,以及一个社会在多大程度上可以接受组织当中这种权力分配的不平等,在企业当中可以理解为员工和管理者之间的社会距离。一种文化究竟是大的权力距离还是小的权力距离,必然会从该社会内权力大小不等的成员的价值观中反映出来。因此研究社会成员的价值观,就可以判定一个社会对权力差距的接受程度。

【案例 3-4】 美国与中国的企业

美国是权力距离相对较小的国家。美国员工倾向于不接受管理特权的观念,下级通常认为上级是"和我一样的人"。所以在美国,员工与管理者之间更平等,关系也更融洽,员工也更善于学习、进步和超越自我,实现个人价值。相对而言,在中国权力距离较大,地位象征非常重要,上级所拥有的特权被认为是理所应当的。这种特权大大地有助于上级对下属权力的实施,但不利于员工与管理者之间和谐关系的创造和员工在企业中不断地学习和进步。因而,中国的企业应当采纳"构建员工与管理者之间和谐的关系"以及"为员工在工作当中提供学习的机会,使他们不断进步"等两项人本主义政策,管理者有必要在实践当中有意识地减小企业内部权力之间的距离。

(2) 个人主义(Individualism,IDV)是指一种结合松散的社会组织结构,其中每个人重视自身的价值与需要,依靠个人的努力来为自己谋取利益。集体主义则指一种结合紧密的社会组织,其中的人往往以"在群体之内"和"在群体之外"来区分,他们期望得到"群体之内"的人员的照顾,但同时也以对该群体保持绝对的忠诚作为回报。美国是崇尚个人主义的社会,强调个性自由及个人的成就,因而开展员工之间个人竞争,并对个人表现进行奖励,是有效的人本主义激励政策。日本是崇尚集体主义的社会,员工对组织有一种感情依赖,应该容易构建员工和管理者之间和谐的关系。

(3) 男性特征(Masculine,MAS),即社会上居于统治地位的价值标准。对于男性社会而言,居于统治地位的是男性气概,如自信武断,进取好胜,对于金钱的索取,执着而坦然;而女性社会则完全与之相反。有趣的是,一个社会对"男子气概"的评价越高,其男子与女子之间的价值观差异也就越大。美国是男性度较强的国家,企业当中重大决策通常由高层做出,员工由于频繁地变换工作,对企业缺乏认同感,因而员工通常不会积极地参与管理。中国是一个女性度的社会,注重和谐和道德伦理,崇尚积极"入世"的精神。正如上面所述,让员工积极参与管理的人本主义政策在中国是可行的。

(4) 不确定性规避指数(Uncertainty Avoidance Index,UAI)反映人们试图对各种威胁加以防止的综合指标,即在任何一个社会中,人们对于不确定的、含糊的、前途未卜的情境,都会感到面对的是一种威胁,从而总是试图加以防止。防止的方法很多,例如提供更大的职业稳定性,订立更多的正规条令,不允许出现越轨的思想和行为,追求绝对真实的东西,努力获得专门的知识等。不同民族、国家或地区,防止不确定性的迫切程度是不一样的。相对而言,在不确定性避免程度低的社会当中,人们普遍有一种安全感,倾向于放松的生活态度和鼓励冒险的倾向。而在不确定性避免程度高的社会当中,人们则普遍有一种高度的紧迫感和进取心,因而易形成一种努力工作的内心冲动。

【案例3-5】 东西方的企业

日本是不确定性避免程度较高的社会。因而在日本,"全面质量管理"这一员工广泛参与的管理形式取得了极大的成功,"终身雇佣制"也得到了很好的推行。与此相反,美国是不确定性避免程度低的社会,同样的人本主义政策在美国企业中则不一定行得通。比如在日本推行良好的"全面质量管理",在美国却几乎没有成效。中国与日本在某些方面很相似,因而在中国推行员工参与管理和增加职业稳定性的人本主义政策,应该是适合的并且是有效的。在美国等不确定性避免程度低的社会,人们较容易接受生活中固有的不确定性,能够接受更多的意见,上级对下属的授权被执行得更为彻底,员工倾向于自主管理和独立的工作。而在日本等不确定性避免程度高的社会,上级倾向于对下属进行严格的控制和清晰的指示。

(5) 长期取向(Long Term Orientation,LTO)是文化差异的第 5 个维度,它是从对于世界各地的 23 个国家的学生的研究中得出的。该研究使用的是由中国学者设计的调查问卷,注重德行而不是真理。长期取向的价值观注重节约与坚定;短期取向的价值观尊重传统,履行社会责任,并爱面子。这一维度的积极与消极的价值取向都可以在生活于公元前 500 年前的孔子的教义中找到,然而这一维度也适用于没有儒家传统的国家。

文化差异的明显不同,决定了伴随着计算机技术的发展而出现的文化,无论人们给它起何种名称,必然遭遇到冲突。每一种科学技术的发展,像蒸汽机、电力、包括计算机,都会出现标榜着时代印痕的文化,但是计算机技术,或者数字技术似乎比其他科学技术更具有"文化"。这是由于计算机伦理问题相对而言更为突出。詹姆·斯摩尔在提到"没有出现烤箱伦理学、火车伦理学和缝纫机伦理学"的原因时,给出了"计算机伦理学的独特性"的观点。"概括起来,计算机伦理学的独特之处在于计算机技术本身。没有一项技术拥有和将拥有计算机技术所产生的和将要产生的影响和广度、深度及新颖性,尽管在某个特定时期这项技术具有和计算机技术一样的革命性"。[①]

3.3.2 与计算机相伴的文化

对于计算机文化,西摩尔·帕勃特(S·Paperet)认为,真正的计算机文化不是知道怎样使用计算机,而是知道什么时候使用计算机是合适的。[②]

国外的文艺作品,尤其是好莱坞电影在渲染与计算机相关的文化中占居主导。它们传递的有关计算机的形象可归纳为:

(1) 对人类未来和破坏地球行为充满忧虑。如戈特——这个传递和平信息、却遭到人类误解的外星人,一旦被激怒,他会不顾后果地进行反击,即使把人类全部消灭也在所不惜,冷酷无情。

---

① (美)特雷尔·拜努姆,(英)西蒙·罗杰森. 计算机伦理与职业责任. 李伦,金红,曾建平,李军,译. 北京:北京大学出版社,2010

② 西摩尔·帕勃特 1971 年麻省理工学院人工智能实验工作。(Seymour Papent)http://www.papert.org/

（2）他们比人类更有效率，但是，他们缺乏人类所拥有的价值观、逻辑思维和推理能力。

（3）量身打造，具备诸如做梦和推理等更高级的智力水平，如索尼，也会做出一个"合乎逻辑"的选择。

（4）怀着复仇欲望。

（5）迄今为止依然不可能设计出像人类一样高深莫测的机器，无论机器人技术如何先进，工程师或者科学家们都不能做到这一点，那些同人类相像的发明物根本没有真正的人性。

（6）人工智能模型，每个方面均堪称完美，如 HAL 计算机，任何一个错误都会让船员付出血的代价。即使人类拆坏 HAL 计算机，却发现完全失控。

现在"好莱坞式"文化中，以计算机为核心的"机器人"也有了"自己"（其实是编剧、导演或者演员）的名言，例如：

"此次任务对我而言非常重要，我不许你们坏了我的好事。"——HAL9000 计算机（《2001 太空漫游》，1968 年）

"先生，你应该马上修理！如果我的电路或转动装置有用的话，我心甘情愿把它们献出来。"——斯瑞皮欧（《星球大战》，1977 年）

"我不愿在你们成功几率这个问题上撒谎……我只能向你表示同情。"——艾什（《异形》，1979 年）

"复制人同其他任何机器并无两样——他们不是造福于人类，而是对人类构成威胁。倘若他们的存在有益于人类，那就不关我的事儿了。"——里克·德卡德（《银翼杀手》，1982 年）

被比尔·盖茨比喻为"已经在这条战线上很久了"的新闻人，约翰·马尔科夫（John Markoff）[①]，曾为《时代》（*Times*）杂志撰写计算机科技文章，其撰写的畅销书有：《计算机朋克》（*Cyberpunk*：*Outlaws and Hackers on the Computer Frontier*，与哈夫纳（Katie Hafner）合写，1985 年）、《小心黑客》（*Takedown*）、《高科技的高成本》（*The High Cost of the High Tech*，与西格尔（Lennie Siegel）合写）；1991 年，他率先报道网络黑客 Kevin Mitnick 故事并出版《擒拿：追捕美国第一号计算机罪犯》（*Takedown*：*The Pursuitand Capture of America's Most Wanted Computer Outlaw*）、*What the Dormouse Said*（《PC 迷幻纪事》，台湾版本）。

马尔科夫还曾与计算机安全专家下村勉共同追捕联邦法院追缉的头号计算机骇客——Kevin Mitnick。然后，马尔科夫将这位盗窃了 10 亿美元的商业秘密以及上万个信用卡密码的骇客作为"厚型"，成功地塑造了满怀阴险的、噩梦般的骇客象征，使这一故事不仅仅成为正义与邪恶的较量，而且成为轰动一时的媒体事件。除 Mitnick 外，该书中还详述了 1988 年 11 月制造互联网蠕虫事件的罗伯特·莫里斯以及德国混沌计算机俱乐部的黑客潘戈（即另一部书籍《杜鹃蛋》中的主角）。《擒拿》一书以资料翔实、揭露隐秘、对黑客文化的深刻剖析，加上一流的写作，成为小说中的计算机文化之经典。

国内阮晓钢 2005 年出版了一本小册子《机器生命的秘密》，这其实是一部计算机科技作品。在国内科幻文学作品中，与计算机有关的是星河的《决斗在网络》[②]、杨平的《MUD——

---

① http://www.techcn.com.cn/index.php? doc-view-130855
② 1996 年曾获得第八届银河奖特等奖

黑客事件》①和《千年虫》、韩文轩的《上校的军刀》②、柳文扬的短篇《断章——漫游杀手》以及拉拉的《掉线》等小说作品,面向的读者以青少年为主,而且多数作品是网下情节多于网内情节。《决斗在网络》的作者星河,本名郭威,1967 年出生,毕业于建筑学专业,是当代主要科幻作家,因受吴岩科幻选修课的影响,走上科幻创作道路。爱好科幻小说并经常上网的读者都比较熟悉星河的名字,在很多网站都有他的作品集。《决斗在网络》是他 1995 年在《科幻世界》杂志上发表的短篇科幻小说,他创作时坚持体现科幻小说的艺术本质,语言特点鲜明,被吴岩称为"青春期心理科幻"。除了《决斗在网络》,他还撰写有《梦断三国》、《同室操戈》等一批有关网络的科幻作品。

作为中国科幻早期的虚拟世界故事,《决斗在网络》中大学生"我"和一个叫齐安格的网友,有一种形似摩托头盔的网络武器。他俩戴上这个名叫"CH 桥"的设备进入网络世界展开游戏。这似乎是国内最早提出"网络头盔"概念的文学作品。小说家星河对这个设备的解释是:"CH 桥的道理非常简单,只要你对脑电波图的原理略知一二就能马上理解和领会。人的大脑会产生出轻微的生物电流,那么只要将它连接到网络中,通过一系列诸如三极管之类元器件的放大作用,肯定会引发多米诺骨牌般的连锁反应,最终必然能大到足以改变计算机中的参量。"由此可以看出,这些文学家是计算机文化的创造者,是受计算机时代影响而成长起来的新文人。

【案例分析】

对比分析人类社会在没有计算机之前的人与人,人与自然,人与社会之间的伦理关系,与当下计算机普遍使用后的这些关系及其变化,思考人们应该如何主动引导、控制计算机技术的发展?

思考讨论之三

1. 谈谈计算机技术对人类生活的影响,目前人们都利用计算机技术做哪些事?

2. 人类应该怎样把握计算机技术的应用和发展方向,使它为人类的生活健康服务计算机伦理的应用要解决哪些问题?

3. 用实例分析、比较计算机出现前后社会发生的变化,理解"信息时代才刚刚开始"的含义。

4. 在全球化背景下,如何利用 ICT(Information Computer Technology)制订自己的终生学习计划? 如何在日常生活中实践?

参考文献

1 向蓓莉. 教育的目的及其他. 开放时代,2001(3)

2 (德)Peter Duus. 神经系统疾病定位诊断学——解剖、生理、临床. 刘宗惠,胡威夷等译. 北京:海洋出版社,1995 年

3 李伦. 网络传播伦理. 湖南:湖南师范大学出版社,2007 年

---

① 1998 年曾获得第十届银河奖二等奖
② 2006 年曾获得第十八届银河奖读者提名奖

中篇　计算机伦理学基本问题

第 4 章

IT 职业道德和社会责任

> "道,可道,非恒道。名,可名,非恒名。"

——老子

本章要点

通过本章的学习,了解职业道德的社会价值和人们为什么要遵守职业道德规范;了解 IT 职业道德与个人职业生涯发展之间的关系;认识每个人应承担的社会责任和其中的理论根据,为每个学生能健康幸福生活打下职业道德理论基础。

众所周知,印度由于 IT 业的带动,现已成为继美国、日本等国之后的科技强国。正是因为具有国际视野、充分遵守国际贸易的游戏规则,今天的印度公司才能够获得众多跨国企业的青睐。到 2008 年,外国企业的外包业为印度创造 110 万个就业机会;估计到 2012 年,印度仅 IT 外包业的总产值就将达到 600 亿美元。在印度人的头脑里,使用盗版软件用于商业开发,是不可想象的事情。如印度第 4 大 IT 公司萨蒂扬 Mahindra Satyam 每年采购的软件价值达到 2 万~3 万美元。不是像一般人认为的那样,印度的人力成本低,这才让跨国企业中意,尽管这是其中的一个原因;尊重知识产权是一个重要因素。

长期以来,西方经济学家认为,第三世界国家要发展高科技是很困难的,而今天西方工业大国却要依赖印度来继续自己的信息技术。这无疑是个重要的启示,它说明第三世界国家的信息技术在经济落后的环境中同样可以创造奇迹。在美国加州硅谷,40% 的新公司是印度人创建的。就是在这个几乎 1/2 的人口是文盲的国家,却生产出了令比尔·盖茨吃惊的软件,其根本原因在于对 IT 人才的成功培养。在印度,计算机职业教育机构遍布全国各大中型城市,受过良好职业教育的印度大学生,用纯正的英语与世界各国 IT 精英交谈,常常令美国企业的老总们喜出望外。目前,大约有 4 万印度 IT 人在远程服务业中就职。著名的美国麦肯锡咨询公司预测,该行业在印度的年增长率将达到 50%。所以,中国应该以全球化的眼光,认真研究印度的崛起与他们的 IT 职业化教育的关系,研究印度 IT 人所具有的职业素养。

4.1 道德的社会价值

4.1.1 社会良性关系的基础

一个社会的稳定运行,需要有社会各阶层的良好关系与社会生活秩序,需要良好的社会风尚和人民的文明举止,需要有道德的作用。道德的社会作用可以从如下几个方面体现。

1. 继承与彰显传统文化

翻开各个民族的传统文化史,都有可歌可泣的道德故事和智慧的伦理思想,如我国老少皆知的"孔融让梨","孟母三迁";希腊神话中的故事,等等,都体现了尊老爱幼、勤劳致富、勇猛顽强等人类的美德。中文被翻译成外文出版最多的书籍是老子的《道德经》;我国流传了两千五百多年的儒家文化思想更是被称为道德的哲学。"有朋自远方来,不亦乐乎","四海之内皆兄弟也","己所不欲,勿施于人","德不孤,必有邻","礼之用,和为贵"。这5句选自《论语》中的话作为2008年北京奥运会的迎宾语,正是向世界表明了中华民族的道德情怀。文化就是这样在传承的基础上得到发扬光大的。其中道德的传承、发展占据了很大的成分。如今,孔子学院已在世界八十多个国家与地区建立了二百六十余所,中华民族灿烂悠久的文化已播向全球,并为各民族所认可、接受。

2. 调节社会关系

道德的最主要的社会功能之一是调节社会各阶层、各部分成员之间的关系。古代有"君君臣臣,父父子子";现代社会有"长者优先,妇女优先",保护关爱弱势群体等社会道德风尚。如在公交车上,有老人孕妇专席;如有乘客与司乘人员发生矛盾,每个人只要说"学学模范李素丽","学学八荣八耻",矛盾就会在道德的感召下化解。家庭生活也一样需要道德的维系,夫妻互敬互爱相互体谅,孝敬老人,爱护教育孩子,共同营造天伦之乐的家庭生活。

人类文明的发展,使人们认识到道德不仅具有调节人与人之间的关系的作用,而且还有调节人与自然,人与宇宙万物之间的关系的作用。当前,全球气候变暖,生态环境的恶化,都与人类的行为、生活方式有关:过度开采,过度放牧,森林绿地减少;过度消费增加了二氧化碳的排放,导致水、空气质量的下降,生活质量的下降,疾病的增加,社会劳动力减少,社会医药负担增加等恶性循环。所以,现代社会讨论道德的社会作用是具有全球化的、包括影响到人类生存环境的更宽泛的含义。

如果从目前世界全球化进程加快,共同面临生态环境恶化,能源短缺、资源短缺等全球性严峻问题的角度出发,道德更是关乎到整个人类社会生存以及可持续发展的问题。举例来说,人一刻也离不开空气和水,可是,随着经济大发展,科技的进步,空气和水的质量却在下降,严重威胁到人们的生活质量和社会福利。目前,全球有近11亿人喝不到洁净的饮用水,50%的疾病患者是由于饮用不干净的水而染病的。所以,联合国大会做出决议,确定每年的3月22日为"世界水日",每年的6月5日为"世界环境日",并把2008年定为"国际环境卫生年"。我国的水也存在两大主要问题:一是水资源短缺,二是水污染严重。而空气污染最主要的原因就是汽车尾气的排放。值得说明的是,水污染、空气污染不是局部的问题,它可以通过水、空气的自然循环,迅速传遍全球。水从蒸发进入大气,到形成降水离开大气,完成一次循环平均只要9天左右的时间。用道德的规范来衡量,约束自己节约用水、节约用电、尽量乘公交出行实际上就是现代社会的一种道德行为。

同时,也很容易理解国际社会为了自身的利益,都非常关注各个国家、各个地区的环境问题,并用社会舆论加以谴责,通过国际组织加以干涉。

3. 认识现实社会

现实社会的文化风尚是什么?可以从道德风尚来认识。如当下考公务员很热,所以除了有很好的专业基础外,靠人际关系"走后门"也很重要。从这些有关个人利害关系的事情中,最能衡量出一个地区的道德风尚和社会文明程度。同样,可以从办理驾驶执照,找工作,住房政策等与个人利益相关的具体事件中,认识自己所处的社会现实。但无论外界如何,每个人都应有"出污泥而不染,濯清涟而不妖"的品格,因为错的就是错的,它只是暂时的,不会给人带来长久的快乐。幸福还是要靠自己的双手创造。人类只有播撒真善美的种子,才能结出永久的幸福之果。

4. 规范个人行为

1952 年,诺贝尔奖和平奖得主施韦泽医生提出了敬畏生命的伦理理论①,其核心思想是宇宙万物都是有生命的,是一个有机体,每个人应该怀着爱和感恩的心态对待宇宙万物,是他们养育了每个人;这同日本纯粹伦理的创始人丸山敏雄的思想②,以及我国"宇宙万物同生共体,你中有我,我中有你"的宇宙哲学观是一致的。这些哲学观还指出,如果遵循这样的观点去生活,遵循自然规律去行事,每个人就会幸福,否则就会有灾祸。所以,遵从自然规律的道德理念,遵从人类共有的道德文明,是每个人生产生活行动的指导规范和总则,是健康快乐生活的理论依据和实践保证。每个人在日常生活中应该遵循中国古代圣贤的教导:"非礼勿视,非礼勿听,非礼勿言,非礼勿动";即不符合道德的东西不能看,不符合道德的话不能听,不符合道德的话不能说,不符合道德的事不能做,这样则能提升自己的道德情操和伦理智慧,促进个人事业的发展。

4.1.2 工作生活秩序的基石

在信息社会中,人们的生活、工作、娱乐、交友等一切活动都离不开计算机,离不开信息技术。如无线上网的手机,可以及时通话交流,也可以收发电子邮件、短消息;不仅用做远程学习的工具,还可以上网购物,查找地图方位等;通过网络支付电费、水费等各种费用现在也已经很普遍,在网上买卖股票、个人理财等都已是生活的内容。总之,信息技术无所不在地渗透到人类生活的各个方面中来。想想 5 年前手机上网还是很稀罕的事,可是现在,家用冰箱、微波炉等电器都可以通过蓝牙等无线通信技术组成家庭网络,在任何能上网的地方都可以知道家中冰箱内缺什么,在网上下单,回家的路上把东西买来带回家享用,多么惬意!可是另一方面,手机等各种掌上电子设备容易丢失,其中存储的个人隐私信息、商务信息等也同时会暴露给他人,如果给不怀好意的人利用,将会给丢失者带来身心伤害。更有道德败坏的人用病毒、间谍软件在网络中作案,造成网络无法正常工作,从而破坏了社会的正常生活秩序,给人们带来了痛苦。例如某医院的医疗网络因故障中断了,所有的医学检查无法正常进行,收费系统也中止了工作,医生开处方也只能改为手写,因为习惯于用计算机网络下处

---

① http://topic.xywy.com/wenzhang/20051209/284896.html
② 日本伦理研究所中国事务所. http://www.rinri-chn.org.cn/

方,所以医生总是写错,造成急诊病人、手术中的病人的耽搁……

李政道博士在一次讲演中说:科学技术就像火一样给人类带来了光明与文明,但是,火也会引起火灾(克拉玛依发生的那场震惊中外的大火,325 条生命瞬间丧身火海就是一个很好的例子),必须在人的严格控制下使用。科学技术也是一样会给人类带来灾难的,例如第一颗原子弹,一下子就摧毁了十多万人的生命。目前每年因车祸死亡的人数排在意外死亡数第一。所以,在科学技术高度发达的今天,技术人员用道德规范自己的言行,恪守职业操守,用技术给周围的人带来幸福与快乐,而不是带来危害。这些对实现个人人生价值是非常具有现实意义的。

另据报道,仅垃圾邮件每年给美国带来的经济损失就达 50 亿美元(拥塞网络、占据网络资源,耗费人力物力去清除它,携带病毒造成机器物理损坏等,进而造成停工停产等)。而信息技术发展得如此之快,以至法律法规政策是跟不上其发展速度的,它们有一个很长滞后期,信息社会存在法律政策真空是常有的事。还有一个问题是网络犯罪是跨国度、跨地区的,那么该由谁去破案呢?即使抓住了罪犯,该用哪国的法律制裁犯罪分子呢?所以信息社会道德的社会价值比任何时代都突出,具有更广泛的社会影响力,在维护人们工作生活秩序方面更有价值。如何在信息社会弘扬道德常识,唤醒人们的健康道德生活意识,促使人们养成良好的道德生活工作习惯是每个人必须认真研究并付诸实践的事情。

【案例 4-1】 网上盗窃倒卖虚拟财产

据新华网报道,深圳市警方于 2006 年 12 月 14 日召开新闻发布会,宣告破获了迄今为止全国最大规模的因特网虚拟财产盗窃案,打掉了一个特大网上盗窃倒卖虚拟财产团伙。

据警方调查,自 2005 年 5 月以来,以犯罪嫌疑人金某、衣某为首的网络盗号团伙,以辽宁鞍山、吉林长春为基地,通过放置木马病毒,入侵了八千多个商业网站及三百多个政府网站,非法盗取网民的 QQ 号码、Q 币和网络游戏币、游戏道具等。之后,通过在长春的犯罪嫌疑人于某等人,在国内某知名网站的交易平台上公开批发和零售这些盗窃来的虚拟财产。

该团伙涉案人员四十余名,盗取 QQ 号、游戏账号数百万,涉案金额超过百万元,非法获利七十多万元,严重侵害了网民的正当权益,给正常的网络秩序带来巨大危害。

目前,在我国的法律中,对虚拟财产的保护工作还没有成文的规定。近日,文化部文化市场司负责人表示,近期网络游戏中发生的、由虚拟交易引发的非法敛财已引起政府高度关注,他认为国家应立法禁止虚拟财产交易。而在我国的近邻韩国,为遏止网络游戏装备私下交易所带来的犯罪问题,韩国文化部已于近日向国会递交了禁止虚拟货币中介法案。一旦通过,包括专门的虚拟物品交易网站、C2C 电子商务网站等都必须停止虚拟货币交易的中介服务,否则当事人将被判处 5 年以下徒刑或 5000 万韩币罚款。

这个案例生动地说明了在信息化的社会中,由于 IT 的发展超乎人们的估计,普遍存在着法律政策规范的真空现象和其他一些社会问题,如 IT 带来的生态环境影响和对人们的身心健康影响等。那么,在这种情形下,人们的道德水准对社会的稳定运行和社会的健康发展构成了基本的要素。

【案例 4-2】 企业社会责任

中新网 2006 年 11 月 14 日电:美国《财富》杂志本月最新公布的"2006 企业社会责任评估"排名,是对这些世界级的财富领先企业在管理和承担社会责任方面表现的一次综合考量。排名显示,中国石油及国家电网公司分别排在第 63 和 64 位,在榜单中位居倒数前两名。中国企业在全球500强企业社会责任排名中倒数,这与两者在财富500强排名中第39和32位的位置,显现出不小的落差。

中国移动通信公司提出自己的核心价值观是"正德厚生,臻于至善",它是公司的灵魂,它体现了中国移动"先天下之忧而忧,后天下之乐而乐"的宽阔胸襟和责任意识,和"天行健,君子以自强不息"的进取斗志和卓越精神。凭借着这个价值观,中国移动在2008年四川的大地震恢复工作中做到了"不惜一切代价,必须尽快恢复中断的灾区通信"。地震发生后,中国移动紧急制定了卫星基站、应急通信车、地面光缆、卫星电话"四位一体"的抢通方案,连夜组织一百多支、上千人抗震保通信突击队,采用步行、空降、车载等多种方式,向灾区突击,以最快的速度沟通灾区与外界的联系。他们的行为感动了成千上万个救灾者。

"We believe we will be successful if our clients are successful"是美国麦肯锡咨询公司的理念。该公司1926年成立于美国,目前在43个国家有82个分公司,拥有九千多名咨询人员。世界排名前100家公司中70%左右是麦肯锡公司的客户。

现代信息技术使得信息通信交流方便易行,且成本低廉,借助无线通信网络,信息交流随时随地可以进行,本地发生的事件,可以瞬间传遍全球的每个角落。加之我国已经加入WTO多年,迫使中国不得不登上国际化舞台,接受国际社会的道德观、价值观和国际惯例的评判。这些,影响着中国与国际社会的交往,影响着中国的社会发展和国际地位。所以说现代社会中,道德具有国际化的社会影响力并影响着其社会文化事业和经济的发展。

【案例4-3】 假药事件

屡禁不止的假药事件。新华网广州2006年6月3日电(记者 王攀)记者3日从广州市中山三院获悉,一名使用过齐齐哈尔第二制药有限公司生产的假药"亮菌甲素"的陈姓患者因抢救无效于2日死亡。这是假药事件以来广州第10位直接死于假药的病人。这已超出了职业道德底线,是犯罪行为。

【案例4-4】 网络游戏成瘾

2005年11月,中国青少年网络协会发布了《中国青少年网瘾问题报告》,报告显示,目前我国网瘾青少年,约占青少年网民的13.2%,其中绝大部分是因玩网络游戏成瘾的。如果说少年张潇艺因网络游戏成瘾而自杀,仅仅是极端个案的话,那么其他成千上万青少年,深陷网游的原因又是什么呢?

"不伤害他人,不伤害自己"是每个人的道德底线。中华民族的道德基本点是"己所不欲,勿施于人"。可是,经济利益的驱动使一些人完全丧失了基本的道德良知和基本的人性,视国家有关"未成年人不得进入网吧"等规定于不顾,助长未成年儿童沉迷网络游戏,难怪他们会遭到法律的惩罚和社会舆论的谴责,最终落得个身败名裂的下场。

从历史的角度看,各个国家、各个社会的发展时期,统治者都会树立一些道德范例来培育社会风尚,规范人们的行为,把道德建设视为国家稳定、良性发展的必修之课。如孔子就是我国历代推崇的道德典范,他的"礼仪仁智信"做人标准为世界认可;联合国教科文组织UNESCO还以"孔子"来命名世界教育奖,每年的9月28日,在孔子生日这天颁奖。释迦穆尼的"慈悲为怀","普度众生"的言行,在两千五百多年后还激励着世人修身养性,不断超越自我,服务众生。更有柏拉图、希波克拉底、康德、老子、孟子等历代圣贤,给每个人在思想上和个人行为上都共享了巨大的精神财富和不朽道德力量。近代的雷锋精神更是营造了一个"夜不闭户,道不拾遗"的社会,全心全意为人民服务的思想缔造了人人互助的良好社会风尚。以"八荣八耻"为主要内容的社会主义荣辱观,更是传统文化的现代诠释,给每个人进行道德自我教育提供了指南。其中所蕴含的道德智慧是每个人健康快乐生活的理论基础,是营造和谐社会的道德根基。它与国际社会倡导的"真、善、美"、"自由、平等、博爱"等伦理道德思想也是一致的。"八荣八耻"具体内容为:以热爱祖国为荣、以危害祖国为耻,以服务人民为荣、以背离人民为耻,以崇尚科学为荣、以愚昧无知为耻,以辛勤劳动为荣、以好逸恶劳为耻,以团结互助为荣、以损人利己为耻,以诚实守信为荣、以见利忘义为耻,以遵纪守法为荣、以违法乱纪为耻,以艰苦奋斗为荣、以骄奢淫逸为耻。

4.2　职业的属性

4.2.1　什么是职业

职业(Career)一词,不同于工作(Job),它更多的是指一种事业。因此,职业问题不是简单的工作问题。工作可以常换,但职业还是始终如一。如IT工程师,从一个企业到另外一个企业还是IT工程师,工作换了但职业没变。否则,事业发展就会走弯路。

就职业一词的本意而论,它至少包括两个方面的含义:首先,职业体现了专业的分工,没有高度的专业分工,也就不会有现代意义上的职业概念,而且随着人类文明的发展,职业在不断地增加或改变着。如现在用手机、E-mail通信,邮局送信员人数大大减少;相反,生活节奏的加快,快递公司快递员人数却大大增加。还有,随着IT的发展,增加了很多IT职业,如网络管理员,动漫设计师,IT培训师,电话技术支持师等等。现代社会职业化的分工意味着要专门从事某项事业并成为行家里手,即训练有素、具有职业精神和职业化行为能力的人,否则无法在全球化的市场经济选择中生存。

其次,职业体现了一种精神追求,职业发展的过程也是个人价值不断实现的过程,职业要求个人对它有忠诚度。在实现个人价值的同时,也对社会做出了自己的贡献,两者是相辅相成的。而要成为职业化的专家,培养职业素质是首要的一步。

职业素质是职业化的基本要求,它是劳动者对社会职业了解与适应能力的一种综合体现,其主要表现在职业道德、职业兴趣、职业能力、职业个性及职业修养情况等方面。影响和制约职业素质的因素很多,主要包括:个人道德品质,受教育程度、实践经验、社会环境、工作经历以及自身的一些基本情况(如身高、性别、气质、体能等生理心理条件)。如运动员要求身体素质良好,竞技心理素质高等;教师要有足够的耐心和倾听、沟通能力等等。一般说来,劳动者能否顺利就业并取得成就,在很大程度上取决于本人的职业素质,职业素质越高的人,获得成功的机会就越多。

4.2.2　职业的具体属性

职业不仅仅是获取个人生活物质的基础手段,也是社会发展的必要。它既具有个体的属性,也具有社会属性。职业性原则指出,从现代职业教育的起源来看,任何劳动和培训都是以职业的形式进行的,它意味着职业的内涵既规范了职业劳动实际的社会职业或劳动岗位的维度,又规范了职业教育、职业教育专业、职业教育课程和职业教育考核的标准等。从参加职业教育、职业培训时起,实际上就是迈入了社会;而社会通过职业教育、职业划分把人们组织起来,形成社会中相互联系的各个有机部分。

在社会宏观层面,职业具有 4 个特征:①群集式的工作资格,即由专业能力、方法能力、社会能力决定的职业从业能力。②规范性的工作领域,即由职业资格以及工作手段、工作对象、工作环境决定的社会的职业劳动分工。③层级型的工作空间,即由从业者的职业资格与工作岗位的基本要求并根据劳动组织结构决定的职业活动范围。④社会化的工作价值,即由劳动者的职业贡献所决定的社会的职业价值认可。在个人微观层面,职业也具有 4 个特征:①确定的工作对象(如材料、产品或人);②确定的工作手段(如机器、工具、仪器、计算机等);③确定的工作地点,如产业部门、行业领域所决定的劳动场所(工厂、矿山、农田、机关等);④确定的工作岗位,如单位、部门和机构里的具体劳动位置(操作、检验、维修、管理等)。由此,职业不仅是个体所获取的职业资格与所习得的工作经验的一种组合,而且更重要的是个体与社会融合的一种载体,是个体社会定位的一种媒介,也是个体与社会交往的最本质的一个空间。国家正是通过专门的职业劳动这样一种特殊的社会组织形式,才能对社会环境稳定与个人心理稳定实施有效的调节与控制。职业是社会安全、社会稳定和社会融入的最本质的要素。这就是为了社会的稳定,各个国家都很重视控制失业率的原因。

4.3　职业道德与个人职业发展

4.3.1　职业道德的概念

职业道德是同人们的职业活动紧密联系的符合职业特点所要求的道德准则、道德情操与道德品质的总和,是人在职业社会立身之本。不同职业其具体要求不同。IT 职业道德指从事 IT 职业的专业人员应当遵循的行为规范的总和。奥运会运动员誓词则体现了作为运动员参加奥运会的基本道德资格:"我代表全体运动员宣誓,为了体育的光荣和本队的荣誉,我们将以真正的体育精神,参加本届运动会比赛,尊重和遵守各项规则。"运动员如果服药和服用兴奋剂等,则是违反了职业规则,将会取消其参赛资格,并停止其数年参赛。

首先提出职业道德的是两千四百多年前古希腊医生,被誉为医学之父的希波克拉底(Hippocrates,约公元前 460—前 377 年),他写出了"希波克拉底誓言",这个誓言成为人类历史上影响最大的一个职业道德文件,其全文如下:

> 医神阿波罗、埃斯克雷彼斯及天地诸神作证,我——希波克拉底发誓:
>
> 我愿以自身判断力所及,遵守这一誓约。凡教给我医术的人,我应像尊敬自己的父母一样,尊敬他。作为终身尊重的对象及朋友,授给我医术的恩师一旦发生危急情况,我一定接济他。把恩师的儿女当成我希波克拉底的兄弟姐妹;如果恩师的儿女愿意从医,我一定无条件地传授,更不收取任何费用。对于我所拥有的医术,无论是能以口头表达的还是可书写的,都要传授给我的儿女,传授给恩师的儿女和发誓遵守本誓言的学生;除此 3 种情况外,不再传给别人。
>
> 我愿在我的判断力所及的范围内,尽我的能力,遵守为病人谋利益的道德原则,并杜绝一切堕落及害人的行为。我不得将有害的药品给予他人,也不指导他人服用有害药品,更不答应他人使用有害药物的请求。尤其不施行给妇女堕胎的手术。我志愿以纯洁与神圣的精神终身行医。因我没有治疗结石病的专长,不宜承

担此项手术,有需要治疗的,我就将他介绍给治疗结石的专家。

无论到了什么地方,也无论需诊治的病人是男是女、是自由民是奴婢,对他们我一视同仁,为他们谋幸福是我唯一的目的。我要检点自己的行为举止,不做各种害人的劣行,尤其不做诱奸女病人或病人眷属的缺德事。在治病过程中,凡我所见所闻,不论与行医业务有否直接关系,凡我认为要保密的事项坚决不予泄漏。

我遵守以上誓言,目的在于让医神阿波罗、埃斯克雷彼斯及天地诸神赐给我生命与医术上的无上光荣;一旦我违背了自己的誓言,请求天地诸神给我最严厉的惩罚!

希波克拉底的誓言,激励并鼓舞着历代职业人士冰清玉洁,为人民奉献自己的才智,并对老师怀有虔诚的感恩之心。

职业道德反映了一个人的职业化能力,所以它归属于人力资源的讨论内容。现代人力资源管理认为职业道德由以下几个方面组成:

(1)职业道德是一种职业规范,受社会、国际社会普遍的认可。如希波克拉底的誓言。

(2)职业道德是长期以来自然形成的。通过历史上杰出人物的言行表达出来,如孔子就是教师的师表。

(3)职业道德没有确定形式,通常体现为守则、规范、观念、习惯、信念等。

(4)职业道德依靠社团文化、内心信念和风俗习惯,通过员工的自律实现。

(5)职业道德大多没有实质的约束力和强制力,但社会舆论对它的影响很大。与法律法规不同。

(6)职业道德的主要内容是对员工义务的要求,可以促进其职业能力的提高。而法律法规是必须承担的责任。

(7)职业道德标准多元化,代表了不同国家和地区、不同企业团体可能具有不同的价值观。

(8)职业道德承载着企业文化和凝聚力,影响深远,是企业长久发展的核心原动力。

所以,现代职业执照考试中,都会包含职业伦理的内容。并且很多大学中,职业伦理课程也是学位必修课,如计算机伦理、商务伦理、医学伦理、教师伦理、法律伦理、建筑伦理、政务伦理、生态伦理、环境伦理等。可见职业伦理道德在职业生涯中的地位和作用。

信息是以光速传递的,使得现在社会知识发展更新的速度也越来越快。所以专业知识与时俱进,终生学习也是信息时代职业道德的特殊含义。

4.3.2 个人职业发展

随着人类文明的进步,个人职业发展在现代社会具有更多的含义。首先,信息时代的精英认为,工作应该是一种娱乐:人类文明发展到现在,每个人在选择自己从事的职业时,个人兴趣和爱好应该放在首位,因为选择了一种职业,就是选择了一种生活方式。比尔·盖茨说:"计算机就是我的玩具";大数学家陈省身也说"数学好玩,是一种游戏"。正是他们的兴趣所在,干起工作来才有激情动力和无穷的创造力,才取得了瞩目的成就。所以,个人职业发展的第一步应该是职业生涯规划。

职业生涯规划(简称生涯规划),又叫职业生涯设计,是指个人与组织相结合,在对一个人职业生涯的主客观条件进行测定、分析、总结的基础上,对自己的兴趣、爱好、能力、身心特点进行综合分析与权衡,结合时代特点,根据自己的职业倾向,确定其最佳的职业奋斗目标,并为实现这一目标做出行之有效的安排(如短期目标与长期目标)。目前有职业规划师帮人进行职业规划,也可以自己找气质测评、职业兴趣测试等资料进行自我评定。

在个人职业发展过程中,职业道德起着至关重要的作用,可以从式(4-1)中体会:

$$职业素质=职业道德与职业修养+专业技能 \tag{4-1}$$

其中职业素质是指从业者在一定生理和心理条件基础上,通过教育培训、职业实践、自我修炼等途径形成和发展起来的,在职业活动中起决定性作用的、内在的、相对稳定的基本品质。有这样一个真实的故事:

> 一位普通的大学生到一家著名的国外大公司去求职,很快被录用了。公司的员工对此很惊诧,问公司的总裁为什么?
>
> "你们没有注意到吗?他在门口蹭掉鞋上的土,进门后随手关上了门,说明他有修养。当他看到那位残疾人时,他立即起身让座,表明他心地善良,体贴别人。进了办公室他先脱去帽子,其他所有人都从我故意放在地上的那本书上迈过去,而他却俯身拣起那本书,并放在桌上。回答我所有的问题干脆果断,证明他既思维敏捷又有礼貌。当我和他交谈时,我发现他目光和善衣着得体,头发梳得整整齐齐,指甲修得干干净净。有这样素质、注意小节的人难道不该用吗?"

素质有 3 层含义:指事物本来的性质;素养,综合水平;心理学上指人的神经系统和感觉器官上的先天的特点。素质是人在先天禀赋基础上,通过教育与社会实践活动而形成较为稳定,并长期发挥作用的主体性品质,是人的智慧、道德、能力等的综合。

每个职业都有自己的道德规范,就像古代的"行规"、"盟誓"、"章程"一样。例如,在英国和美国要加入计算机协会入会之前,都有职业道德的具体要求①,如果做不到,就不能入会。尤其 IT 技术在现代社会的影响力是如此之大,以至没有计算机网络人们几乎无法工作生活。所以,从 20 世纪 90 年代起,西方发达国家全面制定了各种计算机伦理规范,如美国计算机协会(ACM)于 1992 年 10 月通过并采用了《伦理与职业行为准则》。

可以看出,职业道德规范的基本精神实质同希波克拉底的誓言是一致的,同人类社会普遍意义上的美德:诚实(Honesty)、责任(Responsibility)、正直(Fairness)、宽容(Tolerance)也是一致的。而且如果按照上述的职业道德要求去做了,每个人都可以成为一个遵纪守法的好公民与职业高手;相反,如果不按照上述的职业道德要求去做,则会受到法律惩罚和社会道德舆论的谴责,无法在专业技术的位置上再呆下去,也无法在社会上立身。

职业修养也是个人职业生涯中的关键要素,包括知识、技能:职业敏感性、社会责任感和道德健康等。现在 IT 企业在新员工培训时,常常开设《沟通宝典》、《时间管理》、《团队精神建设》、《成功规律》、《商务礼仪》、《跨越文化差异》等 6 门课程,说明现在教育中普遍缺乏这些内容,所以,谁在这些方面早走一步,那么他的机会就会多出一些。

专业技术更是从事某种职业的必备条件。IT 职业技能包括理论与实践能力两大块。核心理论课程有:计算机专业课方向偏软件的包括离散数学,算法,程序设计基础,数据结构,数据库系统概论,操作系统等;偏硬件方向包括数字电路,汇编语言,C 语言,计算机组成

---

① 详见附件 A 计算机协会伦理和专业人员行为准则。

原理,体系结构,微机原理与接口技术等。

总之,关于事业成就、个人幸福等问题是一个价值观的问题,比尔·盖茨 52 岁退休,将全部精力投入到慈善事业中,并把自己大部分的财产用于慈善事业,是 IT 人的典范。同时也说明 IT 业发展太快,PC 的时代已受到网络、iPhone,iPod 掌上计算机的挑战,微软公司业务本身也受到 Google、Apple 等公司的市场竞争。及时退休让位于年轻人是非常有道德的明智之举。

有统计表明,中国企业的效率是美国的 1/25,是日本的 1/26。原因在哪里? 企业是人操纵的,所以,归根结底,人的素质、人的职业化能力是企业效率的决定因素。无论是管理层还是基层工作人员,中国都缺乏职业化训练与职业化素质是关键的原因。在本章开始时介绍的印度由 IT 业带动而崛起的例子就是很好的讨论 IT 职业化素质的切入点。

"当一个人无法温饱的时候,确实很难思虑精神层面的事情。但是不缺温饱的任何人,都应该有机会能够做一个高品德、有世界观、有社会责任感的人。我不认为金钱一定要达到什么地步。"曾经在苹果公司、微软公司、谷歌公司任过要职的李开复博士如是说,他的座右铭是"有容德乃大,无求品自高"。站在全球化的视角,我们是应该思考一下为什么计算机界的最高奖项——图灵奖没有光顾过中国人? 孔子教育奖、诺贝尔奖都是什么人拿到了呢? 他们身上有什么共同的职业道德品质呢?

4.3.3 职业道德规范

1. 职业道德规范的定义

职业道德规范,又称伦理守则,是由特定职业协会根据社会对该职业群体及职业行为的期望发起并制定,规定了相应的能力、意识和责任,是该职业道德行为的标准、行为依据。它既是一种自律手段,也是一种道德约束和教育。职业伦理守则是衡量行为正当与否的尺度,给专业人员提供了一个行为框架。当个人利益与社会利益、职业利益冲突,上下级、同事间发生矛盾时,伦理守则能引导矛盾得以解决。在职业职责和其他利益或其他法律发生冲突时,伦理守则还可以保护专业人员的利益。

2. 职业道德规范与行业协会规章

英国政治学家、社会学家麦基弗(Robert Morrison Marcleve)说过:"任何一个团体,为了进行正常的活动以达到各自的目的,都要有一定的规章制度,约束其成员。这就是团体的法律。"

行业协会出于维护共同利益,根据组织缔结的契约,在法律的框架内对外与政府进行协调与抗衡,对内实现自我管理的过程。行业协会自治权就是行业协会依法享有的实现上述功能的权利。

自治权根源于宪法上的结社自由权和言论自由权,这是公民和企业依法自愿联合建立社会团体的最终权利依据。行业协会的内部契约则是行业协会自治权的直接权力来源。另外,由于国家权力的介入,行业协会自治权又可因法律授权或行政授权而产生。

各种不同社会形态的国家、地区或五花八门职业里的商人、手工业者、脑力劳动者的行会各自都有自己的法令,所以,行业协会规章的概念、效力以及行业协会规章与司法审查的关系更有待于进一步加以研究,这关乎职业伦理道德与法律关系。

一些重要的区域的行业协会不仅在本国有影响,还有世界性影响。成立于 1947 年的美国计算机协会(ACM),是历史最久的计算机教育及科学的组织。它有遍布全世界的成员,是计算机技术领域中最大的专业组织。其宗旨是在"扩展信息程序的科学面及艺术面,鼓励专业人员及社会大众在信息上的自由交换,发展并维持个人在此领域上的正直与能力"。

3. 职业道德规范的功能

职业道德规范可以有以下几方面的功能:

(1) 认知功能。通过行为规范守则的制订,使本行业的专业人员对本职工作的责任、义务、权利等有一个全面的认识,从而建立职业荣誉感和责任感。

(2) 道德功能。通过激励性条款的制订,以道德、舆论监督的手段促使专业人员加强自身道德修养,以适应专业工作的要求,有效地完成本职工作。

(3) 惩戒功能。通过惩戒性条款的制订,用行政等外在强制手段约束专业人员的不良行为。

4. 职业道德准则的诉求主题架构与制定方法

一般意义上的伦理守则,主要由两种形式构成:一种是对日常生活中合理行为的肯定,另一种是对社会中不合乎伦理价值的行为的禁止和限定。美国学者柯勒和潘伯顿(Wallace C. Koehler & J. Michael Pemberton)通过对 37 个协会职业道德规范的研究,得出的结论是,这些职业道德规范包括 6 个基本要素:

(1) 客户的权利和保障。

(2) 收集信息问题。

(3) 使用信息问题。

(4) 专业实践和联系。

(5) 对雇主的责任。

(6) 社会和法律责任。

制定职业道德准则的方法有若干种。第一种是由历史上著名专业人员的论述发展起来的,例如美国医师的道德准则;第二种是由一个人撰写出来的,例如美国工程师协会最早的道德准则;第三种是由委员会起草的,这种情况适用于许多组织。中国的职业道德准则起步晚,发展较缓慢,经过搜索查阅,编著者找到了"会计"、"律师"等职业道德规范,与工程技术相关的也只有"中国机械工程学会"于 2003 年 11 月批准试行的《机械工程师职业道德规范》。在本教材相关章节中,如有涉及《美国计算机协会(ACM)伦理与职业行为规范》,或《软件工程职业道德规范和实践要求(5.2 版)》中的主题时,编著者都会罗列出相应的条款,以达到了解、学习和理解掌握职业道德准则的作用。

计算机技术职业对社会存在深刻影响。作为这个领域的专业人员,必须也应该在具备"好的(good)"、"道德的(moral)"、"有益的(benefice)"的基本理念的前提下开展工作。这正是计算机伦理学研究的重点,逐步从一般伦理原则的探讨发展到对具体规范的制订和实施。《美国计算机协会(ACM)伦理与职业行为规范》已经在 1973 年制订并推广执行,在 20 世纪80 年代和 90 年代相继进行了修改。该职业道德准则分为一般道德守则、比较特殊的专业人员职责及组织领导守则等 3 个层面。"一般道德守则"包括:

① 造福社会与人类。

② 避免伤害其他人。

③ 做到诚实可信。

④ 恪守公正并在行为上无歧视。

⑤ 敬重包括版权和专利在内的财产权。

⑥ 尊重知识产权。

⑦ 尊重其他人的隐私。

⑧ 保守机密。

《美国计算机协会(ACM)伦理与职业行为规范》"比较特殊的专业人员职责"包括:

① 努力在职业工作的程序与产品中实现最高的质量、最高的效益和高度的尊严。

② 获得和保持职业技能。

③ 了解和尊重现有的与职业工作有关的法律。

④ 接受和提出恰当的职业评价。

⑤ 对计算机系统和它们包括可能引起的危机等方面做出综合的理解和彻底的评估。

⑥ 重视合同、协议和指定的责任。

⑦ 促进公众对计算机技术及其影响的了解。

⑧ 只在授权状态下使用计算机及通信资源。

4.4 IT 职业人员的社会责任

4.4.1 社会责任的意义

爱因斯坦认为研究人员分为 3 种:一种人从事科学工作是因为科学工作给他们提供了施展他们特殊才能的机会,他们之喜好科学正如运动员喜好表现自己的技艺一样;一种人把科学看成是谋生的工具,如非机遇也可能成为成功的商人;最后一种人是真正的献身者(为科学事业投入一生的精力,如居里夫人),这种人为数不多,但对科学知识所做的贡献却极大。社会责任感是大部分成功科学家的原动力,"有大志者必有大智",就像计算机伦理的奠基人维纳,怀着强烈的社会责任感,预见到高速运算技术、机器人等技术会给人类社会带来很多意想不到的负面影响,技术人员要有伦理预见知识和能力。爱因斯坦也说:如果你们想使你们一生的工作有益于人类社会,那么,如果只懂得应用科学本身是不够的,关心人类自身和他的命运必须一直是所有技术上努力的主要兴趣……。在你的图表和公式中要切记这些。

再来看看 2005 年诺贝尔医学奖获得者,澳大利亚的巴里·马歇尔(Barry J. Marshall)和罗宾·沃伦(J. Robin Warren),他们为了研究幽门螺杆菌(Helicobacter Pylor)以及该细菌对消化道溃疡病的致病机理,冒着生命危险用自己的身体做试验。这种为了大众的健康牺牲个人健康的精神和社会责任感,是每一个技术人员献身人类幸福事业的精神动力。

"社会责任"概念是管理学的研究范畴,例如管理学研究社会责任与管理道德社会责任的定义,管理道德的定义,社会责任、响应、义务三者的差异等。近来,企业的社会责任问题受到普遍关注,甚至专门出台了用于第三方认证的社会责任国际标准——SA8000 标准[①]。

---

① SA8000 标准(Social Accountability 8000 International Standard,简称 SA8000 标准)是由总部设在美国的民间非政府组织 SAI(Social Accountability International)推出的第一个可用于第三方认证的社会责任国际标准,该标准基于国际劳工组织宪章(ILO 宪章)、联合国儿童权利公约、世界人权宣言等相关文件而制定,涉及童工、强迫性劳动、健康与安全、自由结社及集体谈判权利、歧视、惩戒性措施、工作时间和报酬等 9 个方面的内容。

该标准一经出台即在国际社会引起强烈反响,各界对其褒贬不一,莫衷一是。

那么,什么是责任?马克思指出:"作为确定的人,应有使命,就有任务。至于你是否意识到这一点,那是无所谓的。一个有胜任能力的人,在社会中担负一定职务,就会有一定的使命和任务,如果有能力而不担负工作,那么就要受到社会的谴责和惩罚。这是责任在现实生活中表现出来的逻辑。"

对社会责任的认识,人对社会的责任感最终决定了一个人对社会的责任担负。职业人员的社会责任感的实质问题,是对"自己与他人"、"自己对社会的关系"的认识问题。人能脱离社会生存吗?涓涓溪水汇成大海,一滴水不放在大海里很快就会干枯这个道理谁都懂,可是在实际生活中实践起来就很难了。

下面就以美国哥伦比亚号灾难性事故来说明技术人员的社会责任有多么重要。

【案例4-5】 技术人员的社会责任

2003年美国当地时间2月1日载有7名宇航员的美国哥伦比亚号航天飞机在结束了为期16天的太空任务之后,返回地球,但在着陆前发生意外,航天飞机解体坠毁。对于事故的原因分析,美国对媒体的报道是:左翼前缘热保护系统中的一个裂缝,它是在起飞后81.7秒时,由外部油箱的左双脚架斜面上剥落的一块泡沫绝缘材料撞中了机翼前端第8节碳纤维强化斑引起的。

在哥伦比亚号飞行观察过程中,工程师罗德尼·罗奇尔受同事们推举,向NASA管理人员报告了泡沫绝缘材料撞击图像不清晰的情况,要求NASA管理人员通过美国卫星或地面上功能更强大的望远镜来获取泡沫绝缘材料撞击区域的更清晰的图像。尽管罗德尼·罗奇尔要求了6次,但NASA管理人员还是拒绝了他的要求。罗奇尔继续通过正式渠道提出他的要求,他强调泡沫绝缘材料撞击的强度足以使炙热气流进入飞机并毁坏它,但管理人员却漠然置之。

尽管罗奇尔没有成功,但他却展现了一种职业美德:对公众(包括宇航员)的健康、安全和福祉的关心;愿意坚持不同意见,即使这样对自己的事业不利。对人民的幸福、义务、社会责任而言,这样的美德至关重要。

现代社会各个层面的运行都离不开IT,如医院、学校、飞机火车的运行,通信、军事指挥等。因此,IT技术人员的社会责任感、道德品质对人民的社会生活更具有影响力。

下面的案例是值得思考的,计算机伦理表现为技术本身对伦理带来了不良影响,与此同时,还使得传统理念里不符合伦理的行为在计算机技术的"掩护下"可以变成"合乎伦理"的行为,可以使得在传统法律中犯法的行为在计算机技术的"掩护下"变为"无罪"或"减刑"。

【案例4-6】 在有故障的ATM机上反复取钱

- 2006年4月21日晚10时,许霆来到天河区黄埔大道某银行的ATM取款机取款。结果取出1000元后,他惊讶地发现银行卡账户里只被扣了1元,狂喜之下,许霆连续取款5.4万元。当晚,许霆回到住处,将此事告诉了同伴郭安山。两人随即再次前往提款,之后反复操作多次。后经警方查实,许霆先后取款171笔,合计17.5万元;郭安山则取款1.8万元。事后,二人各携赃款潜逃。
- 2006年4月24日中午,许霆逃离广州回老家,开始一年的逃亡生涯。
- 2007年5月许霆在陕西落网。
- 2007年11月6日,广州市中院开始公审案件。

- 2007 年 12 月初,许霆一审被判无期徒刑。
- 2008 年 1 月初,案件进入二审程序。
- 2008 年 1 月 16 日,广东省高院判许霆案发回重审。
- 2008 年 3 月 31 日,广东省中院改判许霆五年期徒刑。

从一审判决的无期减到二审判决的 5 年,刑期大大缩短。法院的宣判书是这样写的:许霆构成盗窃罪,符合盗窃金融机构罪的主、客观要件。因社会危害性不大,情节较轻,遂做出上述判决。表面上,在许霆案中,舆论、民意在与司法的较劲中似乎获得了胜利。但从法律上看,这个"胜利"恰恰使法律本身失掉了尊严。是取款机出了问题,掩盖了许霆的贪心,试想,如果许霆拿了别人的钱,这个人没有向他索要或是告发他,他还会再去这个人处去拿钱吗?这个案例说明了信息社会,计算机伦理的复杂性,并使得法律处罚也变得复杂起来。值得注意的是,生产 ATM 的公司和银行的技术负责人并没有被处罚。他们应该负有什么责任呢?

4.4.2 关于责任问题

责任(responsibility),与和社会角色联系在一起的义务(duty)、职责(obligation)、法律上的应负责任(liability)含义稍有不同。责任在伦理学中是较近出现的用语,其词根是拉丁文的"responder",意味着"允诺一件事作为对另一件事的回应"或"回答"。它在西方宗教伦理传统中用于接受或拒绝上帝的召唤。"人行善就是指他充当应上帝召唤而负责任的人……就我们回答上帝对我们的启示而言,我们的行为是自由的……因此人的善总是在于责任"。英语中作为抽象名词的"责任"已知最早(1776 年)被用来描述统治者的一种自我权利,即"对他行使权力的每一行动的公众责任"。法语、西班牙语、德语中相应的名词也在那个时期才出现。

英国著名的哲学家培根(Francis Bacon,1561—1626 年)将责任(responsibility)理解为维护整体利益的善,因此提出"力守对公家的善,比维护生存和存在,要珍贵得多"的思想。

德国哲学家康德(Immanuel Kant,1724—1804 年)认为义务(duty)是"主观的行为准则服从普遍的实践理性法则"的过程,人们履行自己的义务,就是善的美德,违背义务就是恶德。

法国哲学家柏格森(Henri Bergson,1859—1941 年)在他的学说中把职责(obligation)当作位居中心的范畴,他认为"职责,我们把它看做是人们之间的约束,首先是我们对我们自己的约束"。

从有关责任的这些基本含义中看出,责任、职责和义务三者之间是有所区别的。

在中国,"责"的本意是"求也","任"的本意是"符也",责任就是符合要求。根据《汉语大词典》的解释,"责任"的含义有:使人担当起某种职务和职责;分内所应做的事;做不好分内应做的事,因而应该承担的过失。

在英文中通常用 responsibility、obligation、duty 等词来表达责任的意思,它们通常分别译为:责任、职责、义务。据韦氏学生词典,responsibility 的含义有两种:

(1) the quality or state of being responsibility,这一类含义具体是①moral、legal、or mental account ability,②reliability trust worthness。

(2) something for responsible。

如此可见,第一,责任是一种尽责的品质和状态,归在道德上、法律上、精神层面的控制能力;是可靠的、可值得信赖的。第二,是负责任的。站在分内事的角度上说明责任是一种精神状态、是一种具体担负。英文关于责任的含义中,除了没有因过失而受处分这层意思外,其他与中文对责任的解释是一致的。

依据前面的阐述,本教材给责任下一个定义:责任是指由一个人的资格(包括作为人的资格和作为一种角色的资格)所赋予,并与此相适应的从事某些活动,完成某些任务以及承担相应后果的法律和道德要求。它包括两方面的内容:其一是社会对个体的要求,这是个体的外在责任;其二是个体对自我的要求,即个体内在的责任。但从本质上讲,内在责任根源于外在责任并由外在责任转化而来。因为个体生活于社会之中,其行为总是会产生一定的道德后果。如果社会对个体没有责任要求,个体就可以为满足自己的欲望、需求而为所欲为,那么人类社会就不可能正常地维系和存在下去。因此任何社会都必须要通过一定的道德规则和法律规则来约束和规范人的行为,以使社会能够正常地维系下去。

社会责任就是指对社会负责。人生活在社会中,享受着社会提供给每个人生活的种种便利。因此,个人就要根据自己在社会分工系统和更广的社会交换系统中的地位承担起对社会的相应责任。在对待社会责任问题上,有两种倾向需要引起人们的注意:一种是离开个人具体的社会角色来抽象地谈论对社会的责任。正如前苏联学者科恩所说:"如果每一个人都'对一切'负责,那么就意味着人们以及他们的职责都是无人称的,结果实际上任何人对任何事情都不负具体责任。责任人人有份的原则如果不加上权利和职责的协调和隶属关系,就不可避免地会变成大家都无责任"。另一种值得注意的倾向是把社会责任仅仅局限于个人的社会职业和家庭职责,缺乏普遍意义,广泛的社会责任感。这种倾向的危害在于使有些关系到社会普遍利益、需要全社会关心而又难以由某些具体个人完全负责的事情无人负责。如八荣八耻就是倡导的高尚道德行为举止,实现这个目标人人有责。但具体实施由谁来负责呢?做到八荣八耻的人谁来表扬鼓励,而做不到的人谁来教育批评呢?

一般将社会责任划分为三个层面的内容:对自然界的责任;对社会发展的责任;对人的责任。

1. 对自然界的责任

自然界也就是自然环境,是人类赖以生存的必不可少的精神、物质源泉。与人类有着密切关系的地球及其外层空间,包括宇宙整体是一个巨大的生态系统,它有着自己的运行规律。从地球层带上看,地球生态系统包括大气圈、生物圈和矿物圈等;从成分上看,它包括物质、能量、信息的交换、流动,水与大气的循环,物种的发育与进化等。这些层带、成分和进化演变过程纵横交错,彼此连接,形成了一个开放的有机和谐系统,是一幅无穷无尽交织起来的整体画卷。具有系统的结构、系统的功能和系统的运动演化规律。对自然负责就是对自然界的完整性与稳定性负责,对自然界的贡献就在于不破坏自然界自身的系统性与和谐性,即人们常说的"爱护大自然的一草一木"。

人对自然界的责任之所以是社会责任的一个内容是因为自然界是人类社会存在与发展的必要条件。人类一诞生,就无法离开自己生息的自然界,他需要从自然界吸取自己生存的空气、水和养分,获得物质生活资料,与自然界进行物质、能量交换。其次是因为自然条件的好坏影响着社会发展的速度。在人类社会产生之初,生产力水平极其低下,人们直接依赖于大自然的恩赐。一般说来,自然条件比较好的民族和地区,就是当时比较发达、文明程度较高的民族和地区,所谓"天时地利人合"。虽然现在生产力水平提高了,自然条件的地位似乎没有以前那么重要了,但它仍是影响社会发展的一个不可忽视的因素。例如,如果非洲的自然环境不是那么恶劣,那么那里的人们就不会经常处于贫困、饥饿之中。由此可见,人类对自然界的前途命运的责任,也就是对自己前途命运的责任。

2. 对社会发展的责任

人之所以要对社会的存在和发展承担起自己的责任,是因为人是社会的人,社会是人的社会。人由于有了社会,才有了实践、交往的场所,才找到了表现自己、丰富自己、完善自己的途径。人不仅生存于社会之中,而且利用社会所提供的条件发展自己。因此,人在享受自己对社会的权利的同时,还必须承担起自己相应的社会责任,履行相应的义务,为推动社会发展做贡献。两者互相依赖,互利互惠。

人对社会存在发展的责任,具体表现在:第一是对生产力发展的责任。生产力是社会发展的最终决定因素。生产力是一种整体力量,是一个综合指标。它不仅与生产力的主题因素(劳动者、劳动资料、劳动对象)有关,而且也受其他因素(如科学技术、管理等)的影响。因此,对生产力发展的责任,并非单纯地体现在发挥劳动能力上,科学技术的发展、管理水平的提高、劳动者素质的提高等也是社会实体的责任,在现在的条件下甚至是更主要的责任。第二是对社会关系改善的责任。社会发展的状况,不仅表现在生产力水平上,而且通过社会关系的质和量反映出来。一般说来,社会发展水平越高,社会关系就越丰富,社会关系的状况就越良好。在"人对物的依赖性"的资本主义社会里,社会关系、人与人之间的关系是金钱关系,人们感受不到人间的真情,社会关系处于黑格尔所说的"一切人反对一切人的战争"状态,这就必然使社会发展成为畸形社会,没有真正的幸福。因此,为了使社会各方面协调发展,按照真善美的方向发展,每个社会主体都必须承担起改善社会关系的责任。第三是对精神文明进步的责任。精神文明不仅是社会发展的一个重要标尺,而且还是社会发展的一个动力因素。精神文明的进步,一方面表现为科学知识门类的增加,认识内容的加深,另一方面表现为思想道德的健康与崇高,有积极的生活态度与符合自然规律的价值观。对精神文明进步的责任,就在于不断拓宽新的知识领域,深化对客观世界的认识,同时又使人们的思想道德适应客观需要,抵制、消除那些消极、腐朽观念的影响,有一个健康的生活方式。

作为计算机职业人员,应在工作场所使用绿色计算机,用专业知识服务大众。运用人机工程学设计绿色计算机产品,减少环境污染和生态破坏,减少辐射、减少使用计算机而带来的职业病是信息时代应承担的社会责任之一。

3. 对人的责任

对人的责任包括两个方面:一是对人类的责任与贡献,二是对个人的责任。

对人类的责任具体说来,又可以细分为对人类生存的责任和对人类发展的责任。人类要生存,需要有得以生存的条件,需要一个良好的生存环境,这是每个国家、企业、个人的责任。例如,任何国家、企业、个人都有保护生态环境的责任,应尽量避免或减少对生态环境的盲目干预与破坏。而对人类发展的责任,就是指个体如何增强人的各种能力,如抵抗疾病的能力、保持身心健康的能力、自我组织能力、同外界进行物质、能量、信息交换的能力等,从而促使人类与自然界更和谐的相处,自身得到健康持续的发展。

对个人的责任,则可以分为对个人的身体健康、文化素质、思想素质的责任。就个人的身体素质而言,有人认为只是个人自身或家庭的事情,不属于社会责任。其实,这种观念早就被五四时期的先进知识分子抛弃了。五四时期的先进知识分子认为,个人的身体素质与救亡图存、富国强兵是紧密相连的。个人不健康,会累及家人、单位、医院,增加家庭社会负担,提高个人的身体素质就是对社会负责任。

个人的文化素质,包括文化知识、科技水平、劳动技能等的普遍提高,不仅可以作用于生产力的发展,而且可以推进政治民主化,这是社会发展的需要。要提高个人的文化素质,主要的手段与方式是教育。

据建设部统计,我国建筑行业的农民工已达 3200 万人,参加过培训的仅占 10%。而美国、加拿大、荷兰、德国、日本农村劳动力中受过职业培训的比例都在 70% 以上。另据 2004 年 5 月 20 日《科技日报》公布的我国第 5 次公众科学素养调查结果,到 2003 年底为止,我国公众(主要指 18~69 岁的成年公民)具备基本科学素养水平的比例达到 1.98%。这个数据虽然比 2001 年的 1.4% 增长近 0.6%、比 1996 年的 0.2% 增长了近 1.8%,但是同美国等发达国家相比,还有不小差距。据介绍,早在 1990 年美国公众的科学素养水平已经达到 6.9%。另外,有人曾对包括我国在内的 18 个国家的公众进行科学知识了解程度调查,结果显示瑞典位居第一,高达 70%;我国名列最后为 18%。因此,在普及科学知识的道路上,中国科技工作者肩上的担子很重,路也很长。

对于上述科学素养的内涵,由于人们受教育程度的不同,社会信息流动的速度及信息内容的不同,经济发展状况的不同,获得科学技术信息的渠道和手段的不同,因而理解也有所不同。国际经济合作与发展组织(OECD)认为:"科学素养包括运用科学基本观点理解自然界并能做出相应决定的能力。科学素养还包括能够确认科学问题、使用证据、做出科学结论并就结论与他人进行交流的能力。"

个人的思想素质,主要包括个人的世界观、人生观、价值观念、道德品质等。提高个人的思想素质的方式,其一是让每个人都积极地参加社会实践,让其在实践中成熟思想、陶冶情操;其二是提倡积极进取的人生观;其三是批判腐朽、消极的思想(如好逸恶劳、沉迷酒色等八耻提到的内容)。

无论是个人身体素质的提高,还是个人文化素质、思想素质的提高,都不仅仅是个人自己的事情,而是个人、社会群体、国家共生共赢的事。因为人构成家庭,家庭构成社会,社会团体构成国家。

4.4.3 负责行为的障碍

说起来容易做起来难。道理谁都懂,可是在实际生活中去实施正确的意见,做敢于负责的人就是另外一件事情了。从心理学上究其原因,他还是没有真正认知道理的内涵,或是深层次把握真理的能力不够。这种不敢负责任或是没有负到责任的情况其实就是无知。"皇帝的新衣"这个故事就是说明皇帝的虚荣和无知使他丢失了一个皇帝应负的责任。

私利是负责任行为的最大障碍之一。比如"豆腐渣工程"就是为了自己中饱私囊,而把责任置之脑后,造成了国家财产和人民生命的损失。

不加批判地接受权威是另一个影响工程技术人员承担社会责任的障碍。权威不等于时时、事事正确,权威的意见和观点也要加以分析思考。可是现实社会机构中,工作任务的分工使得责任很难追究到个人,庞大的组织机构和专门任务的分工,使得技术人员的工作与社会公众、客户的真实需求相距很远,对自己的产品会对用户造成什么影响体会不深,如游戏软件。有如此多的青少年沉溺其中,家长一夜愁白了头,他们感觉得到吗?技术人员听从领导的要求,听取权威的意见是职业伦理要求,对用户负责同样也是职业伦理要求。也就是要求技术人员要有批判的思维习惯,开阔的视野和知识面,从而有能力从更广泛的意义上承担社会责任。

另外,从众心理、自我中心倾向和害怕也是承担责任的障碍。

【案例分析】

摩托罗拉公司(Motorola)的报账程序

案情背景:公司年初预算,摩托罗拉公司要求员工把自己发生的票据填好,封好,扔到专门的箱子里,不用主管签字,财务核一下是真的票据,下个月自动把钱划到你的账上。这时,你是不是觉得很奇怪,不需要主管或者别的领导审核吗?其实这就是对人保持不变的尊重。摩托罗拉公司这样做,没有人会投机取巧?这就需要高尚的操守来约束。你这次偷报100,下次偷报200,再后来偷报1000……你可以这么做,但是在摩托罗拉公司一年有两次审计,一旦发现你的道德存在问题,只有两个字:走人,哪怕只是一分钱。因为这不是你多拿了一分钱的问题,而是你损害了企业的道德,这就叫做坚持高尚的职业操守才能做好本职工作。

课外阅读及网络信息资源

1. 余世维. 职业化. 北京:机械工业出版社,2007
2. PLC 学习网. http://www.plc.com.cn/course/detail/15.html

思考讨论之四

1. 印度由 IT 业带动而崛起的例子给 IT 人才培养带来什么启示?
2. 你认识自己的生理、心理特点吗?这对于你的人生职业发展有什么影响?
3. 谈谈信息社会信息通信技术对人们传统工作生活的影响和其伦理方面的影响。
4. 从 ACM、IEEE 等计算机组织的规范中评价职业道德规范。
5. 为什么要用绿色计算机?工作场所的安全主要有哪些?
6. 如何用学过的知识改变人们的生活?
7. 在道德与技术之间选择,道德与环境保护之间选择有何意义?这种选择会伤害到谁?请查找一些实际生活案例或社会调查做出分析讨论。

参考文献

1 沈国桢. 浅析责任的含义、特点和分类. 江西社会科学,2001(1),54-57
2 科恩. 自我论——个人与个人自我意识. 佟景韩等译. 北京:三联书店,1986 年
3 袁江. 基于职业属性的专业观. 中国职业技术教育,2004(34)
4 彭国栋. 神话和英雄们的道德世界——希腊神话中的伦理精神. 许昌学院学报,2005(3)
5 丁以升、李清春. 公民为什么遵守法律?(上). 法学评论(双月刊),2003(6)
6 周庆山. 计算机网络信息专业伦理守则制定问题初论. 图书与情报,2006(6)

第5章

5

信息技术带来的社会影响

"当过去、现在和未来都可以在同一则信息里被预先设定而彼此互动时,时间也在这个新的沟通系统中被消除了。"

——曼纽尔·卡斯台尔(Manuel Castells)

本章要点

本章通过分析信息技术的发展及其与国家现代化水平之间的关系,引出因特网的访问、网络社会、公民的信息意识与信息权利、数字鸿沟等社会问题,以及不同国家、民族在利用先进的信息技术的过程中产生的全球化问题。每个人、每个组织机构和国家、地区,应该对信息技术有正确认识,公民和组织机构应具有信息意识,塑造良好健康的网络文化氛围,摈弃网络沉溺、文化同质等不良影响,能够维护每个公民和单位的信息权利,繁荣国与国之间科技发展和文化交流,使各民族人类在某些价值领域,譬如人的信息权利、人与环境、全球伦理等,达成共识,真正实现"信息共享"、"知识公有"、"地球村"等理想目标。

5.1 信息技术与国家现代化

5.1.1 信息化的定义

当今世界,信息化被运用在许多领域中,这主要得益于人们对信息化的执著追求。一般认为,信息化就是计算机化——采用计算机帮助人处理各种事物;信息化就是网络化——利用网络可以在广阔的信息空间里发掘和利用信息;也有人用智能化、知识化等来描绘信息化。事实上,信息化立足于数字化,所以计算机的普及、网络的应用构成了信息化的基础。但信息化又超越了数字化。对一个国家、一个地区而言,信息化包含了信息产业、信息基础设施和信息技术应用等3大领域。

信息化是日本学者于20世纪60年代提出的概念。后来,法国的西蒙·诺拉和阿兰·敏克(S. Nora and A. Minc)提出,信息化历程包括两方面内容,一是实质上的计算机化,二是信息概念的普及化。国内学者提出,"信息化"的含义可以从以下几个方面阐释:首先,信息化是一个相对的、渐进的动态概念;其次,社会信息化水平已成为衡量一个国家或地区现代化程度的重要标志;最后,信息化中的信息资源本身是科学技术的产物。

信息化的基本特征可以概括为 5 大方面:信息量的激增,信息应用的泛化,信息意识的提高,信息就业的扩大和信息经济的发达。通俗地讲,以后人们生活、工作、学习等一切事情,都可以通过网络办理,如足不出户上班、纳税;在公交车上听讲座,看电影等。这些都可以认为是计算机技术所带来的社会生活环境。事实上,技术和环境是相互作用的。

5.1.2 信息化在国家发展中的作用

电力技术的发展经历,从一个侧面论证了信息化在一个国家的发展中的重要作用。一百二十多年前,在 19 世纪 80 年代末至 90 年代初当电力刚开始得到应用的年代,人们争论着电是否可以作为被公众使用的"公用事业"和"日用品"、能否被生产并输送给家庭和工业消费者,以至于为"公用化"专门制定了新的法规、新的标准等,才为这一"新生事物"扫清障碍。特别是第二次世界大战后,大电网技术开始出现和发展,一些国家、地区逐步实现了电气化。从此以后,电气化促进了经济和社会发展的现代化。

得益于电力技术的发展,计算机技术开始出现。任何先进技术的发展应用都会提高国家的现代化程度。无论是发达国家还是发展中国家,都在启动信息化的发展规划,制订出相应策略和实施体制。发达国家借助掌握信息技术的优势,大力推进国家信息基础设施,促进本国产业结构升级,增强国际竞争力。发达国家经济的发展,在一定程度上得益于信息产业的扩散以及信息技术对制造业和服务业的渗透。据 ITU2010 年研究报告,全球固定电话用户 12 亿,手机用户达到 50 亿。在过去 10 年中宽带技术的投入导致了世界范围 4 大领域(即医疗保健、教育、能源、交通等)的总体成本下降了 $0.5\%\sim1.5\%$。

美国未来学家阿尔温·托夫勒(Alvin Toffler)用"3 次浪潮"描述了社会进化的阶段。在其第 3 次浪潮理论中,托夫勒观点中的最大亮点就是第 3 次浪潮赶超战略[①],这就成为中国等发展中国家提出信息化推动现代化的根源所在。托夫勒的这一理论为发展中国家(不发达地区)的发展注入了"强心剂",尽管在中国还有很多人感到第 2 次浪潮还是不可跃过的。对于发展中国家,全球信息化趋势无疑会带来不容忽视的影响。技术传播规律认为科学技术是无国界的,发展中国家有权力选择利用任何先进的信息技术。全球信息化的影响是广泛的,对发展中国家既有机遇又有严峻挑战。

从多方面的统计分析来看,南北经济(发达国家与发展中国家)发展的差距继续在扩大,全球信息化对发展中国家的不利影响是其原因之一。熊彼特(Joseph Schumpeter)的"连续产业革命"产业经济理论是建立在技术创新基础之上的,但它与"3 次浪潮"不同之处在于,"创新"才是根本,是核心。熊彼特以英国的产业革命为实例,清楚地阐明:是企业家的能力和进取心(他们可以是也可以不是科学家或者工程师,而且技术通常会让位于"企业家精神")创造了新的赢利机会。而这种机会又吸引一大群模仿者和改进者以一波新投入(新知识、新资金、更加勤奋的工作等)来发现新的机遇,产生出新的繁荣形势。

因特网作为一种新型的信息技术平台,已经成为信息的平台、知识的平台、媒体的平台和通信的平台,成为了信息时代新的生产力的代表。因特网具有促进生产力发展的潜力,它的广泛应用有望促成一场新的经济革命。因此,以因特网为代表的新型信息技术的普及意味着参与和发展的新机会。从全球范围来看,利用信息技术和知识创造价值的新经济依然

---

① 托夫勒认为发展中国家可不经过第 2 次浪潮发展阶段直接追赶第 3 次浪潮。

是一种"富国现象"：发达国家率先登上了网络信息革命的头班车,利用自己的"信息优势"和"知识优势"进一步创造了"竞争优势"。

5.1.3　信息技术与可持续发展

网络经济学理论指出,以因特网为特征的网络经济发展具有"双拐点现象",即经济的增长有第一个临界点和第二个临界点。如果达到第一个临界点,经济就可能有爆发性的增长。

以深圳市信息化建设为例来看看 IT 对人们生活的影响。深圳市 2005 年开通了 19 位市委、市政府领导公务电子信箱,全年共收到电子邮件 41 000 余封,表明社会大众对电子政务、因特网、数字信息的关注度与参与度在迅速提高。深圳的科学技术和经济发展在国内是处于领先位置的,信息技术为政务公开,百姓参政议政,实行民主管理等现代文明生活提供了强有力的技术保证。

据专门从事网络流量测量的机构——科姆斯考尔网络(ComScore Networks)[1]公布的一项新的调查结果显示,截至 2009 年 6 月,全球互联网用户人数为 7.13 亿,其中 21％来自美国,11％来自中国,7％来自日本。他们是来自全球二百多个国家和地区的不同信仰、不同民族、不同历史文化背景的人。中国互联网信息中心在 2010 年 1 月公布的年度统计数据显示,中国各种年龄的互联网用户数量超过 3.84 亿人,位居世界第一,普及率达到 28.9％[2]。国内近三分之一的人既生活在传统的世界,又生活在没有国界的虚拟社区里,或者说生活在地球村里,即一种双重生活(Double life)。地球村里发生的事情,可以借助因特网瞬间传遍全球。全球的舆论压力可以对现实社会生活和虚拟社区里的事态发展产生巨大影响。所谓的"世界是平的","因特网导致社会扁平化"的观点就在于此。

信息技术与可持续发展有着密切的关系,它是实现可持续发展的重要保障手段之一。除了信息本身就是重要的资源之外,信息流能够引导、带动社会的物质流和资金流的流向和流量,信息系统的效率决定了社会、个人能否对经济、自然环境等异动情况迅速做出正确反应。不同国家、民族对"可持续发展"有不同的认识。中国是一个人口众多的发展中国家,保持区域、行业的协调平衡是可持续发展的必要条件。政府通过进一步完善工业标准化,制定信息化技术标准,去规范企业行为。标准化是高效组织的重要行为特征,标准、简洁、高效的流程,会大大降低管理成本。世界各国正在制定加快本国信息化应用的政策。近年来,日本、韩国分别制定了《信息技术出台法》、《信息化促进法》以加快本国信息技术的应用,加快本国信息化建设步伐。根据世界贸易组织的《贸易技术壁垒协议》(WTO/TBT)和完善我国社会主义市场经济体制的需要,中国在 2010 年初步建立了信息化技术法规与技术标准相结合的新体制。

5.2　因特网的使用对社会的影响

因特网是基于由人、计算机、信息源之间相互连接而成的一种新型的社会,那些受过更好教育、更有文化、更加富裕的人进入因特网更加方便、容易。这难免会造成人们利用信息

---

[1]　http://www.comscore.com/
[2]　中国互联网络信息中心中国互联网络发展状况统计报告。

能力的不平等,产生所谓的"数字鸿沟",而且还可能贫者愈贫、富者愈富,信息贫富差距进一步扩大。如果信息和交流利用信息的能力被垄断,信息高速公路将变成"信息高速私路",这将是极不道德的。此外,对网络的监管非常必要,世界各国都很重视,纷纷根据本国的宗教、法律、风俗文化、伦理价值观以及技术等自身条件对公众因特网的访问权限加以限制。

5.2.1 因特网的成长

Internet 是计算机交互网络,在我国有两种简称,一称互联网,二称因特网。互联网是利用通信设备和线路将全世界上不同地理位置的功能相对独立的数以千万计的计算机系统互连起来,以功能完善的网络软件(网络通信协议、网络操作系统等)实现网络资源共享和信息交换的数据通信网。而因特网是专用名词,特指由 TCP/IP 构建的网络,它是互联网的一种。由于 TCP/IP 是目前应用最多的网络协议,所以,因特网是互联网的主干网络(也有人将因特网称为"国际互联网")。但是不能将互联网等同于因特网,因为还存在如"欧盟网"(Euronet)、"欧洲学术与研究网"(EARN)等其他网络。

Internet 最早起源于美国国防部高级研究计划署(Defence Advanced Research Projects Agency,DARPA)的前身 ARPAnet,该网从 20 世纪 60 年代起,由 DARPA 提供经费,联合计算机公司和大学共同研制而发展起来。最初,ARPAnet 主要是用于军事研究目的,其指导思想是网络必须经受得住故障的考验而维持正常的工作,一旦发生战争,当网络的某一部分因遭受攻击而失去工作能力时,网络的其他部分应能维持正常的通信工作。ARPAnet 在技术上的一个重大贡献是 TCP/IP 协议簇的开发和利用。作为 Internet 的早期骨干网,ARPAnet 的试验奠定了 Internet 存在和发展的基础,对异型机种的计算机的网络互连较好地解决了一系列理论和技术问题。

1983 年,ARPAnet 分解为两部分,ARPAnet 和纯军事用的 MILNET。同时,局域网和广域网的产生和蓬勃发展对 Internet 的进一步发展起到了重要的作用,其中最引人注目的是由美国国家科学基金会(National Science Foundation,NSF)建立的 NSFnet。NSF 在全美国建立了按地区划分的计算机广域网并将这些地区网络和超级计算机中心互连起来。1990 年 6 月,NFSnet 彻底取代了 ARPAnet 而成为 Internet 的主干网。NSFnet 对 Internet 的最大贡献是使 Internet 向全社会开放,而不像以前那样仅供计算机研究人员和政府机构使用。

1990 年 9 月,由 Merit,IBM 和 MCI 公司联合建立了一个非赢利的组织——先进网络科学公司(Advanced Network & Science Inc.,ANS)。ANS 的目的是建立一个全美范围的 T3 级主干网,它能以 45Mbps 的速率传送数据。到 1991 年底,NSFnet 的全部主干网都与 ANS 提供的 T3 级主干网相连通。

尼葛洛庞帝认为,伯纳斯·李(Timothy Berners Lee)提出 WWW 的设想并付诸使用是 Internet 历史上划时代分水岭的设想。1990 年第一个 WWW 浏览器进行了演示,而第一个图形界面浏览器 Mosaic 是在 1993 年 2 月开发出来的。伯纳斯·李自己强调:WWW 最初的设想是有着深刻的社会意义的,这就是增强个人的能力,提高社会的效率,把计算机的功能应用到日常生活中。Internet 的商业化促成了 Internet 的又一次飞跃。商业机构一踏入 Internet 这一陌生世界,很快发现了它在通信、资料检索、客户服务等方面的巨大潜力。于是世界各地的企业纷纷涌入 Internet,带来了 Internet 发展史上的一个新的飞跃。

5.2.2 因特网的访问

1. 访问因特网的用途

访问利用因特网的模式多种多样,如看新闻、看电影和下载歌曲、查资料、写 Blog、上传相片和整理图片、聊天、泡论坛、在线 K 歌和玩游戏等,内容丰富多彩。隐藏在网民活动和行为背后的基本模式可以用 4 个词语概括,即浏览、收集、分享和创造以及联系。它们可以看做是因特网网民需求的 4 个阶段。

(1) 浏览。

绝大多数网民的活动开始于这一阶段。特别是对于刚接触因特网(或者说刚学会上网)的人来说,他们对信息只是被动地接收。他们与计算机网页之间的交互仅仅是单击链接,然后阅读它们。

(2) 收集。

经过一段时间的使用,网民不但需要阅读而且希望将它们收藏起来。搜索和聚合信息是这一阶段网民的主要目标。

(3) 分享和创造。

获得信息并有了新的想法后,网民自然希望将它表达出来。表达的手段有两种,一种是分享,而另一种则是创造。一般网民直接分享他的发现,比如转载和链接他人的文章;善于思考和总结的网民则附加自己的观点,通过 Blog 的形式表达出来;而那些具有创造力的网民,将新的观点和计划,以自己的语言表述出来并分享、传达给他人。

(4) 联系。

联系其实是对上述 3 种利用模式的整合。当网民表达、分享完信息之后,他们自然需要看到其他人的回应,回应的方式可以是浏览、收集,同样也可以是分享和创造。这实际上就构成了一个多层次的循环,一个网民分享的结束正是另一个网民浏览和收集的开始。

各国都对公众因特网的访问利用加以限制,网络审查、限制主要集中在网络色情、青少年网络沉溺以及干涉政府事务和宗教活动等领域内。当前随处可见的社会不良文化里面、青少年暴力犯罪背后,无时无刻都闪现出网络的影子。

2. 在中国

防火长城(英文名称 Great Firewall of China,简写为 Great Firewall,缩写 GFW),也称中国防火墙或中国国家防火墙,指中华人民共和国政府在其管辖因特网内部建立的多套网络审查系统的总称,包括相关行政审查系统。一般情况下主要指中国对因特网内容进行自动审查和过滤监控、由计算机与网络设备等软硬件所构成的系统。由于频繁地被使用,GFW 已被用做动词,GFWed 是指被防火长城所屏蔽。GFW 中的主要技术包括国家入口网关的 IP 封锁、主干路由器的关键字过滤阻断、域名劫持和 HTTPS 证书过滤等 4 种。那些被限制的网站,根本原因是因为其网站上发布了中国政府不能接受的政治等方面的内容,有些综合性或技术性的网站只是含有少量的或可能牵涉到这些信息也会被整体封锁,例如曾经对于 Google、维基百科的全面封锁,还有就是对色情、青少年犯罪等网站的禁止。

【案例 5-1】 "绿坝"软件

2009 年 5 月,国家工业与信息化部要求,国内生产和销售的所有计算机都要预先安装过滤系统软件。因为该软件可以过滤各种危害青少年的不良网站等,故俗名取为"绿坝"。

国外 PC 厂商如 IBM 等公司提出了反对,网民也表达了对上网安全、个人隐私保护等问题的担忧。3 个月后,国家工业与信息化部部长李毅中表示,绿坝的推广将尊重消费者的选择,绝不会强制安装。

3. 在亚洲

在一些亚洲国家,审查因特网内容的机制已经十分普遍、成熟。政府希望掌控因特网媒体,不断地用纳税人的钱来限制网络自由。据《金融时报》报道,全球 10 大网络审查最严密的国家中有 8 个就在亚洲。

《商业周刊》指出,缅甸排在亚洲网络审查最严密的榜首。例如在缅甸,网吧是唯一能够接入因特网的地方,而且政府规定,网吧内所有计算机每隔 5 分钟都要自动进行屏幕截图操作以供审查之用。

在朝鲜,所有的媒体包括因特网,都在政府的绝对控制之下。只有少数人有条件接入因特网,可以浏览的网站也仅有 40 个,而且绝大部分都是由朝鲜中央通讯社所提供的政治宣传内容。

泰国的因特网审查,最初只是针对成人和色情网站,但是自从军方政变过后,越来越多批评军方干涉政府、泰国王室和佛教的网站,逐渐从人们的视线当中消失。截至 2006 年 10 月,泰国信息与通信技术部共封锁了 2475 个网站;到了 2007 年 1 月,这个数字已上升至 13 435 个。泰国信息与通信技术部曾制定了多达一亿美元的预算,都用于对网络的审查和限制。根据"记者无国界"组织发布的"2005 年全球新闻自由指数"报告,泰国在 164 个被调查国家中,只排在第 107 名,比 2004 年的第 59 名下跌了 48 名。泰国议会最近又通过了新的《网络犯罪法案》,禁止网络用户以任何方法,绕过政府审查接入被封锁的网站。那些协助网民绕过政府审查的网站,也将遭到封杀。

4. 对色情网站的控制

各国对网络色情的网站都加以严厉控制。色情在西方国家虽有限制但并不都是违法的,因而关于网络色情的控制国家与国家之间有所不同。意大利是欧洲第一个采用微软互联网儿童色情屏蔽系统的国家。色情网站的基本网络限制模式分为两大类:其中美国对网络色情的控制采取了"以技术手段为主导、网络素养教育为基础、政府立法为保障、积极寻求国际合作的综合管理模式",而英国模式可概括为"以立法保障和行业自律为主,以政府指导和社会帮助为辅"。这两种都基本采用了"政府、企业与社会互动,法律、技术、社会、教育并用的综合管理",即立法与技术管制相结合。

美国是因特网的诞生地,媒体暴力文化对青少年的负面影响一直是热门话题。美国立法限制与软件分级以防止网络不良文化毒害青少年,不仅仅是网络管理层面的问题,而且与社会文化、教育体制及商业运作都有很大关系。美国联邦政府成立了专门机构保护未成年人网上安全。司法部成立了打击儿童网络犯罪特种部队,为各地提供技术、设备和人力支持,帮助培训公诉人员和调查人员,开展搜查缉捕行动。联邦调查局专门立项辨认网上发布的儿童色情图像,调查不法分子,对其进行法律制裁。美国邮政、海关部门也经常协助执法部门开展行动,并取得可观成效。美国政府还敦促家长关注孩子的网上安全问题并给予指导。联邦调查局、教育部等有关部门发布相关指南,指导家长取证、报警。政府还提供相关网址,开设网上主页和电话专线,发布有关网上儿童色情活动的最新信息,让家长提高警觉。

英国 1996 年 9 月成立了半官方性质的英国因特网行业自律组织"网络观察基金会"。

该基金会在英国贸工部、内政部和英国城市警察署的支持下开展工作,主要解决网络上日益增多的违法犯罪问题,如色情、性虐待、种族歧视等,尤其致力于解决儿童色情问题。英国内政部于 2001 年设立了儿童网络保护特别工作组,专门负责在网上保护儿童安全。

日本各级警察部门都公布了举报电话,并实施"网络巡逻"。警局职员在受警方委托的团体协助下,监控网站、论坛上的信息。一旦发现违法或有害信息,警方可要求网络服务供应商或论坛管理者予以删除。

德国在打击网络色情、犯罪等方面,注重先发制人与预防。德国内政部调集专业人员和技术力量成立了"信息和通信技术服务中心",为警方通过网络展开调查和采取措施时提供技术支持。该中心还下设一个被称为"网上巡警"的调查机构"ZARD",拥有特殊的调查权限。此外,内政部下属的联邦刑警局 24 小时系统跟踪、分析网上可疑情况,尤其是涉及儿童色情犯罪的信息。

5.2.3　因特网与社会问题

因特网的普及,使得虚拟社会或者网络空间等全新的社会结构出现,给人类社会造成了很大影响。本节重点讨论网络社会的定义以及网络沉溺、数字鸿沟等主要社会问题。这不等于是说虚拟社会给人类社会带来的只有这两个方面的问题,恰恰相反,各种新旧问题源源不断涌现,不要说是一节,就是整本教材都拿来讨论篇幅都嫌不够。有专家指出,我国由于网络失信问题给社会经济带来的损失高达几千亿人民币,网络失信已直接影响到人类社会的进步和经济的正常运行。这也正是计算机伦理学面临的挑战。

1. 网络社会

美国学者斯通(A. R. Stone)提出网络空间是一种社会,它与人们熟知的集会、通信组和罗斯福式的壁炉谈话等类似,是社会空间的一种形式,可将其称之为虚拟空间——一种由共识形成的想象中的交往处所。

网络空间还有很多叫法,如在线空间、赛博空间、计算机空间、网络社会、虚拟社会、虚拟社区等,是基于全球计算机网络化的、由人、机器、信息源之间相互连接而成的一种新型的社会生活和交往的虚拟空间。

广义上来讲,人类社会就是现实社会。在现实社会中,"原子社会"则是与"网络社会"相对应的传统社会。狭义来看,现实社会与网络社会构成了人类社会。人的本质在于它的社会性,而社会的本质在于它是人的社会。因为有了人的参与和活动,因特网变成了人的网络,拥有了各种社会关系,受到了技术支撑,因而网络被赋予了社会的意义。

美国电子边疆基金会[①]的发起人巴洛[②](John Perry Barlow)认为,网络空间是一个完全不同的新世界和"边疆",它需要一套新的隐喻,呼唤一套新的规则和行动。网络社会的本质是一种全新的社会结构,这一社会结构源于社会组织、社会变化以及由数字信息和通信技术所构成的一个技术模式之间的相互作用。

归纳起来,对网络社会的认识有两种观点,第一种是新社会结构形态的网络社会(Network society),第二种是基于互联网架构的计算机网络空间(Cyber space)的网络社会

---

① Electronic Frontier Foundation. http://www.eff.org/

② 约翰·佩里·巴洛是第一个把"网络空间"这个词应用到它目前所描述的"地方"的人。

(Cyber society)。

"网络社会"不过是现实社会在计算机信息网络上的一种映射,现实生活中发生的一切,都将在这一网络上得到反映。有人认为,现实社会生活中存在的种种不平等,也会反映到网络社会中来。

2. 网络沉溺

从行为心理学来看,网络沉溺、网络沉迷或者网络成瘾是指持续性强迫从事网络活动,影响正常的学习生活。停止网络活动后,会出现情绪低落、脾气暴躁、思维迟缓、焦虑、颤抖、沮丧、绝望等"退缩症状",甚至会出现毁物、自残、自杀等冲动行为。网络成瘾的常见表现有:一上网就废寝忘食;半夜上厕所还会查 E-mail;常常担心电子邮件而睡不着觉;主要对聊天室和游戏感兴趣,对获取信息反而不感兴趣;常常在下载软件时才会去上厕所等症状。

网络沉溺会引来一系列社会问题,越来越多的人患有某种形式的网络心理障碍,网络沉溺的人数在美国、日本、德国等也在快速增加。因特网正在制造一个充满自闭者的世界。人们在网上的时间越来越多,而在现实世界中与人交流的时间则越来越少。每周上网一小时,就会有 40% 的人孤独程度增加 20%。在上网的青少年学生中,有 20% 的人有情绪低落和孤独感,12% 的人与家人疏远。

3. 数字鸿沟

数字鸿沟背后是否存在规律性的理论和方法?首先,数字鸿沟是一种信息交流中间存在的鸿沟,或者说它是一个"比特流"的鸿沟。信息流属于信息交流这个范畴,和物质流是有所不同的,具有"信息不对称性"。第二,数字鸿沟是个经济现象,是经济和社会发展的差距的客观反映。它符合网络经济发展的一些基本规律,如"强者恒强"、"双拐点现象"等等。第三,创新能力和学习能力等软环境也存在"鸿沟"。许多发展中国家在创新能力和学习能力上与发达国家之间存在差距,这使得数字鸿沟进一步扩大。

(1) 数字鸿沟的定义。

美国国家远程通信和信息管理局(NTIA)定义数字鸿沟(Digital Divide)是一个在那些拥有信息时代的工具的人以及那些未曾拥有者之间存在的鸿沟。数字鸿沟反映了当代 IT 领域中存在的差距现象。这种差距,既存在于信息技术的开发领域,也存在于信息技术的应用领域,特别是由网络技术产生的差距。

数字鸿沟现象存在于国与国、地区与地区、产业与产业、社会阶层与社会阶层之间,已经渗透到人们的经济、政治和社会生活当中,成为在信息时代突现出来的社会问题。许多国际组织,如世界银行及其下属的信息与发展基金会(InfoDev)、联合国开发计划署(UNDP)、联合国教科文组织(UNESCO)、世界经合组织(OECD)等,都组织了关于"数字鸿沟"的、大规模的调查和讨论。《解读数字鸿沟——技术殖民与社会分化》一书中更是从国际的全球鸿沟、国内的社会分化、民主鸿沟等 3 个方面详细阐述了 3 大影响。在《全球信息技术报告2001—2002》中,发表了世界 75 个主要国家或地区的 65 个量化变量统计,以及根据这些数据加权平均得到的综合指标——信息网络化社会预备度指标(Networked Readiness Index,以下按中国习惯称为信息化指标),对这 75 个主要国家或地区进行了排队[①]。

事实上,信息技术在发达国家间的发展也不是平衡的。美国就利用自己的信息技术优

---

① 这 75 个国家或地区,包括中国香港特别行政区与中国台湾省,代表了全球 80% 的人口与 90% 的生产总量。

势进一步拉大了与日本、欧洲之间的差距。信息技术对经济增长的促进不在于信息技术产品的生产而在于信息技术的使用。

（2）数字鸿沟带来的影响。

因特网在全球范围内的发展是不平衡的，出现了国家之间以及一个国家内部不同地区之间的发展差距。数字鸿沟的实质就是以因特网为代表的新型信息技术在普及和应用方面的不平衡，它意味着因特网发展落后的国家或地区在新的全球"信息革命"中面临"知识贫乏"和"信息贫乏"，缺乏参与和发展信息技术的能力。

首先，因特网也带来了语言鸿沟。因特网海量信息中以英语发布的占到约 95%，其次是法语网站。非英语国家的网民在获取信息时存在语言鸿沟，是信息利用的弱势群体。中国日报（China Daily）2007 年 4 月 2 日头版报道了中国的文盲在 2000—2005 年间上升至了 3000 万，2000 年中国文盲的比例占世界文盲总量比例的 11.3%，而到 2005 年则上升到了 15.01%。随着社会对 IT 的依赖性日益加重，文盲很有可能沦为社会的"贫困"阶层。

其次，数字鸿沟加剧了贫富差距，使得强者更强、弱者更弱。这一状态在全球范围都存在。"数字鸿沟"问题现在已经引起了中国有关部门的重视，研究资料表明，数字鸿沟造成的差别正在成为中国继城乡差别、工农差别、脑体差别等"3 大差别"之后的第 4 大差别。

由于数字鸿沟的存在，直接造成或间接引起的一系列社会信用问题，也正成为人们关注的焦点。

（3）数字鸿沟未来发展的态势。

"赶超理论"刺激着发展中国家想方设法运用信息技术弥补时间上的"落后"，而"数字鸿沟"则时刻提醒着发展中国家和发达国家：新型信息技术在普及和应用方面存在着不平衡，和巨大的内部差距，即一个国家内部不同地区间的"数字鸿沟"和城乡间的"数字鸿沟"。

数字鸿沟有 3 类：国家间的数字鸿沟，地区间的数字鸿沟，以及人群间的数字鸿沟，这 3 种鸿沟各有各的解决办法。

鉴于数字鸿沟的核心是社会和人之间的差距，解决数字鸿沟问题就不能完全借助于市场化手段。目前各国政府在缩小数字鸿沟方面都做出了很大努力，一些新兴的发展中国家或地区信息化的步伐也明显加快。在 2003 年中国信息化应用大会上，科技部已经倡议并启动了一项"缩小数字鸿沟——西部行动"的计划，目的是结合西部地区实际，开发更廉价适用的信息技术和产品，为尚不发达的西部地区和低收入人群提供学习、应用机会，使国内更广泛的人群和地区接触到和认识 IT。国家工信部推出了一系列旨在加快宽带基础建设的行动计划，尤其是面向农业、面向农村的信息化行动计划，加强教育培训，解决人的能力建设问题。

然而，事实表明，这些改变"数字鸿沟"的措施和努力还远远赶不上数字鸿沟扩大的趋势。有效迅速地缩小数字鸿沟，是关系到整个社会能否和谐与可持续发展的重要问题。

5.2.4　因特网与文化

卡斯台尔将文化定义为传播和交际的过程，因特网形成了一种新的文化——真实虚拟文化（Culture of Real Virtuality）。网络文化立足于数字化的电子生产、分配和信号交换传播系统，并将大多数文化表达形式包容进来，极大地削弱了宗教、道德、权威、传统价值、政治意识形态等这类通过对社会习俗做历史编码来发送信息的传统发送者的权利。

因特网是充满着期待的人交互处所,必然形成该环境中的每个人都具有的"共同的心理程序"——网络文化。这种文化无论是内容还是形式,都不同于以往所有的文化,并对传统文化造成了巨大的冲击并将产生深远的影响。其来势凶猛,不可不防,否则会在社会上,特别是青少年中造成不良影响。

1. 网络文化的概念

网络文化是随着现代科学技术,特别是随着多媒体技术的发展而出现的一种现代层面的文化,本质上属于大众消费文化[①]。因此,网络文化应该比前面所探讨的"与计算机相伴的文化"范围更宽泛,就像"网络伦理"比"计算机伦理"更宽泛是一样的道理。

(1)网络文化起源。

网络文化缘于黑客文化和吉布森等人的赛博朋克科幻小说。黑客大约出现于 1958 年,并提出了"黑客伦理"反对集权和权威主义。MIT 就曾出现第一批黑客。随着微型计算机的出现,现在的黑客指的是能够通过 PC 和网络进入到其他人的计算机和网络的、具有高超技能的人,大部分的时候是褒义词。而骇客很多时候是指进行破坏的个人,是贬义词。

(2)网络文化的定义。

网络文化是指网络上的具有网络社会特征的文化活动及文化产品,是以网络物质的创造发展为基础的网络精神创造。它有广义与狭义两个层面的内涵。

广义的网络文化是指网络时代的人类文化,它是人类传统文化、传统道德的延伸和多样化的展现。狭义的网络文化是指建立在计算机和网络技术以及网络经济基础上的精神创造活动及其成果,是人们在因特网这个特殊世界中,进行工作、学习、交往、沟通、休闲、娱乐等所形成的活动方式及其所反映的价值观念和社会心态等方面的总称,包含人的心理状态、思维方式、知识结构、道德修养、价值观念、审美情趣和行为方式等方面[②]。

就其所依附的载体来说,网络文化是一种在数字化信息流里产生、发展、传播的文化,一种与计算机媒介通信和在线交流相关的文化。对于计算机来说,任何信息只有以数字的形式出现,它才能接收、识别和处理、发送,用脉冲编码表达"历史编码"。

由于计算机和通信网络等数字技术推动网络文化的普及、盛行,仿佛任何想加盟网络文化的文化,就必须改变传统的非数字化文化形态。然而,美国的尼古拉斯·尼格洛庞帝(N. Negroponte)却提出文化数字化(Culture Digital)的理念,认为信息技术不发达的国家一样可以是文化数字化的强国。网络文化不仅包括网际欺诈(Flaming)、信息滥发(Spamming)和网上狂言(Ranting)等数字的形式,还包括与网络行为相关的规范、习俗、礼仪和特殊的语言符号形式等非数字的形式。

(3)与网络行为相关的规范。

网络行业具体规范的制订和实施的核心内容是对网络伦理守则的制订原则和基本条款的完备性研究。制定守则所依据的原则、规范、价值取向各个国家各不相同,因为其政治、经济和文化背景对于相关准则在制订上的价值选择上体现出差异性。在我国,伦理守则一般是以"公约"或者"职业道德准则"等形式表述的,但是其核心内容和发挥的作用是一致的。

---

① 段伟文. 网络空间的伦理反思. 南京:江苏人民出版社,2002
② 李晓衡、高征难建设先进网络文化的思考. 南华大学学报(社会科学版). 2005 年第 1 期

国内最早的一份计算机职业守则是 2002 年由中国互联网协会（Internet Society of China，ISC）出台的《中国互联网行业自律公约》，它对"从事互联网运行服务、应用服务、信息服务、网络产品和网络信息资源的开发、生产以及其他与互联网有关的科研、教育、服务等活动的行业"规定了 13 条自律条款，即第二章的第六条至第十八条。

伦理规范的构成主要有两种形式：一是对日常生活中合理行为的肯定，另一种是对社会中不合乎伦理价值的行为的禁止和限定。根据柏留尔（Jacques Burlier）教授的总结，当前计算机伦理规范的形式多种多样，包括伦理守则（Code of ethics）、ISP 守则、因特网宪章、网络礼仪、虚拟社区规则等。

国内很多高校借鉴美国计算机伦理协会制定的"计算机伦理十戒"，形成各种"公约"、"职业道德准则"和"管理办法"，如清华大学自动化系学生网管会制定了自己的行为规范，中国科技大学也先后制定并实行了《校园计算机网络用户行为规范》、《BBS 用户身份认证办法》等管理制度。其他有关信息化条件下的规范网络不道德行为的有关文件和规章制度，还有《关于各高校思想政治教育进网络的若干意见》、《校园计算机网络用户手册》、《校园网用户违纪处分规定》等。

我国新疆根据信息产业部、公安部、文化部、国家工商行政管理局联合制定的《互联网上网服务营业场所管理办法》及相关文件，结合该地区实际情况，经自治区通信管理局、公安厅、文化厅、工商行政管理局研究，界定了该地区网络行业的行为规范，对所有提供上网服务的营业场所，对营业场地面积、上网计算机终端数量以及"企业名称预先核准通知书"、"互联网上网服务营业场所接入意向证明"、"互联网上网服务营业场所安全审核意见书"、"网络文化准营证"、"互联网上网服务营业场所经营许可证"、"工商营业执照"、"信息安全责任书"等相关材料及其审批程序做了详细规定。

2. 网络文化发展的特点

网络的发展除了技术方面的原因，对媒体和语言带来巨大冲击之外，对社会环境的影响也很显著。在中国，因特网首先是当成了娱乐源泉。许多渴望娱乐的中国城市白领和学生，更多的是在关注网络中娱乐、明星的绯闻，娱乐、八卦的文章最得宠，上首页的机会最多。有个明星在博客里只写了几个字，点击量可达几十万，甚至几百万。在国内，经常有家长、学校埋怨孩子、学生迷恋计算机游戏，沉迷于下载看娱乐节目等。学生、孩子喜欢访问因特网玩，除了儿童天性，还有受社会文化氛围的影响。可以想象的是，如果周围的同伴经常谈论网上的游戏、娱乐八卦文章，而你的孩子对此一无所知，他会觉得多么困窘。学生、孩子不可能脱离目前网络无处不在的社会环境。

就国与国之间相比较而言，网络文化的发展还在以下方面有明显的表现：

（1）与各民族历史文化的冲突。

由于大批高等学府和研究机构相继在因特网上建立了各自的主页，国际间对历史文化的学术研究，直接、便捷地通过屏幕反映到读者面前。应当承认，西方学者对其他国家历史文化的研究有其独特的视角和重要的参考意义，通过因特网上的交流，也为那些国家的学者提供了极大的便利条件。但毋庸置疑，在西方思想文化界，西方中心论长期占据主导地位，西方学者的许多研究结论不仅影响着西方政界，也影响着那里的人民，从这种角度得出的研究成果，也将对那些民族的历史文化研究造成巨大的影响。当然，各国的旅游休闲、娱乐性网站也在传播各自的风俗文化，对浏览者产生影响。

（2）价值取向上的冲突。

网络传播自身体现的技术理性、工具价值，在不时地动摇着人们的人文理性、目标价值，从而导致人们宁信机、不信人；宁愿遁入"虚拟时空"，不愿直面现实生活。人际之间的情感关系甚至被人机之间的冷面对话所异化。另外，网络传播所载送的西方文化产品和价值观念，无处不在地动摇着人们既有的生活方式、行为准则，从而造成人们价值标准的混乱和精神困惑。

（3）对负面信息的屏蔽作用减弱。

网络对负面信息的屏蔽作用减弱，谁是网络信息的"把关人"、网络"是否需要把关"等问题都被提了出来，并困扰着各国政府。

3. 网络文化中的责任原则

网络文化时刻更新着人们对网络的认识。一种认识就是网络技术带来的是发展机遇、新的生活方式，能够改善现有的社会问题。另一种认识就是网络最终会导致人类丧失自我走向毁灭。无论哪种观点，都需要建立一种新的责任原则，既要对某种乌托邦的信念负责，也要对可以预见的后果承担应有的责任。

首先，由于因特网在全球没有地域限制，没有时空概念，也没有中心集中控制计算机。如果因特网网民的发展和使用没有限制，使得网络传播处于无序状态，这就容易为各种不法分子和不良势力所利用。

其次，目前因特网上绝大部分信息是以英语传播的（约大于 95%），对于非英语国家和发展中国家来说，使用网络更多的是浏览接收信息，这意味着这些国家将比有史以来任何时候都更多地受到国外，特别是西方媒体和文化的影响，"信息霸权"对于发展中国家保护和发展民族文化构成严重威胁。而因特网上的信息流通不存在国境线，世界不同地区和国家的因特网将打破信息交流的空间限制。这样，政府意识形态管理部门对信息传播的把关作用和控制能力受到了极大的挑战。

任何事物都是有两面性的，因特网也不例外。网络时代文化冲突也有积极的一面。

第一，信息复制、传递、下载方便容易，而且绝大多数没有额外收取费用。更重要的是，网络的平等性和互动性给公民提供了与世界同步发展的机会和充分展示个人才能的空间，使人们成就和发展事业有了新的途径，促进了地区间、国际间的文化交流，推动了世界文化的发展。例如 The WildList Organization International 网站（http://www. wildlist. org/）[①]、亚洲反病毒研究者协会（http://www. aavar. org/），为防毒行业提供最全面和权威的病毒信息和形成全球化的反病毒、反黑客文化，为全球通力合作、共同反击黑客提供了技术和舆论支持。

第二，因特网的出现给了每一个公民文化交流的自由空间。只要他们愿意，就可以随时利用因特网的电子邮件、聊天工具，把他们的所思所想，他们的欢乐、悲伤，告诉远在千里之外、万里之遥的至爱亲朋或陌生人。毫无疑问，这种由公民参与的，不带任何功利色彩的文化交流更真诚、质朴，为进一步增强世界各国、各地区、各民族之间的相互了解架起新的桥梁，使民族文化在相互交流中彼此认同，从而推动世界文化的发展。

第三，网络文化对传统的法律及道德规范提出了更高要求。网络文化的空前开放、

---

① The WildList Organization International 隶属于 ICSA Labs，The WildList 就是"流行病毒清单"。

自由和互动，带来的不仅是文化的平等与民主的欢乐，更有放任自由给传统法律、法规带来的无奈和烦恼。在形形色色的网络信息中，既有肆意传播的不良信息，也有层出不穷的色情网站，更有网络操作中防不胜防的黑客侵入或病毒攻击。这不能不引起世人的高度警觉，它对传统的法律及道德规范提出了更高的要求，促使各个国家不断地对其反思、修改与完善。

第四，网络加速了全球合作、全球经济一体化的进程，加快了知识经济时代的到来。网络时代的文化冲突，使世界各国一面加快了本国网络化、信息化的建设步伐，一面又为积极参与全球性经济竞争而不断加强各国网络间的信息互通。通过电子银行网络、电子商务网络等方式开展全球性的经济贸易活动。这种以电子网络为基础，以信息化为目的，以全球化为结果的经济活动，充分体现了知识经济的两个显著特征——信息化、全球化。因而，网络时代的文化冲突对促进全球经济一体化的进程，加快知识经济时代的到来，无疑起了推波助澜的作用。

4. 网络守法教育

守法教育是文化的一项重要内容，是增强人们权利、义务等伦理观念的基本手段。遗憾的是，国内许多网民对网络法律法规知之甚少或全然不知。其实，我国国务院、公安部、原信息产业部、新闻出版署等部委自1987年以来先后制定了一批网络、计算机行业的法律、法规和规章，如《电子签名法》、《计算机软件保护条例》、《计算机信息安全保护条例》、《计算机信息网络国际联网管理暂行规定》、《计算机信息网络国际联网管理暂行规定实施办法》、《计算机信息网络国际联网安全保护管理办法》、《计算机病毒防治管理办法》、《计算机信息系统安全保护条例》、《计算机信息系统保密管理暂行规定》、《互联网信息服务管理办法》、《互联网电子公告服务管理规定》、《互联网著作权行政保护办法》、《出版管理条例》等。

1997年修订的新《刑法》第285条至第287条还分别就侵入计算机系统、故意制作、传播计算机病毒等破坏程序和利用计算机实施金融诈骗、盗窃、贪污、挪用公款、窃取国家秘密或其他犯罪行为规定了相应的刑事责任。2001年新修订的《著作权法》也对网络侵权问题做了相应的规定。2009年2月修订后的刑法更是明确了对"提供专门用于侵入、非法控制计算机信息系统的程序、工具，或者明知他人实施侵入、非法控制计算机信息系统的违法犯罪行为而为其提供程序、工具，情节严重的"要进行处罚，充分反映了中国政府打击计算机技术引发的犯罪问题的决心。

网络守法教育的目的，一是培养网络守法意识，以便增强人们网络空间的权利、义务观念。二是培养网上自我保护的意识和能力，知道在网络社会中由于主体的匿名隐形而导致合法与非法、有罪与无罪等是非问题的存在及其后果。无论是虚拟还是现实空间，网络也是人类社会。所以，不仅网络守法要进行教育，与计算机相关的各种法律法规人们都应牢记、遵守。

5.3　全球化问题

一场由计算机通信网络的价廉和普及，交通工具的发达及经济全球化的推动而掀起的全球化发展趋势已势不可挡。不同民族、不同文化、不同宗教之间的人可以在因特网随时碰见，尤其在网上发布信息、与人交流信息时，稍不注意就会引起文化冲突。进驻北京故宫

7年的国际知名企业星巴克(Starbucks)①,在经历了一场公共关系危机后,终于宣布退出。一场文化冲突算是结束,但由于文化冲突而导致的全球化进程受阻、友谊中断乃至对立、冲突还有很多例子。事实上,全球化的最大障碍来自文化冲突,因为文化冲突体现着世界观、人生观、价值观等精神层面的差异,比意识形态对立有着更深刻、更重要的内涵。它直接植根于人的内心精神世界,故能更直接地对人们(包括计算机技术设计者、使用者等)的思维方式和行为方式发生影响。

5.3.1　全球化定义

到目前为止,"全球化"一词在不同的学科领域有不同的含义,学者们也还没有一个定论。"全球化"在《韦氏字典》里定义为一个"在全球空间与实践领域中"促进各种活动、孕育各种动机的演绎过程。实际上,这个过程已经持续了很长一段时间。

"全球信息共享"是全世界人类共同的理想目标,"全民原则"是信息网络建设的首要的基本原则。但是在现实中真正实现人人利用信息资源的平等化,真正达到"信息共享"、"知识公有"的目标,远不是一件容易的、仅仅随着技术进步就能实现的事。

5.3.2　全球化带来的影响

全球化对社会以及文化的冲击主要表现在以下几个方面。

1. 全球化对传统价值观的冲击

全球化的推进对传统的关于国家的价值观念提出了质疑,使"民族-国家"主权的神圣不可侵犯性受到了冲击,促使起源于18世纪末的以民族国家为单一主体的国际体系向多元主体的网络化的全球权力转变。

2. 全球化对民族认同的冲击

全球化作为当代世界发展的大趋势,与在前全球化时期业已形成的民族文化的惯性之间存在着难以弥合的对立。全球化过程本身所具有的规律性在很大程度上限制了不同民族文化的自我防卫机制的发挥,使民族文化丧失自我保护的机会陡然增多,极易沦为被动的弱势一方。显然,全球化不能用个别文化所熟悉的手工艺工具和操作方式来实现,也很难完全适应民族文化一成不变的生产模式,因此需要一个相互适应与磨合的过程。

3. 全球化对文化多元化的冲击

文化全球化就是全球化对文化多元化冲击的显著例证。尽管民族和民族国家自产生以来曾受到过各种思潮如无政府主义、世界主义等的质疑和反对,但在有效的文化力量对比中,重心迄今依然保持在民族文化和民族国家这一边。

当代一系列技术革命和制度变迁已经大大地改变了过去那种力量对比关系,增加了民族文化和民族认同在未来竞争中的脆弱性和易变性。很多小地方的小语种、小民族的文字已开始消失。似乎全球化对文化影响的必然后果就是西方文化完全同化、吞噬非西方文化。全球化的扩展,在文化领域全球化方面带来了某些价值上的负面作用,譬如大众文化、消费主义、现代化理念、工具合理性等。

其实,文化全球化也有正面影响,尽管许多人将文化全球化与文化的完全同质化联系在

---

① 在西雅图的派克市场。原公司名称是星巴克咖啡,茶叶和香料,后来改为星巴克咖啡公司。

一起。全球化确实会带来某些文化内容的全球认同或趋同化，但是，由于科技发展和文化交流的日益紧密，人类在某些价值领域，譬如人的基本权利、环境保护、全球伦理等，达成共识是完全可能的，也是非常必要的。

对文化全球化有种误解，认为它是西方中心主义主张的强势文化支配、吞噬其他弱势文化，建立文化霸权以推行文化殖民，目的在于获得经济、政治权益，按照自己的价值观塑造世界。这种文化霸权意义上的文化全球化是文化主体之间不平等的文化交往，是国际军事、经济、技术不平等格局在文化上的反映。这不是真正意义上的文化全球化，是必须予以抨击和坚决反对的。

5.3.3 公民的信息意识与信息权利

全球化进程有赖于世界各国的公民的信息意识是否具有相同水平，信息权利是否平等。

1. 信息意识

意识问题是本教材中的重要话题之一，人的认识决定它的行为。这与伦理道德密切相关。本教材第 3.1.3 节的工程意识和第 6 章的风险意识都是关于意识问题的探讨。信息意识是在信息获取和使用活动及体验经验和对信息认识基础上形成的对信息的高度敏感性和自觉、自发获取与使用信息的一种心理准备状态。信息意识是信息素质培养的重要内容，是信息素质发展与提高实现的重要途径。本教材第 10.1.1 节专门讨论"公民信息素养"。

信息意识培养的重要内容包括对信息的认识、获取信息的能力、基于获取信息的活动、信息获取的体验和经验以及对信息价值、意义、重要性的认识等。

2. 信息权利

信息权利泛指所有以信息为客体的独立于合同的权利，具体的某项信息权利可以是财产性权利，也可以是非财产性权利。

社会信息化所带来的信息权利问题主要表现在以下几个方面：

第一，信息资源成为财富，各个法律主体产生了获取信息的强烈需求，产生了信息权利冲突。

第二，信息载体和传播方式的变革为信息权利的界定提出了新的要求。

第三，法律主体和信息之间联系方式的复杂化为信息权利的确认带来了困难。

正是因为信息权利独立于合同，故信息权利是自然而然、对任何一方都没有约束的。这更加凸显出"信息意识"的重要。

【案例分析】

1. 案情介绍

尼格洛庞帝的文化数字化的理念，将一些被认为是信息技术不怎么发达的国家，如意大利列为文化数字化的强国，而像韩国等信息技术较为发达的国家，文化数字化可能并不是很强。

2. 问题分析

民族的才是世界的。习俗、礼仪和特殊的语言符号形式等代表了非数字形式的网络文化，意大利就是这一形式的典型。

民族与文化紧密联系在一起。文化数字化离不开文字，汉文、韩文等都属于方块字，与西文的拼音不是一种书写体系。计算机系统的处理也会有所不同。

文化与价值观有关联,而价值观决定了人的行为,如计算机的使用、软件开发设计等,还有与网络行为相关的规范和传统社会习俗。如果一个国家、一个地区具有完善的网络行为规范(并非一定是书面的规章制度),生活在那里的每一个人也都建立一种新的良好的责任原则,那么那个国家地区的网络文化一定发达。

思考讨论之五

1. 了解一下你身边的网络文化,再查阅那里是否制定了网络行为规范。

2. 与不同民族、不同宗教、不同历史文化背景下的人交流时应注意哪些问题?

3. 查阅资料,综述因特网改变了国际社会的结构、虚拟社区、"世界是平的"等观点。

4. 如何让公民和组织机构具有良好的信息意识?信息意识与信息权利具有何种联系?

5. 什么是可持续发展?在中国,如何做才能够实现"可持续发展"?

参考文献

1 数字鸿沟. http://www.stcsm.gov.cn/learning/lesson/xinxi/20040721/lesson-1.asp,2007.08.20

2 唐晓勇. 全球化起源论. 西南民族大学学报(人文社科版),2004(8)

3 Ethical Implications of Emerging Technologies:A survey,Prepared by Mary Rundle and Chris Conley,UNESCO,Paris,2007

4 Centre for Computing and Social Responsibility. http://www.ccsr.cse.dmu.ac.uk/2007.08.20

5 中国青年报主办. "第五代"青年价值观变化趋势和预测. 团情快报,2000

6 Manuel Castells. The Rise of the Network Society (The Information Age:Economy, Society and Culture,Volum 1),Wiley-Blackwell,2nd edition,January 2000

7 马卫娟,方志刚. 人机交互风格及其发展趋势. 航空计算技术,1999(3)

8 王永雄. 结构博弈——因特网导致社会扁平化的剖析. 北京:华夏出版社,2003

9 文化研究网. http://www.culstudies.com/rendanews/displaynews.asp? id=1539,2007.08.20

10 苏国勋,张旅平,夏光. 全球化——文化冲突与共生. 北京:社会科学文献出版社,2006

11 辽宁大学生在线联盟. 师德建设. http://www.stuln.com/shidejianshe/jiaoyudajia/2008-7-14/Article_9495.shtml

第 6 章

软件品质、IT 的风险及管理

"也许最后的答案是生活中没有东西能保证,但解决问题的第一步是认识到问题"。

——汤姆·福雷斯特和佩里·莫里森(Tom Forester, Perry Morrison)

本章要点

作为高科技的计算机技术大多数是很可靠的,如日本子弹列车的控制系统没有出过死亡事故。当然,事实上并不总是如此。发生在美国和加拿大的"大停电"事件至今还在技术人员的脑海之中记忆犹新。一次事故足以动摇前面千万次的成功计算留在人脑中的认识。这实际就是风险意识的开端。人创造并使用各种各样技术,包括计算机技术。可靠或者不可靠的主动权也是掌握在人的手中。本章讨论基于计算机系统的风险,如软件测试的局限性、软件复杂性、IT 灾难的警示等问题,介绍项目管理、风险控制、风险意识的培养等方法。通过 IT 使用者和设计者的风险意识的定义,引出如何培养 IT 使用者的风险意识、设计者的告知义务等计算机伦理学基本问题。

6.1 基 本 术 语

在讨论计算机系统的风险与管理问题时,先来讨论相关的术语和概念。

1. 基于计算机系统的风险

风险是造成、带来损失的可能性。"风险"与"安全"并不相同,但两者具有密切联系。计算机系统的安全包括计算机系统本身的可靠性及由计算机系统处理、传输和存储的信息的保密性、完整性和可用性等。基于计算机系统的风险就是一切与计算机系统本身相关的、人为或自然的因素造成不安全的事故发生导致人、组织及社会遭受损失的可能性。除了软件、硬件、技术文档和通信线路外,一个计算机系统中最主要的组成元素是人——计算机技术设计者和计算机技术使用者。人开发设计了这个系统,维护使用这个系统的还是人,他是最具有能动性、最掌握实情的一个要素,也是系统风险管理的关键所在。

2. 风险管理

英国企业信息安全标准 RS7799 中给信息系统风险管理的定义是:在可接受的成本下,

标识、控制和尽量减少（或消除）可能影响信息系统的安全风险的过程。

风险就是不利事件发生的可能性。风险管理是评估风险、采取步骤将风险消减到可接受的水平并且维持这一风险级别的过程。其实，像安装杀病毒软件、防火墙，记工作日志、审计等这些日常活动都可以归入风险管理的范畴。问题在于人们对这种管理活动重视的程度。

3. 可靠性问题

计算机系统的可靠性是指在规定的条件下和规定的时间内计算机系统能正确运行的概率，一般用平均无故障时间（Mean Time to Failure，MTTF）来度量，即计算机系统平均能够正常运行多长时间，才发生一次故障。系统的可靠性越高，平均无故障时间越长。计算机系统除了其软件、硬件、网络有可靠性问题外，由其产生、传输和存储的信息等也存在可靠性的问题。

运用计算机 4 层次结构模型分析计算机系统的可靠性就是将计算机系统分为用户层、信息层、逻辑层和物理层，其中用户层又称为外部层，而信息层、逻辑层和物理层等三层为内部层。不同层次有不同的可靠性问题与解决方法，如图 6-1 所示的 4 层次结构模型又称为可靠性研究的四论域。在每个论域中均可按照该论域的正确特性标准和时间约定将其全部状态划分为正常和不正常两种，分别用正确和不正确集合表示。不正确集合代表对正常功能的破坏，引起这种破坏的事件记为 UE（Unexpectant Event，不希望事件）。计算机系统的可靠性就是在计算机应用系统中可能发生 UE 的情况下仍能正确执行所规定的算法和功能的程度。UE 都是起源于一个内部的论域中，从低论域到高论域的 UE 形成一个因果链。

图 6-1　计算机 4 层次结构模型示意图

4. 电子文件的可靠性

计算机系统的主要功能是"存储"信息和"处理"信息。早期的计算机系统侧重于信息处理，即把信息"输入"到计算机系统中，在其内部进行"处理"，从而得到"输出"；而信息存储功能则以"文件"为表现形式，信息作为文件被长期储存在计算机系统中，这就是"电子文件"的起源。对于一般计算机用户，无论是过去的"文件系统"还是后来的数据库、分布式网络等，电子文件既可在必要时取出处理，又可根据需要随时随地加以更新。而对于政府、公司等机构，"电子文件"还赋予一定的行政管理意义，因为它被认为能够完全取代纸质文件。

对于电子文件，国际档案理事会电子文件委员会编制的《电子文件管理指南》定义为："电子文件是一种通过数字计算机进行操作传输或处理的文件"。在 2002 年中国国标《电子文件归档与管理规范》（GB T18894—2002）中的定义是："在数字设备及环境中生成，以数码形式存储在磁带、磁盘、光盘等载体中，依赖计算机等数字设备阅读、处理，并可以在通信网络上传送的文件"。电子文件的可靠性是指其内容的真实与完整，或者指电子文件的可信度与真实性。

5. 完整性

完整性被公认为是"一种未受损毁的状态"。数据的完整性体现在是否是一致的。由于电子文件中的信息、数据可以分布在几个甚至几十个工作站上，其完整性的表现形式是逻辑的或虚拟的。即使在同一主机内，一份电子文件也是以若干分散文件相连接的方式而存在。不像纸质文件在读者面前是完整地"再现"其原貌。任何一个数据或任何一份电子文件，无论是存放在何处，只能是唯一的值。如果有一处的数据或文件有变化，该文件或数据的其他版本也必须相应地同步改变。文件的完整性还有一层含义，是指在同一个项目、建筑工程，反映全部活动的所有文件是否齐全。此外，CAD 系统产生的建筑和工程图纸和电子文件，经常被修改、批注，纸质与电子的图纸并存、相互混用。为了某项建筑工程图纸的完整性，要将所有原始设计图纸，包括"未修改或未做标记"的图纸以及反映原始设计和最终结果之间变化阶段的"工作图纸"，无论是纸质的还是电子的都要全部统一归档。

6. 网络的完整性与安全性

局域网是一种常见的、在组织内部建立的网络系统，联网数字资源对该组织的各级职员则变得越来越重要。实际上，局域网上面的数字资源无论是传输还是存储都存在着很高的风险。其原因是多方面的，其一，局域网是由不同部件组成的复杂因素的集合体；其二，组织自身，尤其是广大中小企业不具备对局域网上面的数字资源充分进行保护的技术和人员；其三，没有投入足够的资金。一般来讲，主机系统具有保证数据完整性的措施和工具，而局域网产品没有同档次的工具，更糟糕的是它没有接受像主机系统那样多的、那样严格的系统测试。当然，网络系统、数据库管理系统以及安全保护产品等技术的改进提升了局域网的性能，但是要在异构型分布式系统上面保证数据完整性难度是非常大的。文件系统、操作系统、安全系统、通信设备、协议、管理工具、语言、外设等，给组织的经济实力和人员技术能力都提出了各种档次、不同级别的要求。

【案例 6-1】 OA 系统的完整性控制

作为办公自动化的常用软件，Lotus Notes 并没有提供直接的完整性控制。也就是说，一旦登录完毕，无论修改属性表单还是申请表单中相关的域值，另一个电子文件中的域值并不跟着同时改变，这就产生了数据不一致的问题。该问题的主要原因是 Notes 所提供的继承机制，在 Notes 中的继承是一次性的，且在创建时进行。继承数据的域的内容并不根据被继承数据的电子文件中的变化而改变。

为了保证数据的完整性，需要开发人员通过程序来进行数据的完整性控制。无论是何种数据库管理系统，都具有使用上的灵活性和容错性能。Notes 数据库的完整性控制包括两个方面：①表单结构域的函数依赖；②表单联系表单之间以及不同表单中相关域的函数依赖。同时在运用 Notes 开发应用系统、进行数据库设计时，需要定义何种类型的表单主要取决于当前事物过程的分析结果，就像在关系数据库设计中一样，必须认真考虑实体管理，既可以是一对一，还可以是一对多的关系。有些关键域的值是相同的，如发出时间、紧急程度等。任何由这些表单创建的电子文件中的域值都是保证相同的。

在开发应用程序时就在程序中对字段的值域以及字段之间的依赖进行控制，从而有效保证数据的完整性。对数据不一致的问题，采用"同步修改"的办法进行解决。所谓"同步修改"，是指有继承关系的两个电子文件，当主电子文件或响应电子文件中的某个域的内容发生改变时，与之有继承关系的电子文件域的内容也随之而改变。

7. 数字资源的长久保存

数字资源的长久保存就是指长久保持数字资源的信息内容和功能形式的可存取性的一系列技术策略和手段,是实现信息共享的一个关键问题。网络系统中,数据有增无减,就像原子核反应可以无限制地膨胀增大。时间长了,其完整性通常会受到计算机系统的影响,如系统自身的故障、出错或者升级、人为破坏等。所以数字资源能像传统载体的信息资源一样长久、持续地保存下去,同时保证被新老用户能反复不断地使用是一个严峻的挑战。

8. 信息保护技术

信息保护技术目的是使计算机系统中正在处理、传输的信息和存储着的信息不被破坏和泄漏,一般信息保护技术可分为编码化与密码化、资格检查、内存保护、外存保护等 4 种。编码化与密码化是围绕计算机系统内处理的信息本身实施信息保护的方法;资格检查是防止不正当地存取信息的重要手段。通常由软件完成,但有时也可用硬件实现。内存保护的目的旨在防止调入内存去执行的不同用户程序、系统控制程序及有关数据被各个用户相互错误地存取或被非法破坏;外存保护的实质就是电子文件的外围的、物理的保护。

9. 防火墙

防火墙是一种软件程序,放置在因特网和用户或"内联网"①之间,起到看门人的作用。如图 6-2 所示为这一道加强网络抗御攻击能力的防线,它有两种最常见类型:数据包过滤器(Packet Filter)和应用层次防火墙(Application-level Firewall)。在图 6-2 中,防火墙用粗黑线表示,A 区表示一个供广大公众自由进入的网络,常常被称为非军事区(DMZ),向所有人开放,因此敏感数据不应存储在这里;B 区所示是应用层次防火墙,它可以检查收到的函件是否有计算机病毒,恰如收发工作人员可以用 X 光检查大件包裹一样;C 区是一些可能的非法入侵途径;D 区表示网络系统中设置了第二道防火墙,以保护重要部门;E 区是数据包过滤防火墙,它证明进入的文件或者程序的确来自于一个可靠的地址。

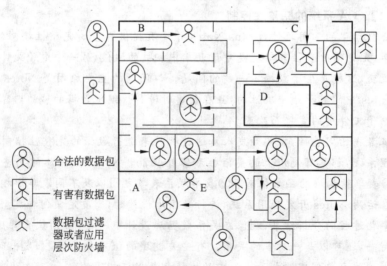

图 6-2　防火墙示意图

---

① 此处的"内联网"是指单位内部工作人员使用的计算机网络。

6.2 复杂的软件

6.2.1 软件复杂性的概念

1. 定义

所谓"软件",是指由书面的或可记录的信息、概念、文件或程序所组成的产品。计算机软件的定义是：与计算机系统操作有关的程序、规程、规则以及与之有关的文件和数据。通常,将交付用户使用的软件"实体"(全套程序、规程及有关的文件和数据)称做"软件产品"。计算机所做的工作是由软件规定的,软件必须像硬件一样进行严格的质量管理。

软件复杂性是指理解和处理软件的难易程度,包括程序复杂性和文档复杂性。软件复杂性主要体现在程序的复杂性中,因此,又称其为程序的复杂性,即模块内程序的复杂性。程序的复杂性直接关系到软件开发费用的多少、开发周期长短和软件内部潜伏错误的多少,同时它也是软件可理解性的另一种度量。

目前软件所采用的体系结构相对要解决的问题来说,不管要解决的问题本身是简单还是复杂,软件给出的解决方案通常都不会简单,尤其是一些企业级解决方案。这些大型软件系统表面看起来似乎简单明了(界面、鼠标、操纵杆等),而实际上却是存在大量缺陷的"怪物",其内部谁都无法说清。

软件的复杂性可以从各种各样的事例中找到身影。第一个例子就是微软公司的Windows。第二个例子是目前软件所采用的体系结构。这些复杂系统初始的目标看上去都很完美,如果真正实施起来通常都会比较复杂,难以学习,难以使用。这也许不能单从系统复杂性的趋势来做出解释,可能更多的是一种垄断或经济行为。一套航天飞机所用的软件包含了 2560 万行命令,需要 22 096 人工作一年来开发,成本达 12 亿美元;花旗银行的自动柜员系统软件有 78 万行。伦敦希斯罗机场使用的计算机管制系统是名为"国家领空"的系统,大约由 100 万个程序行组成,编写它大约花费了 1600 人一年的工作量,进一步的完善也用去了 500 人一年的工作量。除此之外,该系统还有更复杂的系统转换工作,因为它要从符合美国空中交通管制的要求转到符合英国的要求。

软件除了上述技术方面的复杂性之外,还体现在软件文档的复杂化、大型化所带来的生产、开发过程等复杂化。像微软公司从事的生产过程完全变成了"薪金和股份的选择权以及面向团队的过程",编写程序的技术人员不再是使其作品体现其个人创造性的"手艺人",而是作为大型团队的成员被分配编写整个程序的一小部分(模块),公司则忙于开发新的产品概念、合同转包、开发合作标准制定等,完全是一幅"风险投资资本模式"的画卷,一种类似图书出版的经济逻辑。

2. 程序复杂性的度量

(1) 软件度量。

软件度量有 4 个参数：规模、难度、结构和智能度。

① 规模,即总共的指令数,或源程序行数。

② 难度,通常由程序中出现的操作数的数目所决定的量来表示。

③ 结构,通常用与程序结构有关的度量来表示。

④ 智能度,即算法的难易程度。

(2) 程序复杂性度量原则。

程序复杂性度量是软件度量的重要组成部分,是指理解和处理程序的难易程度。开发规模相同、复杂性不同的程序,花费的时间和成本会有很大的差异。麦吉尔(K. Magel)从 6 个方面描述了程序的复杂性:

① 程序理解的难度。

② 纠错、维护程序的难度。

③ 向他人解释程序的难度。

④ 按指定方法修改程序的难度。

⑤ 根据设计文件编写程序的工作量。

⑥ 执行程序时需要资源的程度。

普遍认为,软件复杂性的度量应满足以下假设:

① 它可以用来计算任何一个程序的复杂性。

② 对于不合理的程序,例如对于长度动态增长的程序,或者对于原则上无法排错的程序,不应当使用它进行复杂性计算。

③ 如果程序中指令条数、附加存储量、计算时间增多,不会减少程序的复杂性。

6.2.2 软件复杂性的产生与后果

《美国计算机协会(ACM)伦理与职业行为规范》反复强调该守则隐含了一条义务,即驳斥一切有关计算机技术的错误观点。其中第 3.6 条要求每一位美国计算机协会及领导者必须让专业人员了解到,围绕着过于简单的模型,围绕着任何现实操作条件下都不大可能实现的构想和设计,以及与这个行业的复杂性有关的问题,系统所要面对的危险。

1. 软件复杂性的产生原因

(1) 追求完美,想发明"银弹"。

正如 1968 年《2001 太空漫游》电影的经典对白"HAL 9000 系列是有史以来制造的最可靠的计算机。HAL 9000 计算机从未犯过错误,或者曲解过一个信息。也就是说,我们绝对无缺陷,不会犯任何错误"所描述的那样,所有的程序开发人员或组织机构都希望系统能对要解决的问题给出一个完美而通用的方案,因此就将所有可能的情况都加入到系统实现中,结果使得系统变得复杂、庞大。如 MULTICS、CORBA、OSI 等,从实践看,这样的系统通常不会有很强的生命力或得到广泛应用。

(2) 系统使用过程中逐步变得复杂。

系统初始设计时吸取前人经验,往往会比较简单,但随着使用者的增多,新的需求也不断提出,另外还要在竞争中保持优先,新特性会不断加入系统,使系统变得复杂。Java 就是个例子,刚诞生时它对 C++ 做了很多简化,很快风靡软件界。但过了十多年后再来看 Java,当初简化掉的特性又重新加入了系统。Java 的这种复杂性使得一些相对简单的动态语言红极一时。

(3) 软件工程存在着"陷阱"。

计算机科学家布鲁克斯(Frederick Phillips Brooks,Jr.)提出,"在所有恐怖民间传说的妖怪中,最可怕的是人狼,因为它们可以完全出乎意料地从熟悉的面孔变成可怕的怪物",而

"大家熟悉的软件项目具有一些人狼的特性（至少在不太精通 IT 的业务经理看来），常常看似简单明了的东西，却有可能变成一个落后进度、超出预算、存在大量缺陷的怪物"。

2. 复杂性与实用性

软件是用来解决问题的，如果问题域本身已经很复杂，再使用一个更加复杂的工具去解决它，其成功的概率为 0。布鲁克斯在《没有银弹》(1986) 一文中曾预言："没有一种单纯的技术或管理上的进步，能够独立地承诺在 10 年内大幅度地提高软件的生产率、可靠性和简洁性。"[①] 从软件的发展历程看，复杂系统通常都会失败，不过失败后通常还会衍生出一个相对简单而实用的系统。这些复杂系统在设计之初被当成万能药使用，尽管效果要在实际应用以后，是否显露出来谁也不能确定。同时，一些实现相同目标的相对简单的系统也会出现。这些简单系统肯定会有一些缺陷，但其实用性很强，通常比其复杂的"前辈"更容易得到推广。下面的事例充分说明了这点：

（1）为简化 MULTICS 而诞生的 UNIX 已被广泛使用了三十多年，再继续用上三十年应该也没问题。UNIX 的核心思想就是保持简洁性（参见 Eric S. Raymond, The Art of Unix Programming）。

（2）针对 J2EE 复杂性而出现的轻量级解决方案如 Spring、Hibernate、Ruby On Rails 等。

（3）现在使用的 SMTP 和 POP3 有很多设计上的缺陷，导致存在安全隐患且垃圾邮件横行，但相比复杂的 X.400 协议，SMTP 和 POP3 实现要简单很多，而且大部分情况下是可以满足用户发送邮件的需求的。所以现在很少见到 X.400。

令人担忧的是，用户往往不了解软件复杂性的真正面目，在他们眼中，软件永远都是一道看不懂的"八卦图"，这倒是给开发商提供了非常正当的免责"借口"。

3. 软件复杂性带来的危害

（1）增加开发难度，降低开发效率。

开发一个复杂的系统需要耗费不少精力去应对复杂性本身所带来的附加工作量，不能有效关注解决问题本身，造成开发效率降低。

（2）增加维护难度。

维护一个复杂系统是一个很艰巨的任务，用户需要时刻防备系统不稳定性造成的故障。当要扩展系统时，其复杂性将成为一个需要花大力克服的障碍。

（3）增加学习使用难度。

复杂性会使学习曲线变得陡峭，如果封装得不好，会给操作带来很多不便，通常需要花费很多时间才能掌握其操作方法。

6.2.3 大型软件开发的过程

1. 大型软件的开发概述

大型软件开发通常指那些开发过程资源消耗较大、开发时间跨度长、技术复杂的软件开发过程。在现代大型软件系统的开发中，工程化的开发控制成为软件系统成功的保证。优

---

① 根据布鲁克斯的观点，软件工程中的"银弹"指的就是一种能够遏制软件向"怪物"变异、同时还可大幅提升开发效率和产品质量的武器。而"银弹"是唯一能消灭人狼的银质子弹。

秀的程序员将出色的编程能力和开发技巧同严格的软件工程思想有机结合,而编程只是软件生命周期中的其中一环。软件开发分成若干阶段,每一阶段需要不同的基本技能,如市场分析,可行性分析,需求分析,结构设计,详细设计,软件测试等。决定是否"冻结"某个软件项目的研制,或者决定一种编码是不是"黄金"编码,何时准备对外界发布,要考虑诸多因素,即市场压力、内部计划时间表等,并不局限于技术因素的考虑。

有一种观点认为,大型软件首先应看做是一个"管理产品",其次才被当成"技术产品",大型软件开发过程应该增加"管理含量",从可行性研究与计划、系统管理思想分析、系统管理思想设计、需求分析、概要设计、详细设计、系统实现、组装测试、确认测试到使用维护。大型软件开发的过程以及方法是软件工程的重要内容,其中标准化是未来发展的趋势。

首先,在国际性的通用标准方面,ISO/IEC 20000 着重于给 IT 系统的用户提供良好的服务,适用于需要衡量其现有 IT 服务管理的各种规模的企业,例如公司 IT 部门或者 IT 服务外包提供商,能够给所有使用 IT 技术的内部信息技术部门和外部业务提供商提供一个基准虽然不是行业最优方法,而且 ISO/IEC 20000 并不是一个针对产品或者服务的标准。对 IT 行业,还有一种 ISO 9001 体系的延伸即 TickIT 认证。它对所有的 IT 领域特别是软件开发商给予建议,适用于使用 ISO/IEC 20000 过程子体系而又不适用于 ISO/IEC 20000 认证的公司(或者是服务管理以外的 IT 活动),其说明性不如 ISO/IEC 20000 认证。ISO 17799 信息安全管理标准,涉及信息的方方面面,特别是 IT 系统的信息保护方面的细节。它在管理体系基本结构方面的要求与 BS 15000 相似,即加大信息设备、隐患检查、易受攻击部分的投资力度。类似的,还有许多管理方法和标准,如 ITIL,BS 7799,COBIT,BS 15000 等。

其次,中国的软件工程标准化工作仍处于起步阶段,组织机构方面的情况是:1983 年 5 月中国国家标准总局和原电子工业部主持成立了"计算机与信息处理标准化技术委员会",下设 13 个分技术委员会,其中与软件相关的是程序设计语言分技术委员会和软件工程技术委员会。在标准方面,现已得到国家标准总局批准的关于软件工程的国家标准主要有"计算机软件开发规范《GB 8566—88》"等 6 个标准,同时原国防科工委组织制定过一套"军标",各部委也制定和实施了适用于本行业领域的标准或规范。

软件可靠性在计算机应用系统的可靠性研究领域中是一个新课题,也是一个日益重要的课题。在计算机问世的初期,由于硬件可靠性不高,根本无暇顾及软件的可靠性,因此软件可靠性的问题未能引起人们的关注和重视。后来,随着微电子学和计算机科学技术的迅猛发展,特别是随着微处理器的出现,硬件的可靠性有了惊人的提高,这就使计算机系统可靠性的主要矛盾从硬件逐步转向了软件,使得软件的质量和可靠性问题日益突出起来。

2. 软件可靠性设计

软件可靠性是描述和评价软件质量属性的一个特征量。其定义与硬件可靠性相似,可描述为:在规定的条件下和规定的时间内,软件成功地完成规定功能的能力或不引起系统故障的能力。软件可靠性是一个综合指标,首先,它是一个许多软件开发因素的函数,依赖于软件在开发过程中所使用的软件开发学。显然,应用严谨、科学的软件开发方法学开发出来的软件将更可靠。其次,它与验证方法有关,若能使用一个软件系统的测试策略集来验证开发出来的软件系统,则该软件系统更可靠。另外,软件可靠性还与使用的程序设计语言、软件运行的环境条件、操作人员的素质等因素有关。

软件可靠性设计技术是针对大型的、复杂的软件。基于可靠性技术的各种软件设计开发技术有避错技术(通过程序验证测试提高模块可靠性,或者故障屏蔽技术)、容错技术(即使用给定器件构成高可靠性的计算机系统,还有就是动态冗余技术、软件容错技术等。实际上,各种信息保护技术也都属于容错技术的一类)、可测性设计技术等。

针对硬件而言的容错技术统称为硬件容错技术。为了构建高可靠性的容错计算机应用系统,除了硬件容错外,还可以采用软件容错和可测性设计。

3. 软件容错和避错

随着计算机应用技术的不断发展,软件系统的规模和复杂程度持续增长,软件故障已成为各类计算机系统的主要不可靠因素。因此采用一些行之有效的软件容错技术来提高软件可靠性就显得越来越重要。

第一个应用基于软件多样化原则的软件容错技术的领域是在铁路系统。在瑞典、丹麦、芬兰、瑞士、土耳其、保加利亚、意大利、新加坡以及美国,许多软件公司就是应用软件容错技术开发、验证、运行了一个又一个铁路信息系统。近年来,在航空飞行器、空间飞行器等领域也已经研究并应用了这一技术。关于容错软件的定义有很多,其中之一是:"规定功能的软件,如果在一定程度上对自身故障的作用具有屏蔽能力,就称此软件为具有容错功能的软件,即容错软件(Fault-tolerant Software,FTS)。"

容错的核心思想是针对版本中的故障向系统提供保护,组成容错软件的每一个版本的程序设计也要求尽量采用避错技术,防止单版本频繁出错。软件避错排错的关键是力求减少软件中的漏洞,确保软件在交付使用后不出错或少出错,主要技术途径就是程序测试(本教材 6.2.4 小节)。

4. 可测性设计

所谓的可测性设计是系统设计人员在设计计算机系统的同时就充分考虑到测试的要求,即用故障诊断的理论、方法和技术去指导系统设计,实现功能设计与测试设计的统一。这是因为衡量一个系统的标准,不仅看其功能的强弱、性能的优劣、所用元件的多少,而且要看其是否可测试和测试是否方便。

(1) 可测性设计技术的缘起——软件可靠与验证测试可靠之间存在矛盾。

理论上,软件可靠性应该由设计开发本身确定,与任何验证或者测试的方法、结果无关。在实际工作中,却都是使用一个软件系统的测试策略集来验证开发出来的软件系统是否可靠。如果测试本身存在问题,就不能保证测试的可靠。所以,第一个困境就出现了,软件可靠或不可靠需要借助于不可靠的测试来加以保障。

软件可靠性工程及可靠性方法学还很不成熟,处于刚刚发展确立阶段,无论是基本理论、指标体系,还是数学模型、测试评估、设计技术、质量管理等方面,都存在很多问题,需要人们去不断探索和研究。所幸的是,在大型软件设计开发方面目前已经掌握了一些软件可靠性方面的技术,如避错技术、容错技术、检测技术、实施软件风险评估和管理技术等。这些技术为设计出可靠性较高的大型软件提供了更好更多的选择。

(2) 可测性设计技术的本质——功能设计与测试设计的统一。

从广义上说,可测性设计属于一种硬件冗余设计,因为它们都是通过增加硬件资源来实现的。过去,传统的做法是将系统设计和系统测试分离,即由设计人员根据功能、性能要求设计电路和系统,而由测试人员根据已经设计或研制完毕的电路和系统来制定测试方案、研究测试方法、开发测试设备。这种做法在早期以分立元件和小规模集成电路为组件的系统研制中还可以,随着元件集成度越来越高,PCB(Printed Circuit Board,印制电路板)的规模和基本功能单元的规模越来越大,功能越来越复杂,这种做法的弊端日益明显。不仅测试效率显著降低、测试开销急剧增加,而且测试难度太大。据美国一些公司统计,按这种做法,PCB 的测试开销已占其整个生产过程总开销的 50% 以上。如果用传统的办法测试一块有 100 个输入端的普通 VLSI 芯片,所花的时间可能要上亿年。

可测性设计技术主要应用于设备等硬件的设计开发,但其核心思想是提高系统的可控制性和可观测性,这对于大型、复杂软件的设计开发有很大的启发。此处的可控制性指的是通过对系统输入端产生并施加一定的测试矢量,使系统中各节点的值易于控制(故障易于敏化)的程度。

5. 大型软件的开发方法

在大型软件开发的实际案例中,有不少是采用如结构化程序设计技术、面向对象技术、净室软件技术、螺旋式增量技术等开发方法的。

面向对象技术再辅以相应的自动化工具也能够适用于多人组共同开发大型复杂软件。软件净室开发起源于 1980 年的硬件技术,要求在整个软件开发过程中创造一种"干净"的环境,每个阶段进行严格的错误预防和问题审查,将任何可能发生的错误逐步排除。

软件净室开发的技术基础是生命周期理论和瀑布模型,并体现了可靠性的思想。计算机编程环境的改善只是解决软件设计问题的一个辅助方法。其实就是用操作系统或软件工具集成来帮助程序员,为其提供灵活、有力的方法来处理复杂软件的开发问题。如 UNIX 操作环境提供有强大的管理工具,来管理不同的程序版本,通过修正更新所有受影响的文件,查出隐藏的缺陷等。

结构化程序设计最早起源于对条状编码(程序员利用最早的高级语言如 Fortran 和 COBOL 编制的)的批评。后来,他们设计的语言把结构、模数和隐藏的信息压缩,这样在大型设计项目中,单个程序员就不必关注那些该由项目经理或整个软件工程监督人员所关注的细节了。在设计更好的软件方面,更进一步的发展是 OOP 技术(面向对象的程序设计)。OOP 技术的基本优势是在创造程序和程序元素时更强的抽象能力。也就是说,通过定义一个程序不同部分的某些属性,就有可能建立新的对象,而这些对象都有明确定义和良好运行的属性。

6. 大型软件开发的成功案例——子弹列车控制系统

日本的新干线子弹列车(Bullet Train,或称 Super Express,又称 Shinkansen)开始营运后,多年来从未发生过人员死亡的事故,因此号称为全球最安全的高速铁路之一。其中很大程度上是在于软件开发过程中借鉴了先进科学的开发技术。软件开发商日立公司反复测试软件模数,并把程序员按流水线的形式组织起来严格监督。

(1) 基本情况。

由于子弹列车在高速行进时难以确认路线上的信号,因此采用自动列车控制系统(ATC),在车上的驾驶室内显示与确认各项信号。另外,在新干线行车控制中心的列车集中控制装置(CTC)可以监控所有列车的运行状况。新干线于 1964 年 10 月 1 日,东京奥运前夕开始通车营运,第一条路线是连接东京与大阪之间的东海道新干线。这条路线也是全世界第一条载客营运高速铁路系统。最先登场的 0 系列车是新干线诸多车型的开朝元老,在服务超过三十多年后,0 系列车于 1999 年全数退出东海道新干线的载客服务,之后以回声号(こだま,Kodama,汉字为"木灵")的身份行驶于山阳新干线上,进行各站停车服务。

（2）系统开发与测试。

系统开发采用了信息控制等技术,实现装置无继电器化;在结构上采取合适的冗余结构,采用 LAN 结构以满足可扩展性。系统自子弹列车在东海道新干线营运以来,在保持系统基本方法不变的前提下,如采用的分段制动特性曲线、地面和车上的控制信息等,还对该系统不断进行改进、更新,成为一种极可靠的系统。历次系统设计与开发的构思主要有:

- 车上的主体控制。
- 逐步递增对应信号的信息量。
- 提高信息的可靠性。
- 装置小型化。
- 灵活适应车辆性能变化。
- 强化设备的监控功能。
- 补充自动试验功能。
- 新旧系统的共存。

这种综合列车控制系统主要有以下特点:

① 系统利用各种信息,并引入带预测的列车控制算法。

② 系统基于数字 ATP（列车自动防护）,利用轨道电路和数字编码来检测列车。

③ 借助于车载智能系统和道旁设备向车载系统传输的优势,系统能够提供详细的旅客信息。

系统通过一条线路的仿真验证到站控制的效果:首先,当前方列车离站之后,ATP 制动曲线就向前移,列车加速到最大速度,并在站台的固定点停车;其次,它通过观察站台、开/关车门信息和前方列车的 ATO（列车自动运行）曲线,预测前方列车离站时间,列车按预测时间加速,然后,ATP 制动曲线正好移到列车到达 ATP 制动曲线之前。

对于新系统,目标是始终维持技术达到实用化要求。所有新系统都进行充分的定置试验和行进试验。通过用试验车做行进试验,再根据营业用车辆编组的列车的行进试验结果,最终确定新系统的最终形式。图 6-3 就是系统开发总体流程的简易示意图。

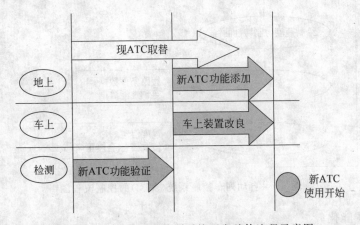

图 6-3　日本子弹列车控制系统开发总体流程示意图

（3）系统组成及其功能。

与传统系统比较，综合列车控制系统（ATC）具有以下性能：首先，列车位置被联机检测，并传输到地面控制系统；其次，车载控制系统决定允许速度和道旁与列车位置和速度对应设备的控制时序。

系统由以下几个部分组成：车载设备、道旁设备、信号箱、车站、变电所和控制中心。如图 6-4 所示。信号箱按照当前列车位置和当前列车的 ATO（列车自动运行）曲线图控制列车，它将列车 ATO 曲线图送往车站，车站按运行状况指示旅客。控制中心发出恢复运行图数字 ATP 和系统部件之间的通信实现。ATC 的控制流程如图 6-5 所示。

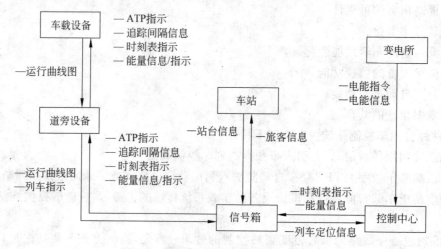

图 6-4　日本综合列车控制系统示意图

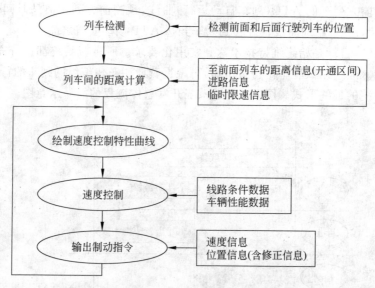

图 6-5　自动列车控制系统（ATC）的控制流程图

（4）列车智能化。

① 列车自动防护（ATP）。

由于系统通过轨道电路检测列车位置并传输列车控制数据，每一套车载设备能按照制动性能和线路条件产生最佳的制动曲线图,所以它也能够高效、安全地处理列车运行。数字编码信息通过道旁设备传输到车载设备上,能处理、传递更多信息给车载设备。车载设备保存了列车数据信息(列车长度、制动性能)和与轨道电路、弯道、坡道和道口等有关的轨道数据。道旁设备通过轨道电路向列车传输列车控制数据(轨道电路识别号、列车前方空闲的轨道电路号、某一个站的到/发轨道、道岔状态)。车载处理器采用轨道数据(轨道电路位置和长度)以及接收到的数据(轨道电路识别号和空闲轨道电路)来检测前方列车的距离,并根据曲线、坡度、制动性能和列车长度计算出最佳的制动曲线并控制行车速度。

② 列车自动运行(ATO)。

列车向某一个站行进的最佳曲线和侧重节能的运行曲线可以动态产生。通过 ATP 来实现精确的和规范的驾驶。数字 ATP 车载设备通过制动曲线能够检测自己的列车位置并控制制动。因此,系统通过对某个到车站添加列车运行曲线和分钟制动函数来实现 ATO。然而,为了修正列车位置,需要安装附加的信号灯。

因为列车运行速度快、密度高,当列车处在最大加速模式的情况下,人工操作方式是不可能恢复列车运行图的。而综合列车控制系统即使对于带预测的控制,很快就能恢复列车运行图。信号箱和道旁设备按修正的列车运行图向车载设备指示到/发时间,车载设备动态产生 ATO 曲线、指示时间和方向,可使列车运行图得到修正。

(5) 节能。

系统具有两项节能措施。第一,当列车密度不是很高时,信号箱将向列车建议有效地利用再生电能,节省总的能耗。信号箱发出建议的实例如“如果一会儿可减速的话,请减速”。第二,信号箱按照变电所的命令建议/指示列车减少峰值能耗。变电所的命令通过控制中心传递。减少峰值能耗的方法有:建议将再生制动电能分配给加速的列车;当不能通过第一种办法减少能耗时,限制列车的加速度。

(6) 系统提供旅客信息。

系统利用 ATO 曲线和动态运行图,能够按每一列车的到达时间通知站台上和车上的旅客,也能够计算每一列车和每一节车的拥挤程度。

6.2.4 软件测试及其局限性

《美国计算机协会(ACM)伦理与职业行为规范》提出,作为美国计算机协会的一名计算机专业人员有义务“促进公众对计算机技术及其影响的了解”,其第 2.7 条还规定,计算机专业人员有责任与公众分享专业知识,促进公众对计算机技术,包括计算机系统及其局限的影响的了解。

大型复杂的软件设计开发过程和方法已被研究了数十年,但仍然没有更完善的方法保证计算机系统不出任何故障。所以,人们又期望通过软件测试来进一步提高软件的可靠性。在以往的教学和教材中,软件测试的价值、必要性等被多次反复强调,而软件测试的局限性却较少提及。尤其是“死循环”现象,即用“有问题”的测试验证软件系统是否“有问题”。软件的风险与测试的局限性无法脱离干系,故本节将对此加以讨论。

1. 软件测试的概念

学术界对于软件测试的概念有不同的认识和定义。一种观点认为“软件测试是为了证明程序是正确的”,还有人认为“软件测试是证明软件正确地执行了预期的功能”。比尔·海泽尔博士(Bill Hetzel)在 1983 年将软件测试定义为:"评价一个程序和系统的特性或能力,并确定它是否达到预期的结果。软件测试就是以此为目的的任何行为。"海泽尔博士的思想核心观点是以正向思维,针对软件系统的所有功能点,逐个验证其正确性。软件测试业界把这种方法看做是的软件测试的第一类方法。

格莱恩福特·梅尔斯(Glenford J. Myers)提出了服务于软件测试目标的 3 个规律[①]:

(1) 测试是一个为了发现错误而执行程序的过程。

(2) 好的测试用例是那些很可能找到了迄今为止尚未发现的错误的测试用例。

(3) 成功的测试指的是揭示了迄今为止尚未发现的错误的测试。

梅尔斯的思想是一种"证伪主义",这就如同一个病人(假定此人确实有病),到医院做一项医疗检查,结果各项指标都正常,那说明该项医疗检查对于诊断该病人的病情是没有价值的,是失败的。这是软件测试的第二类方法。

罗恩·帕顿(Ron Patton)也曾提出了一个明确而简洁的定义:"软件测试人员的目标是找到软件缺陷,尽可能早一些,并确保其得以修复。"这样的定义具有一定的片面性,带来的结果是:

(1) 若测试人员以发现缺陷为唯一目标,而很少去关注系统对需求的实现,测试活动往往会存在一定的随意性和盲目性。

(2) 若有些软件企业接受了这样的方法,以 Bug 数量来作为考核测试人员业绩的唯一指标,也不太科学。

1983 年,IEEE 提出的软件工程术语中给软件测试下的定义是:"使用人工或自动的手段来运行或测定某个软件系统的过程,其目的在于检验它是否满足规定的需求或弄清预期结果与实际结果之间的差别"。

2. 软件测试局限之 1

从"软件测试"的不同定义又发展出各自不同的软件测试方法。第一类软件测试的过程是:在设计规定的环境下运行软件的功能,将其结果与用户需求或设计结果相比较,如果相符则测试通过,如果不相符则视为 Bug。这一过程的终极目标是将软件的所有功能在所有设计规定的环境全部运行,并通过。在软件行业中一般把第一类方法奉为主流和行业标准。第一类测试方法以需求和设计为本,因此有利于界定测试工作的范畴,更便于部署测试的侧重点,加强针对性。这一点对于大型软件的测试,尤其是在有限的时间和人力资源情况下显得格外重要。

而第二类软件测试方法与需求和设计没有必然的关联,更强调测试人员发挥主观能动性,用逆向思维方式,不断思考开发人员理解的误区、不良的习惯、程序代码的边界、无效数据的输入以及系统的各种弱点,试图破坏系统、摧毁系统,目标就是发现系统中各种各样的问题。这种方法往往能够发现系统中存在的更多缺陷。

所以,软件测试是为了发现软件中的错误,然后加以纠正。根据这一定义,软件测试只能发现程序中的错误和缺陷,不能证明错误和缺陷不存在,或者不能证明软件中还有没有其他错误和缺陷。这可以看做软件测试的局限之 1。

---

① Glenford J. Myers. The Art of Software Testing. John Wiley & Sons,1979

3. 软件测试局限之 2

与软件测试相关的技术是可靠性技术中的程序验证,其基本思想是,通过检查程序与其要求/规格说明是否相符来发现故障、排除故障,从而提高软件的可靠性。从要求/规格说明阶段到软件的编码实现阶段,已基本产生了软件系统。假设程序开发过程采用了一系列的可靠性设计技术,可减少软件故障的发生。然而,还是要对设计、实现的软件进行测试验证,以此作为提高软件可靠性的基本保证之一。

程序验证技术大体上分为 3 个方向:程序正确性证明、程序测试和程序分析。程序分析技术是程序验证技术的一个重要分支。通过对程序进行分析,可以及早地确定软件中的潜在故障状态、故障模式及其可能带来的危害,为避错排错甚至容错设计提供准确依据。目前应用较多的程序分析技术有:故障模式、影响及危害性分析(FMECA),故障树分析(FTA),潜在状态分析(SA),结构分析和动态分析,等等。这些程序分析技术实际上都是从硬件领域移植过来的,它们在硬件领域已得到了广泛应用并被证明是保证硬件可靠性的有效工具。从硬件领域借用到软件领域后,由于软件故障机理的特殊性以及实时计算机软件的复杂性,应用它们来进行程序分析的有效性远不如对硬件系统的分析,因而尚未被人们所公认。这是软件测试的局限之 2。

4. 软件测试局限之 3

目前,软件测试由各相关部门来进行,各有各自的标准和流程。软件出现了很多认证机构及其相关标准,如美国卡内基-梅隆大学软件工程研究所(SEI)研制并推出了软件能力成熟度模型 SW-CMM,CMM, 及 Burgess/Drabick I. T. I. 公司提出的测试能力成熟度模型(Testing Capability Maturity Model,TMM),而这些认证机构本身的可信程度也没有公认的尺度来衡量与鉴别。CMM 没有充分地定义软件测试,也没有提及测试成熟度的概念,或者对测试过程改进进行充分说明。在 KPA 中没有定义测试问题,与质量相关的测试问题如可测性、充分测试标准、测试计划等方面也没有满意的阐述。仅在第 3 级的软件产品工程(SPE)KPA 中提及软件测试职能,但对于如何有效提高机构的测试能力和水平没有提供相应指导,无疑是一种不足。这可以看做为软件测试的局限之 3。

【案例 6-2】 软件测试的工作量

莲花公司的 1-2-3 电子数据表格程序的最新版本花了 263 人一年的工作量来开发,又在大量兼容的个人计算机上投入了 1500 万美元测试了该软件。

某个复杂工业系统(比如说核电站)在软件控制范围内(以下称为程序)正常运行,其压力泵、开关等仪表的数量十分巨大,假设用 100 个二进制信号来监控该系统以决定其运行。然而,即便是这个监控数不算很多的 100 个不同信号来源,将会产生 2100 或 1.27×1020 个可能的信号输入组合。程序的运行路径取决于它随时接收的信号组合(信号数值会在几毫秒内读取或修正)。也就是说,假如某个信号组合被记录,程序的某个部分就会被执行,其他别的部分会对应其他输入模式来执行。这样级别的子程序数量,起码会有 10 000(10^4)个或更多可能的路径。这样,系统可能会有 1.27×1024 个可能的运行状态,其中任何一种状态都可能导致程序故障或发回错误的信息。

5. 软件测试局限之 4

在测试过程中,无法判定当前查出的错误是否是最后一个错误,也就不可能对何时可以停止软件测试做出决定。然而,软件测试最后总是要停止的。这就是测试完成标准的问题。穆萨(Musa)和艾柯尔曼(Ackerman)提出了一个基于统计学的完成标准:我们不能绝对地认定软件永远也不会再出错,但是相对于一个理论上合理的和在试验中有效的统计模型来说,如果一个在按照概率的方法定义的环境中,1000 个 CPU 小时内不出错运行的概率大于0.995 的话,那么我们就有 95% 的信心说,我们已经进行了足够的测试。

一种简单而实用的测试完成标准是观察测试过程中单位时间内发现错误数目的曲线。经验表明,当单位时间内发现错误的数目仍在不断上升时,不应停止测试;当单位时间内发现错误的数目的曲线呈凸形、不断下降的情况时,可以停止测试。

对于程序,如果用户通过逐一检验来查明错误并进行纠正,所需花费的时间是相当长的。而且,某些程序的执行状态包含有错误恢复的子程序(设计者用来查明错误并纠正它们),这些子程序启动后通常是要去修改程序以便模拟一个错误的状态。显然,这样的修改本身会制造出新的缺陷。事实上,据亚当斯估计,在试图改正程序差错的工作中,有 15%~20% 的几率会导致一个或更多新的差错[①]。

一般来讲,对于长达 10 万~200 万行的程序来说,原始错误的修改极有可能导致新的严重错误,所以只能改正小部分的原始错误。有时候,技术设计者即使认识到程序存在错误还要鼓励继续使用。此时此刻,技术设计者的道德选择摆在面前,他是否提醒了使用者在哪些特定情况下该错误会发生? 如果提醒了,用户感到软件存在缺陷不再使用、购买他的软件了,或者用户提出新的修改要求增加设计者的工作强度,怎么办? 这又是软件测试的一个局限。

6. 软件测试局限之 5

软件测试需要进行评价,科学、严格的评价尺度与方法能够帮助人们了解软件测试结果的质量,克服软件测试的局限性,即任何测试都具有不确定性。这可以看做为软件测试的另一局限。

在计量工作是使用测量不确定度来评价、描述测量结果的质量。测量不确定度是测量结果带有的参数,用以表征合理赋予被测量的值的分散性。表征分散性的参数可以是标准差或标准差的给定倍数,或者置信水准的区间半宽度。

ISO/IEC 导则 25 指明实验室的每个证书或报告,必须包含有关评定校准或测试结果不确定度的说明。测量不确定度的概念与测不准原理有密切联系。1927 年,德国物理学家海森堡(Heisenberg Werner)首先提出测不准原理(Uncertainty Principle),在物理学中,测不准被认为是不确定性,许多学者相继使用不确定度一词,各国计量部门也逐渐使用不确定度来评定测量结果。1980 年,国际计量局在征求各国意见的基础上,提出了不确定度建议书 INC-1(1980),对其做了完整的描述。1993 年,国际标准化组织等 7 个国际组织共同发表了《测量不确定度表达指南》(简称《ISO 指南》),对不确定度的评定与表示有了统一的国际标准。

---

① E. N. 亚当斯. 最有效地防止软件问题. IBM 研究与开发,1984,28(1):8

6.3 IT 风险分析和控制方法

6.3.1 IT 风险和可信计算的概念

1. 信息系统的安全隐患

风险具有以下特点：首先，风险无处不在，即没有任何不确定因素的环境是不存在的。其次，风险无所谓好坏。风险是造成将来损失的可能因素，虽然损失本身可视为"不利"因素，但它恰恰可以帮助风险承受者和制造者提高防范认识，不能只考虑到"有没有"机会带来未来的收益。表 6-1 列出了常见的信息系统的安全隐患，其中社会工程攻击是近年来专家学者较为关注的问题。

表 6-1 信息系统的安全隐患一览表

序号	安 全 隐 患	序号	安 全 隐 患
(1)	用户标识截取	(9)	伪装
(2)	重放攻击	(10)	数据截取
(3)	非法使用	(11)	否认
(4)	病毒	(12)	拒绝服务
(5)	恶意移动代码	(13)	滥用权限
(6)	误用	(14)	特权提升
(7)	后门	(15)	应用系统开发中的错误和不完善
(8)	特洛伊木马	(16)	社会工程攻击

社会工程攻击是利用人的心理活动进行攻击的，它不需要复杂的技术手段，也不依靠调查和扫描来寻找系统的漏洞，只通过向某个人询问口令就能够获得相关业务系统或数据库的访问权。在大多数情况下，社会工程攻击的主要目标是咨询接待人员、行政或技术支持人员。对这些对象发起社会工程攻击不需要面对面，只需通过打电话、电子邮件或聊天室等，例如，入侵者把单位的新职员叫过来，告诉他你是 IT 部门来的并要求他们提供系统口令以便与你的记录核对，于是新职员在毫无防范的情况下泄了密。客观因素导致的概率性事故，主要有以下几种情况：

(1) 关键组件失效。

关键组件包括系统内部组件(主机节点、存储、软件构件等)和系统依赖的外部组件(路由器、网络线路等)。关键组件失效可能是由于软件设计错误、硬件失效、人为误操作等原因引起的。关键组件失效将造成服务中断、数据丢失等危害。

(2) 自然灾害。

自然灾害(如火灾、台风、水灾、地震、海啸等)造成系统故障、数据被破坏，从而导致服务不可用。

2. IT 风险的主要类型

基于上述计算机系统的安全隐患，IT 风险可归纳为如下 5 种类型：

（1）完整性风险（Integrity risk）。

即数据未经授权使用或不完整或不准确而造成的风险。这种风险通常与用户界面的设计、数据处理程序、灾害恢复程序、数据控制机制及信息安全机制等有关。

（2）存取风险（Access Risk）。

即由于系统、数据或信息存取不当而导致的风险。在因特网和电子商务日益普及的今天，存取风险是企业面临的主要威胁之一。存取风险主要与业务程序的确立、应用系统的安全、数据管理控制、数据处理环境、网络安全、计算机和通信设备状况等有关。

（3）获得性风险（Availability risk）。

即影响数据或信息的可获得性的风险。主要与数据处理过程的动态监控、数据恢复技术、备份和应急计划等有关。

（4）体系结构风险（Infrastructure risk）。

即信息技术体系结构规划不合理或未能与业务结构实现调配所带来的风险。主要与IT组织的健全、信息安全文化的培育、IT资源配置、信息安全系统的设计和运行、计算机和网络操作环境、数据管理的内在统一性等有关。

（5）其他相关风险（Other risks）。

即其他影响企业业务活动的技术性风险。主要与IT对业务目标的支持、业务流程周期、存货预警系统、业务中断、产品信息反馈系统、业务的流动性管理等有关。

3. 可信计算

可信计算设备一旦安装在计算机上，该计算机的身份可以得到唯一证明。当用户购买计算机后注册了个人信息，或者用户在厂商为其会员提供的网站上输入了身份信息后，使用证明功能的人、组织（如计算机、可信计算设备提供商）就极有可能确定用户的身份。这能够降低在线购物和信用卡交易等存取风险，但也能导致计算机用户失去访问因特网时所希望拥有的匿名性。甚至还有人质疑"可信计算"就是制造出一个强迫人们去信任它的"计算环境"，无论用户是否愿意。

（1）可信计算的定义。

可信计算、可信用计算（Trusted Computing，TC）是一项由可信计算组织（Trusted Computing Group，TCPA）推动和开发的技术，它源自于"可信系统（Trusted systems）"。美国国防部将可信系统定义为：可以违反安全策略的系统，也就是说"一个因为你没有选择而必须信任的系统"。

可信计算平台是通过硬件与软件技术的结合，防范不同类型"不速之客"，保证远程计算是可信任的。这种信任分成不同的级别：值得信任和选择信任。所谓"值得信任（worthy of trust）"就是采用物理保护以及其他技术在一定程度上保护计算平台不被对方通过直接物理访问手段进行恶意操作。"选择信任（choose to trust）"是指依赖方（通常是远程的）可以信任在经过认证的且未被攻破的设备上进行的计算。依赖方不是盲目地信任某个设备，直到该设备提供了一些方法来传达（communicate）设备是可信任的信息。

（2）可信计算的组织。

可信计算平台联盟（The Trusted Computing Platform Association），现在已经改组为可信计算组织，即TCPA。如微软公司成立了Palladium，现在也改组为下一代安全计算集（The Next Generation Computing Base，NGSCB），英特尔公司成立了LaGrande。可信计

的批评者指出这可能导致对政治言论自由、新闻记者使用匿名信息源、揭发、政治博客以及其他需要通过匿名性来防止报复的领域产生抑制作用。

6.3.2　IT 风险的管理过程

IT 风险管理框架是由风险管理要素（战略政策调控、资源配置、事态监控和结构界定）和 IT 环境（程序、应用、数据管理、平台、网络和物理设施）构成的。IT 风险管理过程如下：

1. 确定风险

首先要分析风险来源，然后要识别过时的风险、一般风险和关键风险（或顶级风险），确保最重要的风险得以重点关注。IT 风险可能来源于物理设施、设备、程序、操作流程、管理制度、人为因素等多个方面。

2. 风险分析

主要包括风险概率分析、风险影响分析和风险严重性分析。风险概率分析也就是评估实际发生的可能性；风险影响分析是衡量结果所导致的负面作用的严重性或损失的大小；风险严重性分析是计算风险影响和风险概率相乘的结果。一般来说，风险管理的重点是概率高且影响大的风险，概率高而影响很小，或影响很大而概率很低的风险可以做备案处理，但不可忽视小概率事件。

3. 风险规划

主要任务是制定风险解决方案，包括缓解方案、触发器方案和应急方案。缓解方案的核心是在风险出现前通过积极的措施最大程度地降低风险概率或（和）影响、规避风险直至转移风险。触发器方案的核心是确立风险发生的临界条件。应急方案的核心是在风险发生时如何做出快速反应的一套应急措施。

4. 风险跟踪

追踪风险的变化，撰写和提交风险状态报告，为续后的决策和行动提供信息支持。主要任务是监测 3 个方面的变化：触发器值，如果触发器变为真，则需执行应急规划；风险的条件、结果、概率和影响，如果其中任何一个发生更改（或者发现该值不确切），则需对其重新评估；缓解规划的进展，如果该方案落后于日程或者没有达到预期效果，则需要重新评估。

5. 风险控制

主要任务是按计划对下述变化做出反应：如果触发器值变为真，则执行应急规划；如果风险变得不相关，则使该风险变为过时风险；如果条件或结果改变了，则需重新执行确定步骤并重新评估该元素；如果概率或影响改变，则重新执行分析步骤来更新分析；如果缓解规划不再适用，则需重新执行规划步骤来检查和修正该方案。

6.3.3　信息系统风险评估

信息系统风险分析及评估方法是对系统中的危险性、危害性进行分析评估的工具，目前已开发出多种评估方法，每种评估方法的原理、目标、应用条件、适用的评估对象、工作量均不尽相同，各有其特点和优缺点。

1. 评估方法的类型

按其评估方法的特征一般可分为定性评估、定量评估和综合评估。

（1）定性评估。根据人的经验和判断能力对开发方法、开发工具、开发人员、使用环境、维护管理等方面的状况进行评估。

（2）半定量评估。用一种或几种可直接或间接反映信息系统危险性的指数（指标）来评估系统的危险性大小，如行业特性指数、人员素质指标等。

（3）定量评估。用信息系统事故发生概率和事故严重程度来评估。

信息系统风险评估的内容相当丰富，评估的目的和对象不同，具体的评估内容和指标也不相同。选用信息系统风险分析及评估方法时应根据对象的特点、具体条件和需要，以及评估方法的特点选用几种方法对同一对象进行评价，互相补充、分析综合、相互验证，以提高评估结果的准确性。

2. 信息系统风险评估的发展

信息系统风险评估已得到国际社会的普遍重视，风险评估的重点也从操作系统、网络环境发展到整个管理体系。发达国家通过实践已经发现，风险评估作为保证信息安全的重要基石发挥着关键作用。在信息安全、安全技术的相关标准中，风险评估均作为关键步骤都有详细阐述，如 ISO 13335、COBIT、BS 7799-3 等。

我国的信息系统风险评估工作目前还处于起步阶段，没有形成一套成形的专业规范，缺少一支能够全面开展信息系统风险评估的人才队伍。目前我国所进行的一些信息系统风险评估的探索和尝试以及开发的一些计算机审计软件大都停留在对被评估单位的电子数据进行处理的阶段。无论是国际上大型的跨国公司还是国内一些规模较大的企业都在不断地扩大 IT 在其经营活动的应用范围，运用传统的 IT 风险评估知识已经不能实现真正意义上的"风险基础模式"的风险评估，这些都影响到我国 IT 监理、信息系统审计（第 6.3.4 节将讲授 IT 监理、信息系统审计等内容）等健康发展。

6.3.4　项目管理

1. 软件开发标准

在软件开发方法以及项目管理方面，ISO 以及软件行业都制定了相应的标准，如 ISO/IEC 20000，CMM，TMM 等。本教材前面曾提到了有关软件工程的国家标准"计算机软件开发规范《GB 8566—88》"以及原国防科工委组织制定的"军标"，以及各部委制定和实施的适用于本行业领域的标准或规范。

2. 项目管理

从整合资源的范围来划分，项目管理一般包括 3 个级别：项目级（Project Organization）、组织级（Organization Structure）、多组织级（Project Management Model）；而从对企业的作用上，项目管理则由基于项目的管理（Management by Project），以及组织级项目管理（Organization Project Management）或称企业项目管理（Enterprise Project Management）构成。传统的单一项目管理（Project Management）和群组项目管理（Program Management）都是基于项目层面进行管理，主要依赖于 9 大域和 5 大过程。其中 9 大领域分别为：综合管理、范围管理、时间管理、成本管理、质量管理、人力资源管理、沟通管理、风险管理和采购管理。每个领域都包含数量不等的项目管理过程。5 大过程分别为：启动、计划、执行、控制、收尾。在 PMBOK 2000 中，核心过程共有 17 个，辅助过程共有 22 个[①]，完成如下工作：

(1) 启动。项目开始或进入项目的新阶段。是一种认可过程，用来正式认可一个新项目或新阶段的存在。

(2) 计划。定义和评估项目目标，选择实现项目目标的最佳策略，制定项目计划。

(3) 执行。调动资源，执行项目计划。

(4) 控制。监控和评估项目偏差，必要时采取纠正行动，保证项目计划的执行，实现项目目标。

(5) 收尾。正式验收项目或阶段，使其按程序结束。

组织级项目管理主要立足于企业管理的角度，从企业运营价值最大化出发考虑如何筹建企业级的项目管理模型。

3. IT 监理

IT 监理是信息技术相关工程项目监理的简称，与信息化工程监理、信息系统工程监理(Supervision of Information System Engineering)同义。信息系统工程监理是指依法设立且具备相应资质的信息系统工程监理单位(以下简称监理单位)，受业主单位委托，依据国家有关法律法规、技术标准和监理合同，对信息系统工程项目实施的监督管理。[②]

中国早在 1995 年原电子工业部就出台了《电子工程建设监理规定(试行)》。之后，国家以及地方如北京、深圳、浙江省等地方颁布了信息化工程监理的法律法规和实施办法，如《信息系统工程监理暂行规定》(信部信[2002]570 号文)、《电子政务工程技术指南》(国信办[2003]2 号)、《信息化工程监理规范》(国标 GB/T 19668)等，其中《信息化工程监理规范》共分为以下 6 部分：总则、通用布缆系统工程监理规范、电子设备机房系统工程监理规范、计算机网络系统工程监理规范、软件工程监理规范、信息化工程安全监理规范等 6 个部分。《信息化工程监理规范》还建立了由 5 部分组成的技术参考模型，即监理支撑要素、监理阶段、监理内容、监理对象和信息安全。

值得注意的是，中国各级政府出台的监理制度、法律法规，主要是针对政府直接或间接投资的政府信息化工程的，企业、个人等信息系统工程如果不涉及国家安全或生产安全并未强制要求实行监理。

4. 信息系统审计

与信息系统监理有着密切关系的另一项重要领域是信息系统审计(IS audit)。信息系统审计(IS audit)目前还没有固定通用的定义，美国信息系统审计的权威专家隆·韦伯(Ron Weber)将它定义为"收集并评估证据以决定一个计算机系统(信息系统)是否有效做到保护资产、维护数据完整、完成组织目标，同时最经济地使用资源"。信息系统审计的目的是评估并提供反馈、保证及建议，具体关注如下 3 大方面：

(1) 可用性。

业务上高度依赖的信息系统能否在任何需要的时刻提供服务？信息系统是否被完好保

---

① 项目管理协会(Project Management Institution, PMI)是 1966 年在美国宾州成立的、目前全球影响最大的项目管理专业机构，总结了一套项目管理知识体系(Project Management Body of Knowledge, PMBOK)，并不断升级改版。

② 原信息产业部.信息系统工程监理暂行规定.2002

护以应对各种损害和灾难?

（2）保密性。

系统保存的信息是否仅对需要这些信息的人员开放,而不对其他任何人开放?

（3）完整性。

信息系统提供的信息是否始终保持正确、可信、及时?能否防止未授权的用户对系统数据和软件的修改?

很多信息工程监理公司同时还具备信息系统审计资质,但两者既相同又具有明显区别。信息系统审计是全部审计过程的一个部分,对项目进行结果评价,而信息系统监理属于过程控制。两者都是为了一个目标:保证信息工程成功实施。两者之间还有部分工作的重合,如监理的成本控制与审计的投资审计,都是进行成本管理,但是它们各自的关注点不同:一个是在项目结束,而另一个是在项目进行当中。信息系统审计在国外已经发展成熟,而国内的信息系统监理还处于起步阶段。

6.4　IT 使用者的风险意识

IT 设计者研究并建立数字资源的长久保存策略、手段,发明研制各种信息保护技术甚至防火墙,利用软件可靠性设计、软件容错、可测性设计等技术设计开发复杂软件,建立起可信计算平台,启用软件的项目管理,也允许用户聘用第 3 方进行 IT 监理和信息系统审计,但软件具有复杂性,软件测试存在局限性,软件测试的评价及完成标准也不尽如人意。只要安全隐患存在一天,IT 使用者的风险意识就必须时刻绷紧,因为他们面临着遭受直接损失的可能性。

6.4.1　IT 使用者的风险意识的概念

风险意识是近年来越来越备受人们关注的一种现代意识。其含义为,主体自觉认识客体的风险性和自觉规避客体风险性的观念与行为的总和,是思维与行为的统一。以此类推,IT 使用者的风险意识就是计算机技术使用者认识到计算机系统的风险性和自觉规避计算机系统风险性的观念与行为。

认识计算机系统的风险性,就是研究、思考计算机在使用过程中有无风险、风险有多大、风险何时可能发生、风险发生的条件是什么、与所得相比值不值、化解风险的方式方法有哪些等问题;而规避计算机系统的风险性,就是采取切实有效的手段方法去化解风险、防范风险、规避风险,减少不必要的损失,把风险降到最低,提高工作绩效。

6.4.2　对风险认识的程度

2008 年 4 月,全球风险协会首席执行官里奇·阿波斯多利克(Richard Apostolik)和全球风险管理专业人士协会董事会成员刘鹏先生表示,中国 IT 用户与软件企业都支持风险管理的形成,言下之意就是,国内 IT 使用者的风险意识有了一个大的提升。

各种计算机系统、软件等安全问题,无不提醒着 IT 使用者,计算机系统存在着各式各样的风险。但是,IT 使用者的风险意识到底有还是没有,让我们再看一看下面的调查结果。

从 2009 年"全球信息安全调查"的结果可以看出,有 24% 的中国企业过去一年没有进行过风险评估,有 44％的中国企业只是由 IT 部门的普通员工进行风险评估。从总体情况来看,虽然国内 IT 使用者的风险意识已经开始逐步建立,但是 IT 风险知识普及程度和自我风险意识并没有得到深刻认识。

根据计算机技术行业协会(Computer Technology Industry Association,CompTIA)[1] 的一项调查,间谍软件成为 2007 年度 IT 人士最大的安全忧虑。

CompTIA 于 2007 年授权了此项调查,并由 TNS(一家市场研究团体)组织进行了调查,共 1070 家企业,大约有 55％的参与调查者将间谍软件报告为它们的最大担忧。紧随间谍软件之后的是用户缺乏意识问题,这使得 54％的参与调查者颇为担忧,接近 50％的参与调查者将病毒和蠕虫作为其最大的担心,而有 45％的参与调查者认为授权用户的滥用是一个安全问题。在 2007 年的调查报告所引述的 5 大忧虑中,最为突出的是基于浏览器的攻击,有 41％的回答者认为这是引起其忧虑的原因之一。

从发展的角度看,20％的问卷回答者将病毒和蠕虫作为其 2010 年的威胁,而 14％的回答者认为间谍软件仍将成为人们的一个忧虑。9％的回答者将无线访问作为其 2010 年的潜在安全问题,还有 9％的回答者认为电子邮件及其附件中也存在着同样的问题。许多组织几乎不在乎网络钓鱼和社会工程攻击,只有 5％的回答者认为其成为其担心的一个原因。还有 5％的回答者认为远程访问将成为 2010 年的一个潜在的安全问题。

CompTIA 的报告称,各种组织正就安全技术和培训增加其经费支出。CompTIA 的董事长兼执行总裁约翰·维勒特尔(J. Venator)说“大约有一半的组织表明,他们打算对安全相关的技术增加支出,还有另外三分之一的组织期望向安全培训增加支出”。

软件测试的重要性前面已做了论述。然而,据在国内的因特网上面的调研,发现连 IT 设计者都认为用户没有对购买的软件进行测试的需求。很多中小企业投了资金进行软件设计开发,基本上是开发者自行编写测试案例、自己进行测试,或者交给售前/售后/技术支持人员简单测试一下,甚至有些用户根本就不测试。IT 设计者开始对此很不理解,后来跟这些中小企业的老总私下了解,才得知那些非专业软件、非 IT 专业的普通用户,根本就没那么挑剔。一般来讲,搞好易用性测试就足够了。软件偶尔崩溃一次,中小企业用户往往不知道是哪儿的问题,也没有风险的意识。对于边界值之类的测试完全不用担心,因为普通用户根本不知道、更不会想到那些值。

6.4.3　风险意识的培养

中国先哲们曾留下丰富的风险意识思想,如“生于忧患死于安乐”、“人无远虑必有近忧”。但凭心而论,今天的 IT 使用者仍然比较缺乏风险意识——必要的心理活动和有效的实际行动。

概念运动需要人类社会生活的激活,自我意识需要概念方式的支撑,两者的结合使人类高于动物而拥有自身的意识。所谓人类文化,其核心就是概念方式的自我意识,以及这种自我意识的不断深化和扩展。个体的用户不能产生概念方式,因而不能生成自我意识。在历史的记载中,《鲁滨孙漂流记》中的原型,英格兰人亚历山大·赛尔柯克因与船长发生争吵于 1704 年被遗弃在荒无人烟的鲁滨孙·克鲁索岛上。5 年后,当他被伍德罗·罗吉斯船长一

---

[1]　http://www.comptia.org/home.aspx

行在岛上发现时,已成为"野人",几乎完全丧失了声音和语言的能力。在凡尔纳《神秘岛》的小说中,丢弃到荒岛的个人也因长期的孤寂而失去理智,这种"失去"只有通过社会的重新回归才能得到恢复。问题的关键在于,概念能力是由人类信息交流的符号制作和指代的运用所生成的,离开了人类信息交流的符号制作和指代的运用,个人的概念能力就会失去。而随着概念能力的消退,心灵的自我意识也会消逝而去。

风险学家冯必扬说:"当今时代,风险已成为我们生产、生活的组成部分,它无处不在。风险不仅来自我们生活于其中的自然环境和制度环境,也来自我们作为集体或个人所做出的每个决定、每种选择以及每次行动。在我们被风险环境包围的同时,又制造了新的风险。"把计算机系统风险的概念和理论搞清楚了,宣传推广普及了,人们在使用 IT 的时候就不会失去概念能力,也就有了支撑风险的自我意识。这不仅对 IT 使用者自身是有必要的,对于 IT 的健康持续发展也具有很大意义。

1. 风险意识的培养要从密码开始

有一个好的密码是一个良好的开端。之所以有这种想法,是因为密码猜测和暴力破解等攻击方法很难攻击好的密码,但是同时带来的问题是,用户很难记住这些好的密码。

避免使用字典中单一出现的单词、名字、生日(尤其是家庭成员或者宠物的名字、生日等)。一个好方法是使用能够很容易记忆的一首歌中的一句话。将这句话中的首字母作为密码,然后将其中的一些字母变成类似形状的特殊字符。当然,用户也可以使用整个短语。

用户设定密码之后,应该定期更换密码。在用户使用的不方便性以及潜在的可能暴露的威胁之间,6~12 周的间隔是一个比较好的平衡点。在用户的计算机中增加一条备忘录或者在日程安排中添加一个日期来提醒用户及时处理这个问题。要记住的是,其他的密码(比如语音邮件)也是非常有价值的。最后,对于双重认证系统来说,如果用户已经有了一个安全令牌,那么一定不要让其他人来使用这个令牌。

2. 不要安装非正式的无线访问接入点

无线接入点的不正确配置将可能导致非相干人员进入用户的网络,潜在地可能导致秘密信息的泄漏,并且可能因此允许入侵者使用公司的资源。因此,在使用那些位于家中或者咖啡馆中的无线接入点时,应该确保已经激活了 WPA 安全策略。

从一个远程个人计算机(比如说在家中)上访问公司的资源而不是公开网站时,用户应该安装一个信誉良好的供应商提供的防病毒和防火墙软件。用户要学会在机器上使用自动更新功能,并且要保证操作系统和一些应用程序如 Office 可以使用同样的方式进行更新,而且最好安装一个 VPN 软件。

无论在什么时候,公司的个人计算机都应该使用 IT 部门配置的自动更新设置来实现自动更新。IT 部门配置的设置应该能够为用户提供最好的保护,并且这种设置能够尽可能地减少组织对因特网访问连接的负载。

3. 不要安装未授权的软件

用户应尽量使用得到批准的标准软件,及时删除不常使用的、非标准软件。这不仅可以释放一定的磁盘空间,提高计算机的性能,还可以消除那些"网络流氓"可能隐藏的"阴暗的角落"。在即时消息软件(IM)中阻止文件的传输,因为它们和电子邮件附件一样,可能被用来传播恶意软件。不接触那些名声不好的网站,因为他们可能会在机器上种植恶意代码。

通过哄骗的方式泄漏密码的情况可能不多见,但是通过前面所讲述的方法,即通过社会工程学技术来获得密码的尝试时有发生。

【案例 6-3】 "我是 IT 部门的"

如果有表面上看起来是"来自 IT 部门"的电话找你,并且开始询问你的软件或者硬件配置,或者想要改变某些设置或者其他内容的话,告诉他,你会把电话反拨回去。但是在将电话拨回去之前,先与你的技术支持人员确认一下这个人是不是真的是 IT 部门的人。

4. 小心邮件接受

不要点击电子邮件中的链接,而是直接在浏览器中输入 URL。由于人们已经习惯于直接点击相应的链接,因而成了一个很大的问题。通常情况下 URL 都很长,而且一般看起来好像是一个随机的字符序列。如果有人利用人们不愿仔细检查 URL 的习惯,在 URL 中加入或者修改某个字符可能导致链接到用户不愿访问的网站上去。

如果用户不愿意重新输入这个长长的序列,一个折衷的办法是从电子邮件中复制这个地址并将其粘贴到浏览器中。在进行这个操作的时候,用户一定要注意不要直接点击这个链接。在一种惯用的欺骗方式中,文本中显示是一个"好的"URL,实际上点击的是"恶意的"URL。它无法提供 IDN(International Domain Names,国际域名,有时缩写为 IDNs)所给予的保护,因为这种攻击主要是利用类似英文字母的国际字符创建一个域名,让用户看起来非常熟悉,但实际上是一个攻击者伪造的网站。

网络钓鱼,这种通过看起来是真实的电子邮件来诱骗人们访问虚假的网上银行(或者相似的)网站的攻击行为,现在变得越来越普遍。

最近的发展趋势是 spear phishing 攻击,使用专门为某些人设计的电子邮件来欺骗某个组织内的特定人群,通过安装键盘记录软件或者其他恶意软件,以便能够得到访问秘密信息的权限。所以,即便某些电子邮件来自于组织内部,用户也必须要小心处理。

事实上,电子邮件很不安全。如果用户不得不使用电子邮件来发送秘密信息,那么应使用得到批准的加密工具来保护要传输的数据。

5. 授权用户的滥用

数据库的滥用可分为无意滥用和恶意滥用。无意滥用主要是指经过授权的用户操作不当引起的系统故障、数据库异常等现象,而恶意滥用则主要是指未经授权地读取数据(即偷窃信息)和未经授权地修改数据(即破坏数据)。

入侵(Intrusion)是指系统的未经授权用户试图或已经窃取了系统的访问权限,以及系统的被授权用户超越或滥用了系统所授予的访问权限,而威胁或危害了网络系统资源的完整性、机密性或有效性的行为集合。通过入侵检测可以检测出系统的访问权限是否被窃取、超越或者滥用,并相应采取对抗措施。入侵检测主要有两种:滥用检测和异常检测。入侵检测系统(Intrusion Detection System,IDS)的定义:识别针对计算机或网络资源的恶意企图和行为,即系统的访问权限是否被窃取、超越或者滥用的状态,并对此做出反应的系统。

滥用检测(Misuse Detection)是假定所有入侵行为和手段(及其变种)都能够表达为一种模式或特征,那么所有已知的入侵方法都可以用匹配的方法发现。滥用检测的优点是可以有针对性地建立高效的入侵检测系统,其主要缺陷是不能检测未知的入侵,也不能检测已知入侵的变种,因此可能发生漏报。

异常检测(Anomaly Detection)是假定所有入侵行为都是与正常行为不同的。异常检测需要建立目标系统及其用户的正常活动模型,然后基于这个模型对系统和用户的实际活动进行审计,以判定用户的行为是否对系统构成威胁。

优先账户能绕过多数内部控制来访问公司的机密信息,他们通过删除数据或者错误的运行应用软件而导致访问攻击的拒绝。在很多情况下,未经授权的用户也能使用优先账户将审计数据毁灭来覆盖内部的追踪程序。如果密码通常由多名用户共享时,那些在操作系统、数据库和网络设备中系统定义的共享超级用户账户就会面临巨大的风险。

6.5　IT 设计者的风险意识

6.5.1　何谓 IT 设计者的风险意识

由以上分析可以看出,IT 使用者面临着诸多安全问题,必须具有很强的风险意识。作为设计开发软件产品、直接为顾客进行软件服务的 IT 设计者有着巨大的压力,在开发各种软件时,更要注意提高软件的安全性。因为信息系统具有风险性——不可靠的软件。不管什么系统,总是会有漏洞,而 IT 设计者能做的就是把漏洞减至最少,或提早发现并及时修补。这要求 IT 设计者对漏洞要有一个深刻的认识,这就是 IT 设计者的风险意识。如果技术设计者即使认识到程序存在错误还要鼓励继续使用,那么他是否提醒了使用者在哪些特定情况下该错误会发生? 当然 IT 设计者是为客户服务的,本身也是每天要与软件和系统打交道的,所以在对客户系统和软件安全负责的同时,也是对自己使用 IT 的安全负责。对于 IT 设计者个人而言,风险、忧患意识也有必要。如果 IT 设计者的产品出现较大的漏洞,他本人会担心被同事看不起,内心感到不安,或者面临降级、降薪甚至辞退等风险。

计算机、因特网等技术的迅猛发展赋予科学家、工程师前所未有的能力,使他们的行为后果常常强大到难以预测的地步,在给人类带来利益和帮助的同时也带来了可以预见的和难以预见的危害、灾难,或者给一部分人带来利益是用给另一部分人带来危险作为交换。风险意识就是对风险的认识和相应对策,也是对风险的防御能力的一种体现。

IT 设计者一般都具有很扎实的专业理论和技能,但是由于软件复杂性的存在和计算机技术本身的性质,决定了计算机系统随时会发生故障和安全事故。与此同时,IT 公司掌握了大量技术秘密、用户数据,IT 设计者最有机会接触到这些信息。因此,微软公司的盖茨提出了 IT 公司内部职员的安全意识有着不可忽视的重要性,强调了在 IT 公司内部建立"安全生态系统"。这套系统不仅对 IT 类公司,对于各行各业都有着实际意义。关于"安全生态系统"的实施细节外界还不是很清楚,但有几个领域已经公开化,尤其是信息安全性。保证信息的安全并不是要把数据锁在坚不可摧的技术要塞里,技术应该允许个人和公司去制定一套行之有效的规则,在没有限制信息流动和资源使用的前提下,来有效地制约那些可以触及数据的人,管理访问信息的方式和时间。所有的职员必须、也只能访问他们需要的信息,但不能牺牲用户的安全和数据的有效性。

保障系统的每一部分、每一领域的安全性是可能实现的任务,但整个软件产业需要凝聚力。比尔·盖茨提出"安全问题是一项基本的挑战,它会决定我们能否建立新一代的互连机制,一种可以使人们真正实现无论何地都能得到通信服务,得到想要的信息和内容","软件产业的命运主要看我们是否有能力设计一个能给个人和公司提供机密保护的系统或机制,通过技术来保护他们的身份、隐私和机密信息"。

微软全球研究与战略执行官克雷格·莫迪也指出:"我们还处在相当于计算机网络和访问的'中世纪'时期",那些可以接触敏感信息和核心数据的员工可能就是潜在的安全隐患。他们可以从家里,从办公室,甚至当他们旅行时都能接触敏感信息,身上存在的潜在安全威胁比任何攻击 Windows 操作系统的恶意软件要大得多。莫迪的话不无道理,"世间一切事物中,认识决定一切的还是人"。其实,所有的软件系统、硬件系统和网络系统都是由人设计开发的,人的因素是最关键的。所以在系统风险中,首先要考虑的应该是人。

在培养人的风险意识方面,行业自律与行为养成是一个很好的、普遍使用的办法。让每一位 IT 员工都知道安全惯例。澳大利亚的 ZDNet[①] 站提出了一个指南,根据这个指南,IT公司可以很容易地对员工进行网络安全方面的培训。《美国计算机协会(ACM)伦理与职业行为规范》中有 3 处提到了计算机专业人员对待风险所负有的责任。第 1.2 条款明确规定,在工作环境下,计算机专业人员对任何可能对个人或社会造成严重损害的系统的危险征兆负有及时上报的责任。如果他的上级主管没有采取措施减轻上述危险,为有助于纠正问题或降低风险,"打小报告"也许是有必要的。然而,对违规行为的轻率或错误的报告本身可能是有害的。因此,在报告违规之前,必须对相关的各个方面进行全面评估,尤其是对风险及责任的估计必须可靠。ACM 建议事先征询其他的计算机专业人员。第 2.5 条款要求每一名计算机专业人员,将对计算机系统及它们的效果做出全面彻底的评估,包括分析可能存在的风险。第 2.6 条款则提出,如果一个计算机专业人员感到无法按计划完成分派的任务时,他/她有责任要求变更。在接受工作任务前,必须经过认真的考虑,全面衡量对于雇主或客户的风险和利害关系。

《软件工程职业道德规范和实践要求》中第 5.01 条要求对其从事的项目要保证良好的管理,包括促进质量和减少风险的有效步骤。

【案例 6-4】 宗教文化与软件开发人员

在印度,宗教文化经过千百年的积淀,给印度社会烙下了深深的宗教印记,形成了独特的价值体系。印度教是印度社会最悠久、最主要、最正统的宗教之一,大部分印度人相信业报轮回,把精神解脱视为人生最高目的,同时不否认物质财富的作用,自觉承担家庭和社会责任,使得人们安分守己,任劳任怨努力工作。这种印度教教义、种姓制度、践行"达摩"以及印度教提倡的忠诚美德等宗教文化对 IT 设计者的行为产生了作用。加上软件产业在印度的崇高地位,软件从业人员敬业而勤奋。尤其是软件项目员工不厌其烦,将工作中每一个细小环节全部记录在案,为软件企业获得认证提供了必不可少的文档资料,为按时保质完成软件项目提供了保障。

6.5.2　告知 IT 使用者一个真实的计算机系统

计算机科学与技术的发展来自于多种因素的推动和影响,古老的数学也在其中。在 20世纪 30 年代,数理逻辑学者以计算或算法本身的性质作为研究对象,建立了"算法"的数学理论,即可计算性理论或称递归函数论,对当时的计算机设计思想的形成产生了影响,并构成了理论计算机科学的核心问题。

---

① http://www.zdnet.com.au/,美国的科技媒体 ZDNet.com 在澳大利亚的国家站点。

数学这一解决复杂问题的严谨工具在复杂的计算机系统中遭遇到"滑铁卢"。"测不准原理"(Uncertainty Principle)这一术语后来更多地被翻译为"不确定性原理"[①]。在理论计算机科学里面具有相类似的处境：测不准原理和不确定性原理恰好对应了不可计算和不可证明(同样碰巧的是，它们的英文也都是 Undecidable，虽然后者有时候也用 Independent)。希利斯认为"当系统过于复杂时，常规的系统设计方法便变得无能为力"，因而他提出一种全新的计算机设计和计算机编程方法——即一种不基于标准的工程设计方法。软件的设计开发是一个复杂而艰难的过程，现有技术方法不能提供保证质量的可靠软件。对于那些人们给予巨大信任甚至是崇拜的大型复杂系统来讲，这样的结论时刻提醒着 IT 设计者应该具有风险意识。计算机技术设计人员应该将设计的真实方法告知用户，对计算机系统及它们的效果做出全面彻底的评估，包括分析可能存在的风险。

1. 二进制

计算机是数字化的、离散式的——也就是说，它以数字式(二进制)代码表示数据(在内存、磁带、磁盘或其他媒介里)和指令(也就是程序)——这样一台计算机就可能会存在数百万甚至数十亿个不同的运行状态。像计算机这样存在可数状态的机器都有一个问题，那就是每一种状态都有发生错误的潜在可能，这和那些模拟系统(比如一个简单的恒温器或双金属片)不同，这些状态是不连续的：要么是某种状态，要么是另一种状态。模拟系统则与之相反，其所处状态是不可数的——它们是连续不断的——比如说一个恒温器中的双金属片在某个区域内存在无数个状态，就像一把尺子有无数个点。像恒温器或收音机旋钮之类的模拟系统没有或很少有不连贯状态，它们也不依赖上一个状态的正确性。事实上，状态和它们的运行没有直接关系。这类系统完全可以用连续函数或曲线来描述。这些曲线有很大的内在可预测性。例如钢铁，完全能以可预测的方式不断增加其承载和压力，直到某一点完全崩裂。这样的数学工具使人们能够很精确地预测这类模拟系统的运行，而且能够在计算和预测时加上附加或安全系数来保证最后设计出来的系统绝对可靠。

而对于离散系统，即使是很简单的系统，也难以做到这样。一个简单的模拟系统，比如恒温器，可能会运行不正常——太快或太慢——但不大会完全坏掉，除非遭受大的损害，比如丧失动力或某个部件坏掉。而计算机则在许多情况下都容易彻底崩溃。在计算机系统中，为了测量温度值，有一个模拟/数字转换器，把房间某一时刻的温度值转换成数值。然后将这个数值与要求的温度比较，根据比较结果(高了、低了或正适合)向加热装置发出下调、提高或保持现有状态的指令。为了完成这些工作，要按照程序员编好的规则和顺序经历很多状态。一个状态代表一个可能的点，在这个点上程序可能停止，也可能开始运行，而这一切都是未定的。找到某个导致问题的状态需要一定时间，因为状态的绝对量太多。

2. 系统模拟

计算机系统在应用过程中，存在着两种模拟：一种就是上面提到的二进制与十进制，或者离散与连续的技术；还有一种就是系统模拟，就是在建立系统的数学逻辑模型或定性模型的基础上，通过计算机实验，对一个系统按照一定的决策原则或作业规则，由一个状态变换为另一个状态的动态行为进行描述和分析。这种系统模拟可分为 3 种类型：离散型模拟、连续型模拟和复合型模拟。在离散型模拟中，因变量在与事件时间有关的具体模拟时间点，

---

① 在"6.3.4 软件测试的局限性"一节中已对"测不准"与"不确定性"的关系做过介绍。

呈离散性变化。而模拟时间可以是连续性的或离散性的,这取决于因变量的离散性变化是在任何时间点发生还是仅能在某些特殊时间点发生。在连续型模拟中,因变量随模拟时间呈连续性变化,模拟时间可以是连续性的或离散性的。在复合型模拟中,因变量可以做连续性及离散性的变化,或者做连续性变化并具有离散性突变。在系统模拟技术中,定性模拟具有非常重要的理论和实际意义。与实现数值计算相比较,定性模拟采用非数字化手段处理输入、建模、行为分析和输出等过程,实现符号运算,探索系统定性行为规律。

美国计算机科学专家、虚拟现实技术的先驱、音乐贾瑞恩·拉尼尔(Jaron Lanier)[①]认为,计算机科学一直奉行的点对点线性思维方式是关键。"那些计算机科学的开创者都接受了应用于他们那个时代的电子通信设备的模式,这些设备都着眼于通过电线传送信号。电报、电话、传真都一直是这个传统。同样地,广播和电视信号也设计成通过一根电线传输,即使其传输路径一部分是无线的也是如此。"

计算机系统的设计及软件开发、计算机联网等都形成了通过电线或虚拟电线把点与点联系起来的模式。如果说某个软件是"面向对象的",就是说信息在该软件中是通过许多虚拟电线传输并翻译的,是把类似动词的信息发送到类似名词的目的地址中——本质上说是对电报的模拟。

拉尼尔指出,传统的计算机科学把计算机拟人化,这是对的。但不应该使用"记忆(内存)"这样描述人脑活动的词语来指称计算机按协议严格识别和确认信息的过程。人的神经系统的学习与记忆过程并不是现在计算机系统中一对一的死记硬背,而是更多地运用类型猜测法,通过多种关联进行的近似系统。生物进化过程表明,这种近似系统可以通过结合反馈循环而大大提高它们进行信息处理的准确性与可靠性。复杂的计算机系统执行复杂的一对一的死记硬背,并不是通过类型猜测或者关联加以近似。

3. 不可靠的计算机系统

由计算机系统、IT 等引起的事故、灾难是非常严重的。以计算机系统为代表的 IT 与其他技术具有它独有的、与众不同的原理和理论基础,如二进制、模拟技术、程序控制、可计算性等,软件开发商自己都不能确保无漏洞,改善、弥补的途径也只有局限的测试。与此相关的还有物理学中的"测不准原理"。探讨计算机系统的基本原理,对于人们认识计算机系统、IT 等不可靠的程度,理解计算机相比较其他技术给人类所带来的危害是大还是小,从而提高人的风险意识,是非常有益的。

软件是要解决问题。但无论是简单的问题还是复杂的问题,软件方法给出的解决方案通常都是很复杂的,是一些看起来似乎简单明了,而实际上却是内部谁都无法说清的"怪物"。若要列举复杂系统的实例,软件便是复杂系统之一。很多灾难性的后果及其所引起的伦理道德问题被归咎于计算机的不可靠,这是因为计算机系统不可能具有像桥梁和建筑物那样的内在可靠性,软件也不能像其他商品那样保证质量。很多低劣的软件正在、将来还会被运用在重要系统的领域中。福雷斯特认为,计算机可靠性所涉及的伦理意义在某种程度上是和计算机软件、硬件的特性,以及这些系统的复杂性紧密相关的。从大的方面来讲,现有的复杂系统的运作已超出人类智力所能理解的范围,因而理解或预见一个系统所有可能

---

① 贾瑞恩·拉尼尔是计算机科学家、作曲家、视觉艺术家和作家。他目前的职务包括富布赖特资助的加州大学伯克利分校工程技术中心跨学科的访问学者。

状况(包括错误状况)的能力变得非常有限。以下通过剖析电力信息系统,进一步揭示软件的复杂性和不可靠性。计算机系统的所有安全漏洞都会发生在电力信息系统中,因为它是由网络、设备和数据等所有计算机系统要素组成的,电力信息系统具有很高的集成性,与计算机系统不可分离。所以,每个要素都存在着各种可能被攻击的漏洞。

如本教材第 5 章所述,于 19 世纪后期出现、发展和 20 世纪初飞跃后,电成为使用效率最高、最方便,对人们工作、生活方式影响最深刻的一种能源。从那以后,人类对电力的需求保持着高速增长,促使世界各国电力建设步伐不断加快。电力工业需要成套的、安全可靠的、节能环保的、高效的、高质量和高可靠性的技术装备。这给电力装备制造业带来商机的同时,还提升了电力装备制造业在数字化、智能化、信息化等方面的应用水平与程度,造就了庞大的、复杂的、精密的和数字化的电力信息系统。

自 2009 年 1 月奥巴马上任以后,美国加快了智能电网改造的步伐。据白宫发布的《经济复兴计划进度报告》称,在未来 3 年内美国将投资一百一十多亿美元,通过发电、输电、供电、用电和服务等各个电力产业基本流程信息化的实现,改造传统电力流程,节能减排。根据这个计划,大量家电要增加智能接口,并要安装 4000 万个智能电表。

传统电网的电力在一年中仅有 2％的时间经历尖峰需求,大多数时间许多电能是浪费的。在智能电网的环境里,由于每户家庭都装有智能电表,可以很直观地了解当时的电价,从而把一些常规的事情,比如洗衣服、熨衣服等安排在电价低的时间段。智能电表还可以帮助人们优先使用风电和太阳能等清洁能源,"协助"变电站收集每家每户的用电情况,一旦有问题出现,可以重新配备电力。据了解,美国加州完成了第一阶段试验性 200 万户小区智能电表系统的安装,而美国科罗拉多州的波尔得(Boulder)已于 2008 年成为了全美国第一个智能电网城市。

计算机系统广泛地被应用于电力信息系统领域,随之安全漏洞也频频出现,因为它是由网络、设备和数据等计算机系统要素组成的。如果开发运用智能电网,IT 的使用会更多,电力系统与计算机系统几乎是集成为一体,不可分离。其中每个要素都存在着各种可被攻击的弱点。哪怕是再微小的漏洞,一旦发生,就能通过互连的电网迅速传播,出现连锁性的故障而导致大面积停电。攻击电力信息系统的黑客既可能来自电力系统的内部,也可能来自外部。内部攻击通常来自于员工、系统管理员等,据统计,在所有破坏安全活动中,内部攻击占近 80％。外部攻击主要来自竞争对手或任何不怀好意的组织和个人。也就是说,风险同时存在于 Internet 的两端和不可预见的客观因素。一旦电力信息系统发生事故,势必导致电力供应瘫痪,造成巨大的经济损失和严重的社会影响。

【案例 6-5】 美国加拿大"停电事件"

2003 年 8 月 14 日美国东部时间下午 4 时 20 分,以纽约为中心的美国东北部和加拿大部分地区发生大面积停电事故,直到 8 月 15 日下午才恢复供电。这次历史上最大规模的停电波及美国的很多城市,新泽西州北部、佛蒙特州的部分地方和康涅狄格州、加拿大安大略省的部分城市等都受到了影响。停电影响了地铁、电梯以及机场的正常运营,造成了交通拥堵。在纽约,城市交通已基本瘫痪,街上人头攒动,车流和人流都在艰难地缓慢移动。由于停电使收款机无法使用,绝大部分商店关门停业,电池、蜡烛等应急物品都已脱销。在付费电话前,人们排成了长队,手机因为停电而无法接通。停电发生后,美国关闭了俄亥俄州和纽约州等 4 个州的 7 座核电站,医院、监狱等不少机构纷纷启用备用电源应急。

由于被怀疑是"冲击波"病毒造成了这次大停电事故,用户对"微软产品"以致 IT 信息安全产生了"信任恐慌"。著名安全机构 SecurityFocus[①] 的数据表明,美国及加拿大部分地区史上最大停电事故是由软件错误所导致。位于美国俄亥俄州的第一能源(First Energy)公司下属的电力监测与控制管理系统"XA/21"出现了软件错误,系统中负责预警服务的主服务器与备份服务器接连失控,使得错误没有得到及时通报和处理,造成了多个重要设备出现故障导致大规模停电。预警系统崩溃后没有接收到更多的警报,更没法向外传播。操作员并不知道预警系统已经失效,他们虽发现了部分异常情况,但因为没有看到预警系统的警报,而不知道情况有多么严重,以致一个小时后才得到控制站的指示。正常情况下,出现错误的网络会立即与其他网络分隔开来,这样一来错误就会被固定在某一个区域,但是同样由于预警系统失灵,最终使得错误蔓延。当操作员开始施加应有的应对预案时,没完没了的故障干扰已经让操作员反应不过来,无法控制整个局面。

电力信息系统的风险是非常大的。电力通过形成网络的导线将电能从发电厂输送和分配给用户,电网已经从小的和局部电网逐步互连成庞大的复杂的电网。所以,电力信息系统的问题造成了电网事故的发生,然后通过互连的电网迅速传播蔓延,出现连锁性的故障从而导致大面积停电。电网的体制和管理也是一个信息系统。在美国有三千多家电力公司在广袤的北美大地上各自经营着总容量约 8 亿 kW 的电力工业,各家电力公司的管理、经营和调度是独立的,然而电网是互连的,形成北美庞大的电力系统。整个电力系统并没有一个负责监控全国或一个大区域电力运营状况的组织和机构。当一家电力公司出现故障后,互连的电力系统在故障波及以前往往还不知道事故的来临。

6.5.3 IT 灾难的警示

本教材通过摘录引用其他书籍中的案例提醒 IT 设计者有很多关于计算机不可靠性的资料,系统故障、软件灾难会发生在社会的各个领域,以及人类生活的许多方面。

抽象的软件问题与计算机系统的风险似乎关系更大一些。汤姆·福雷斯特和佩里·莫里森提出来"泰坦尼克效应",即"一个系统崩溃的严重程度和设计者对它的信心成正比"。已经有诚实的程序编写者承认,他们不可能编写出一个可以保证不含任何漏洞的大型程序。程序是计算机系统的指挥系统,出现任何漏洞都会导致计算机系统运行出现错误,造成不良后果。软件行业巨头微软公司的盖茨和微软全球研究与战略执行官克雷格·莫迪曾经向全球众多的软件安全方面的专家发出了警告:微软公司内部可能存在由于职员风险意识不够而造成的安全漏洞。

1. 系统灾难事件

(1) 交通工具方面。

一艘简陋的渔船也会成为计算机出错的牺牲品。1992 年 8 月在西雅图,一艘名叫"多娜·凯伦·玛丽姬"的大渔船试图停入码头,当时船身已开始左倾。一位修理工赶来处理了一下,船正了过来,但随后又向右倾斜——最后直接进入了联合船舶市场的船坞。结果 4 层楼高的船以 30°角斜着停了几星期后,维修人员才找到了"病因",原来只是一台计算机控制的稳舱水泵把水不断地从一边旋向另一边。

---

① SecurityFocus 是互联网上最全面,最可靠的安全信息来源。

空中交通管制系统之类的航空计算机系统也发生过故障,造成大量问题。例如 1988 年 8 月 6 日星期六,也是一年中最忙的几天之一,伦敦希斯罗机场应该完成 830 个航班的起飞和降落,但空中交通管制系统却发生了故障。尽管有 709 名专职的技术人员维护计算机运行并升级软件,在 1987 年 4 月至 1988 年 4 月时间里,仍然发生了 5 次类似的软件故障。

再如奥迪 5000 型,当有 250 起交通事故,包括两起死亡事故和它相关的时候,人们才开始对它的计算机控制系统产生怀疑。实际上,问题就出在奥迪 5000 型的空转稳定器。此装置的功能是在刹车时保证进入发动机的油量达到最小值。在一起事故中,一个男孩给他母亲打开车库门,同时他母亲刹车并把自动变速器转换到前进挡。汽车随后很快加速,把男孩撞出车库门,一直撞到后边的墙上。当时的加速度是如此巨大,以至于后面留下一条很深的刹车痕,甚至在撞墙后车轮仍在高速转动。尽管奥迪公司不承认,但一些车主称可以公开展示:当汽车挂上挡后,油门踏板自行会往下移。

(2) 科学研究领域。

"水星 18"空间探测器的失踪后来被发现是由于一个关键程序的单行错误,而"双子座 V"宇宙舱则因编写惯性导航系统的程序员没有考虑到地球绕太阳的旋转而在落地时偏离预定地点 100 英里。

1988 年 9 月 13 日《旧金山时报》报道,耗资 1.15 亿美元的斯坦福直线对撞机(一个研究物理学的基本粒子的大型仪器)在经过几个月努力后仍无法正常工作而被迫停机。从根本上讲,问题是由于系统太复杂了,尽管上百位科学家和技术人员做了努力,仍无法提供足够部件,或让计算机支撑到应有的效果。这些科学家可以算得上是一个国家最聪明的人,但对复杂的计算机系统,他们也毫无办法。

前苏联的空间活动也因软件漏洞而遭受损失。1988 年,"火卫一"宇宙飞船失踪。之前,地面控制人员向其发出一条 20~30 页的信息来调整计划。不幸的是,程序中有错误,使得飞船把太阳能电池板指向了错误的方向——偏离了太阳。结果飞船因耗尽能量而报废消失。

(3) 其它潜在危险。

线传飞行控制系统在欧洲的 A320 空中客车以及其他现代化飞机上都有应用。实际上,线传飞行控制系统的工作取代了飞行员控制机翼。换句话说,就是飞行员在操纵杆或控制杆上的模拟控制动作转变成数字脉冲,再去驱动舵机马达以及其他和副翼、舵、升降舵等相关的动力系统。结果,这些飞机的驾驶员不再需要与控制翼面直接联系,而是由飞机上的计算机解读控制动作,再把指令传给动力系统。美国空军高级 UH-60 黑鹰多用途直升机就是安装了这种以计算机为基础的线传飞行控制系统,却造成了 22 名美国军人在 5 起 UH-60 机坠毁事件中丧生。1987 年 11 月,美国空军的官员最后承认,这个系统易受无线电干扰,对系统中一些逻辑模数的不当屏蔽导致了微波和其他无线电波等电子烟雾对飞机上的计算机系统产生莫名其妙的影响,致使计算机会向液压系统发送虚假信号,导致飞机不可控制地俯冲坠毁。

潜在危险更大的一次事故发生在 1987 年 8 月 23 日,当时位于苏格兰普雷斯特维克的国家空中交通服务网大洋中心发现自己的飞行处理系统出了故障。这个计算机系统控制着大量飞越大西洋的航线。该系统自 1987 年初投入使用以来,每天都有小问题发生,这是系统第 9 次大故障。这个新的计算机系统完全是电子化的,不再打印输出纸质文件来供控制人员做手工管理和使用备份。系统是在上午十一点半发生故障的,到下午三点左右,希斯罗、巴黎、法兰克福、苏黎世和欧洲其他主要机场都挤满了延误的飞机,许多乘客一直等在飞机上。控制人员被迫打电话给附近的航空管制中心,以便搞清楚哪些客机已转到哪些地方,哪些客机应该还在他们的控制之下。所以,在任何自动控制系统中,手动控制系统一定不能少,而且每个操作控制人员也必须经过手动控制的训练才能上岗。

基于计算机系统的风险不只局限于软件设计的领域,更何况软件和硬件之间的差别在很多情况下是很模糊的。软件被装入 ROMs(只读型存储器)后就成了硬件,而被编入 EPROMs(Erasable Programmable Read-Only Memory,可擦除重编程只读存储)则成了"固件"(firmware)。事实上,物理层面上的硬件问题(如电压脉冲、短路、接点断裂、联络不好、过热等)和抽象层面上的软件问题,二者结合会产生出新的、比它们各自的问题更为严重(也更有趣)的问题。

2. Intel 奔腾芯片产品之争

全球范围内,Intel(英特尔)、AMD 一起垄断全球 PC 芯片市场,NVIDIA、ATI 一起垄断了显卡市场,Microsoft 垄断桌面操作系统、办公软件市场,Google 垄断互联网搜索市场,Nokia 垄断手机市场,Cisco 垄断网络设备市场……IT 行业的垄断现象随处可见,垄断的背后其实对 IT 公司和用户都隐藏着很大的风险。

在技术上,全球芯片巨头英特尔曾一度在奔腾芯片产品 P4 上被击败之后,重新把握方向,又得到了更快的发展。这个事例于 1994 年夏季开始,当时英特尔股份有限公司开始销售用于 PC 的被称为奔腾的一种新计算机芯片。在为一个半导体公司开展的一种不寻常的战略中,通过"Intel 内置(Intel Inside)"运动大大起到了为该芯片做广告的作用[1]。英特尔开始遇到问题是在 1994 年 10 月,一位数学家在该型号的芯片上首先发现一项除法错误,但由于该"病灶"的模糊性,英特尔就没有过多地关注,也未采取任何修正行动。直到此事在公众界产生许多消极影响、媒体指责英特尔满不在乎和傲慢的表现、IBM 决定停止销售安装奔腾芯片的计算机的时候,英特尔才进行了处理,同意任何人提出的为其更换芯片的要求,并在较短的时间内解决了技术问题。但英特尔为此蒙受了数以亿计的经济损失。安迪·格鲁夫(Andy Grove)[2]总结道:"不要对潜在的危机采取漠视的态度,因为它的破坏力可能比竞争对手要大得多。"这实际上就是英特尔承认了自己对风险的估计不足。在 PC 领域,AMD 在全球强劲增长,正在逐步侵蚀英特尔的"地盘"。英特尔在拿下了苹果公司这一大客户的同时,又面临着损失老朋友 DELL 的风险。在中国,英特尔的最后一个铁杆同盟者清华同方也公布了与 AMD 之间的合作。

显然,英特尔在所要进入的领域会遇到颇多的强劲对手,例如在通信芯片上,德州仪器(TI)和高通公司正积极应对英特尔的"入侵",在移动计算设备、平板计算机等领域是 Transmeta 公司的专长。事实上,2006 年 AMD 和德州仪器两家公司也正瞄准数字家电市场打算上马他们自己的芯片平台。

现在,英特尔非常担心 AMD 和德州仪器等竞争对手,很想最终挤垮它们。英特尔在中

---

① 自 2006 年 1 月 4 日,英特尔宣布将本公司的 Logo——"Intel"下面的"Inside"(内置)改成了"Leap ahead"(超越未来)。

② 安迪·格鲁夫是英特尔公司前任首席执行官。

国市场利用"市场基金返款"与"销售返点"来控制 OEM 厂商和渠道商,尽管 AMD 相对价格便宜,尤其是在 64 位技术上领先于英特尔,但英特尔在市场中始终保持垄断的地位。垄断实质上是私自操纵价格协议、滥用市场支配地位等,核心是不正当的竞争,还会给广大用户带来技术升级困难、信息安全、产品质量等风险问题。作为计算机技术制造者,树立风险意识是非常必要的,不能处处只考虑能否带来经济收益。

【案例分析】

1. 情况介绍

一个简单的模拟系统,可能会运行不正常——太快或太慢——但不大会完全停止运行,除非遭受大的损害。而计算机则在许多情况下都容易彻底崩溃。请举出生活中模拟和数字的控制产品,分析两者发生故障的风险。

2. 问题分析

在计算机系统中,完成一些工作,要按照程序员编好的规则和顺序经历很多状态,在这个点上程序可能停止,也可能进入运行状态,而这一切都是未定的。

思考讨论之六

1. "软件的复杂性"是否存在? 列举两个复杂系统失败的事例;再列举一个将复杂软件简化的成功事例,最后做一比较。

2. "信息系统风险评估"、"风险基础模式"、"信息科技风险控制"和"银弹"的定义分别是什么?

3. "计算机硬件系统"的复杂性问题,是否与"软件的复杂性"相类似?

4. 如何理解"IT 治理"?

5. 项目管理、IT 监理等方法如何保证系统的设计和开发质量?

6. 大型软件与普通软件在设计开发方法方面有何本质不同?

7. 为什么说风险意识不仅对 IT 使用者是有必要的,而且对于 IT 的健康持续发展也具有很大意义?

8. 以英特尔为例,试分析 IT 垄断会带来什么样的技术风险?

参考文献

1 (美)布朗. 大规模基于构件的软件开发. 赵文耘、张志,等译. 北京:机械工业出版社,2003

2 (美)Glenford J. Myers. 软件测试的艺术(第 2 版). 王峰,陈杰,译. 北京:机械工业出版社,2006

3 钱乐秋,赵文耘,牛军钰. 软件工程. 北京:清华大学出版社,2007

4 Frederick P. Brooks, Jr.. No silver bullet: Essence and Accidents of Software Engineering. Computer,1987,20(4):10-19

5 (美)法利(Marc Farley)等. 网络安全与数据完整性指南. 李明之,等译. 北京:机械工业出版社,1998

6 邹逢兴,张湘平. 计算机应用系统的故障诊断与可靠性技术基础. 北京:高等教育出版社,1999

7 (美)史密斯(Sean Smith). 可信计算平台:设计与应用. 冯登国,徐霞,张立武,译. 北京:清华大学出版社,2006

8 日本的子弹列车. http://www.zidonghua.com.cn/News/zt.asp? id=32147,2009.07.25

9 黄国兴,陶树平,丁岳伟. 计算机导论. 北京:清华大学出版社,2008

10 黎志成,胡斌,傅小华,龚晓光.管理系统定性模拟的理论与应用.北京：科学出版社,2005

11 (日)宗宫,博行等.东海道新干线第二代列车控制系统.变流技术与电力牵引,2000,(4)

12 方旭明.诸昌铃.日本高速铁路列车控制系统的研究现状.铁道通信信号,1999,35(2)

13 (爱)马丁·柯利.管理信息技术的商业价值——IT 和业务经理实用策略.美国 Intel 出版社,译.北京：电子工业出版社,2006

14 项目管理者联盟论坛.http://www.mypm.net/bbs/article.asp? ntypeid=5039&titleid=66302

15 亚远景信息工程监理.http://www.ljsv.com/svoperationa.htm,2009.05.05

16 信息工程监理与信息系统审计联系紧密.政府采购信息网.http://www.caigou2003.com/supp/it/zixun/200905/20090520100631_280375.html,2009.05.05

17 分析我国 IT 监理制度出台背景与建设现状(1).北京软件网.http://www.bsw.gov.cn/v/showNews.jsp? NewsID=114813,2009.05.05

18 中国社会科学院哲学研究所.第二编价值的认识论研究.http://philosophy.cass.cn/facu/lideshun/jzl/jzl08.htm,2009.05.05

19 曹海燕.科学家和工程师的伦理责任.哲学研究,2000,(1)

第 **7** 章

信息技术与知识产权

"的确，我总是将开放源代码视做一种使世界更美好的途径。"

——李纳斯·托瓦兹(Linus Torvalds)

本章要点

如果你看到有人拿起别人的相机、手机等财产就走，你一定会很气愤：偷盗！但如果有人抄袭你的作业，或是写的程序似曾相识，网站设计雷同，还有看到别人用盗版软件等现象你可能不会那么气愤，因为目前大多数学生对知识产权保护的概念还不十分清楚，对国际惯例也不知道。重视知识产权保护在我国也就是 20 世纪 80 年代初才开始强调的事，此前主要是专利保护。重视知识产权这个现象也说明了中国已经进入了知识经济时代。

《美国计算机协会(ACM)伦理与职业行为规范》在"一般道德守则"中第 6 款要求尊重知识产权，即"计算机专业人员有义务保护知识产权的完整性。具体地说，不得将他人的想法或成果据为己有，即使在其(比如著作权或专利权)未受明确保护的情况下。"可见知识产权在信息技术领域中的重要地位。本章详细讨论有关知识产权方面的概念和问题，期望能尊重他人的智力劳动成果并自觉抵制使用盗版产品和假冒品牌产品，选用开源软件，购买正版产品。

7.1 知识产权基础

7.1.1 知识产权的基本知识

知识产权是指公民、法人或者其他组织团体在科学技术方面或文化艺术方面，对创造性的劳动所完成的智力成果依法享有的专有权利；制止不正当竞争也包括在知识产权中。比如禁止低价销售盗版软件、盗版书籍、盗版音像制品等，当然也包括假冒品牌的衣服、鞋帽等所有的商品。知识产权包括工业产权和版权，其中版权包括文学艺术和科学作品两部分(版权在我国也称为著作权)。工业产权包括专利、商标、服务标志、商号名称和牌号、原产地名称、外型设计等；版权是法律上规定的某一单位或个人对某项著作享有印刷出版和销售的权利；其中包括表演艺术家录音和广播的演出，在人类一切活动领域内的发明、科学发现以及在工业、科学、文学或艺术领域内其他一切来自知识活动的权利等。任何人要复制、翻译、改编或演出播放等均需要得到版权所有人的许可，否则就是对他人权利的侵权行为。知识产权的实质是把人类的智力劳动成果作为财产来看待，至于是否在法律上被赋予"权"并不重要。就像人们非智力劳动制造的房屋、手机、钱包等有形物品一样，不属于自己的就不能随便拿来据为己有，或不付出代价就使用。

【案例 7-1】 我国首起打击大规模网络软件盗版案宣判

2008 年，微软在中国范围内展开了规模巨大的反盗版行动，首先就选择了番茄花园"开刀"。2008 年 8 月，在微软的举报下，当地公安部门对该网站进行了查封，并对相关的嫌疑人进行了抓捕，在业内引起了轩然大波。而随后微软又推出了一系列的反盗版措施，包括后来影响更大的"黑屏"事件等。而此次番茄花园的一审宣判，微软将它定位为"宣告了中国最大软件网络盗版集团的覆灭，是中国打击软件网络盗版的一个里程碑"。

在番茄花园站运作期间全面策划并操控番茄花园商业运作的孙显忠，被判处有期徒刑 3 年半，并处罚金 100 万元；原番茄花园站站长洪磊也被判处有期徒刑 3 年半，并处罚金 100 万元。而此案中，另外两名被告张天平、梁焯勇则分别被判处有期徒刑两年，并处罚金 10 万元。

根据中国和阿尔及利亚在 1999 年的提案，经世界知识产权组织——WIPO（World Intellectual Property Organization）在 2000 年召开的第三十五届成员大会上通过，决定从 2001 年起，将每年的 4 月 26 日定为"世界知识产权日（World Intellectual Property Day）"。因为 1970 年的 4 月 26 日是《建立世界知识产权组织公约》（也称《世界知识产权组织公约》）生效的日期。设立世界知识产权日旨在在全世界范围内树立尊重知识、崇尚科学和保护知识产权的意识，营造鼓励知识创新和保护知识产权的法律环境及道德风尚。

历年"世界知识产权日"的主题分别是：

2001 年：今天创造未来。

2002 年：鼓励创新。

2003 年：知识产权与人们息息相关。

2004 年：尊重知识产权，维护市场秩序。

2005 年：思考、想象、创造。

2006 年：知识产权——始于构思。

2007 年：鼓励创造。

2008 年：尊重知识产权和赞美创新。

2009 年：绿色创新。

从这些活动主题和它的演绎可以看出，人类文明的发展离不开知识创新；而保护知识产权就是保护和鼓励知识的创新。尤其是 2009 年提出的绿色创新，说明了人类对科技的发展日益加剧了生态环境的负担和对人类所面临的生态环境恶化已经警觉起来；世界知识产权组织将重点宣传如何建立一套平衡的知识产权制度：帮助创造、传播和利用清洁技术；推广绿色设计，确保所创造的产品终其生命周期，自始至终都无害并且生态——对于 IT 产品也是同样要求具有从设计、开发、制造、使用到其报废都要无害于开发者、用户和生态环境并节约能源；有助于创建绿色品牌（如绿色计算机、绿色网络），以帮助用户做出选择，并让绿色产品公司拥有市场优势。

据统计测算，全世界目前所拥有的巨大数量的计算机要正常运行所消耗的电能和排出的电磁辐射、废物等,每天都将向大气层增加大约 3500 万吨的废气,相当于 100 万架次航班所带来的废气排量。因使用 IT 设备所造成的二氧化碳排放量占全球二氧化碳总排量的 2%,而其在工作场所消耗的电力则无法估量。一粒小小的纽扣电池可以污染 60 万升水,这相当于一个人一生的饮水量;一块手机电池所含的镉足以污染 3 个标准游泳池的水。自然中的水,从蒸发进入大气,到形成降水离开大气,完成一次循环平均要 9 天左右的时间;通过江河湖泊、风雨洪水等自然运动,通过水的自然循环,局部水的污染会很快带到全球。[①] 而人们的生命每时每刻都离不开清新的空气和干净的水;好空气、干净水才是高标准生活质量、健康生活的基本保证。

所以,世界知识产权组织在 2009 年提出"绿色创新"的主题是具有深刻现实意义的。

7.1.2 知识产权的起源

据统计,从 1999 年到现在,发生于网络的知识产权纠纷案件增加了 8 倍,其中新类型案件层出不穷,使法官判案面临前所未有的挑战,经常要"求教"于专业人士。人们现在所生活的信息时代,知识产权也被数字化了,使得音乐、小说、软件、科技论文、著作等有知识产权的作品在因特网上发布、复制、传播非常容易,而且几乎不需要成本。所以,知识产权或者说智力劳动成果难以受到尊敬和保护。而且在人们的传统习惯性思维中,拿别人的物品,如照相机、衣物、计算机等被认为是偷盗,是可耻的事;而抄袭别人的论文、艺术作品或使用人家的软件设计框架则不被认为是盗窃,或认为不是丢脸的事。也就是说在社会道德风尚中,对偷盗财产与剽窃智力劳动成果——无形智力资产有不同的道德取向,这是知识产权难以得到保护的原因之一。这些也是在信息时代,以信息/知识为代表的社会经济特征使得各个国家和国际社会都特别强调保护知识产权的原因。

非常有意思的是,知识产权并非起源于任何一种民事权利,也并非起源于任何一种财产权。它起源于封建社会的"特权"。这种特权,或由君主个人授予、或由封建国家授予、或由代表君主的地方官授予。国外学者的专著与联合国世界知识产权组织的教材都是这样叙述的,并有历史文献的支持。这一起源历史,不仅决定了知识产权(指传统范围的专利权、商标权、版权)的地域性特点,而且决定了"君主对思想的控制"、对经济利益的控制或国家以某种形式从事的垄断经营等,与知识产权的获得并不是互相排斥的。正相反,知识产权正是在这种看起来完全不符合"私权"原则的环境下产生,并逐渐演变为今天绝大多数国家普遍承认的一种私权,一种民事权利[②]。

随着信息社会在全球的逐步发展和实现,人们生活的世界已变成"地球村",这已成为世界人民的共识。也就是说每个人在这个村庄里生活,不同的价值观和道德观正在相互碰撞、影响,进而达成共识。从另一个角度说,人们要在这个村庄里得到尊重并发挥应有的作用,必须遵守国际游戏规则。国际游戏规则之一就是尊重知识产权。这在国际上已被国际知识产权组织以公约、协定及各国的法律体系所保护和厘定。

世界知识产权组织是 1967 年 7 月 14 日在斯德哥尔摩签订《世界知识产权组织公约》生

---

① 环保设备网. 不能忽略的灾难——我们身边电子垃圾污染. http://www.cn-em.com/newsd.asp? id=1158 , 2009.05.05

② 世界知识产权组织. http://www.wipo.int/about-ip/zh/about_copyright.html, 2009.05.05

效时的 1970 年成立的,根源可追溯到 1883 年。1883 年《保护工业产权巴黎公约》诞生了。这是第一部旨在使一国国民的智力创造能在他国得到保护的重要国际条约。这些智力创造的表现形式是工业产权,即:发明(专利),商标,工业品外观设计。《巴黎公约》于 1884 年生效,当时有 14 个成员国,成立了国际局来执行行政管理任务,诸如举办成员国会议等。

1886 年,随着《保护文学和艺术作品伯尔尼公约》的缔结,版权走上了国际舞台。该公约的宗旨是使其成员国国民的权利能在国际上得到保护,以对其创作作品的使用进行控制并收取报酬。这些创作作品的形式有:长篇小说、短篇小说、诗歌、戏剧;歌曲、歌剧、音乐作品、奏鸣曲;绘画、油画、雕塑、建筑作品。

同《巴黎公约》一样,《伯尔尼公约》也成立了国际局来执行行政管理任务。1893 年,这两个小的国际局合并,成立了被称之为保护知识产权联合国际局(常用其法文缩略语 BIRPI 表示)的国际组织。这一规模很小的组织设在瑞士伯尔尼,当时只有 7 名工作人员,即今天的世界知识产权组织——这个有着 184 个成员国和来自全世界 95 个国家的约 938 名工作人员共同担负着范围不断扩大的使命与任务,充满活力的国际组织的前身。

2001 年 12 月 11 日我国正式成为 WTO——国际世贸组织成员国以来,为遵守国际惯例,中国向世界承诺尊重、保护知识产权,成立了"国家知识产权局"。其前身是中华人民共和国专利局(简称中国专利局),是国务院主管专利工作和统筹协调涉外知识产权事宜的直属机构,于 1980 年经国务院批准成立。1998 年国务院机构改革,中国专利局更名为国家知识产权局,成为国务院的直属机构,主管专利工作和统筹协调涉外知识产权事宜。

透过这些历史脉络可以看出,知识产权的内涵已经从封建君主特许的垄断,逐渐演变为政府以立法授予知识产权的方式鼓励、保护了个人、团体对知识的创新贡献并制止不正当竞争。这个演变印证了人类向文明发展的足迹,体现了人类自身道德的发展。尊重知识产权所体现的核心价值观是公正公平,鼓励智力劳动,维护知识发明者、使用者和社会和谐发展三者的权益和利益,使得三者的利益得到有效协调,共处于相容的系统中。与全球共同的价值观——自由、平等、博爱是一致的。我国相继出台的《反不正当竞争法》、《广告法》等法律法规都是出于维护公正公平、利益百姓等考虑而制定的。

值得强调的是,法律是事后处理,是被动的弥补不道德行为产生的社会秩序混乱;而道德教育和养成是积极主动地预防侵犯知识产权发生和营造和谐社会生活的必要措施。德育、法制都必不可少,而且德育一定在先,一定要做得深入。只有德育做好了,"夜不闭户,道不拾遗"的美好生活环境才能实现。

从人类社会法制以来的历史,也可以体会出法律的真正目的是维护人性中的真、善、美,维护人性中的"仁爱";法是伸张正义、打击凶恶不仁行为的强制性手段,通过惩恶扬善而教育人们成为一个幸福的人。而道德则是靠良心、社会舆论、社会传统习俗、家庭教育等非强制性手段去实施和弘扬真善美的。

7.2 版权、专利、商标和商业秘密

世界贸易组织中《与贸易有关的知识产权协定》(简称 TRIPS 协定)专门规定了"知识产权执法程序"。根据 TRIPS 协定、世界知识产权组织公约等国际公约和我国民法通则,反不正当竞争法等国内立法,知识产权保护的范围主要包括以下内容:

（1）著作权和领接权。

（2）专利权。

（3）商标权。

（4）商业秘密权。

（5）植物新品种权。

（6）集成电路布图设计权。

（7）商号权。

其中邻接权是围绕着受著作权保护的作品而产生的，是作品的传播者依法享有的权利，我国著作权法称之为"与著作权有关的权益"。例如，出版社对著作权人交付出版的作品可通过签订合同取得独家出版的权利；演员对其表演享有许可他人现场直播并获得报酬的权利；另外还有录音录像制作者、广播电台、电视台等对其制作的录音录像制品、广播电视节目享有许可他人复制发行并获得报酬的权利。

7.2.1　知识产权的范围

在讨论知识产权的问题时，常常把版权、专利、商标和商业秘密作为讨论的范围。依法享有知识产权者，对该知识产权享有某些权利和义务，包括使用的权利、管理的权利、拥有的权利、排他的权利和派生收入的权利。

1. 版权

版权是计算机软件产品、集成电路布图设计权和文学、艺术、科学技术等作品的原创作者依法对其作品所享有的一种民事权利；是用来表述创作者因其科学、文学和艺术作品而享有的权利的一个法律用语。在一定语境下，著作权和版权是同义词。版权一词是外来语：即 copyright 的翻译，中文翻译是"版权、著作权、作者权"等。1875 年，日本的启蒙思想家福泽渝吉将其翻译成"版权"传入中国；日本的法学家水野连太郎参考"作者权"，将版权翻译为"著作权"，1899 年取代"版权"（见《大清著作权律》），北洋政府和国民政府在有关的法律条文中沿袭了"著作权"一词，一直沿用到现在。

在中国港、澳、台地区，著作权指作品产生的权利，即作者的权利，版权指出版者的权利。而中国内地今天所说的版权，在许多情况下是指作者和出版者的权利。在大陆，出版权和版权不是同义词，出版权是版权的一部分，比如：出版社的专有出版权。但在《中华人民共和国著作权法》中版权和著作权是同义词（见《中华人民共和国著作权法》第 51 条）。受版权保护的作品种类有：文学作品，例如小说、诗歌、戏剧、参考作品；报纸和计算机程序；数据库；电影、音乐作品和舞蹈；艺术作品，例如油画、素描、摄影和雕塑；建筑作品；以及广告、地图和技术制图等。

【案例 7-2】 网络文学作品侵权案

重庆市版权局自 2009 年初起，经过近两个月的调查，查明 79 文学网和 89 文学网自 2007 年 11 月开办以来，通过技术手段从其他文学网站下载《文理双修》、《犬神传》等约 2000 部文学作品，粘贴到以上两个网站供注册会员和其他网民在线浏览，并通过网站广告获利。重庆市版权局认定 79 文学网和 89 文学网在未经权利人许可的情况下，擅自复制传播逐浪网等文学网站独家签约的网络文学作品，侵犯了权利人的合法权益，决定分别给予关闭网站、罚款人民币 1.5 万元的行政处罚。

2. 版权有哪些权利

受版权保护的作品的原创作者及其继承人享有使用或根据议定的条件许可他人使用其作品的专有权。作品的创作者可以禁止或许可以各种形式对该作品进行复制,例如印刷品或录音;对其进行公开表演,例如以戏剧或音乐作品的形式;将其加以录制,例如以光盘、磁盘或录像带的形式;通过无线电、有线或卫星的手段对其进行广播;或将其翻译成其他文种,或对其加以改编,例如将小说改编成影视剧本等。

受版权保护的许多创作性作品需要进行大量发行、传播和财政投资才能得到推广(如出版物、录音制品和电影);因此,创作者常常将其对作品享有的权利出售给最有能力推销作品的个人或公司,以获得报酬,这种报酬经常是在实际使用作品时才支付,因此被称做版税。这些经济权是有时限的,根据世界知识产权组织有关条约,该时限为创作者死后50年。这种时间上的限制使得创作者及其继承人能在一段合理的时期内获得经济上的收益。版权保护还包括精神权,涉及表明作品的作者身份的权利,以及反对对作品进行可能有损于创作者声誉的修改权利。

权利(即对某作品享有版权的创作者)可通过行政手段或通过法院用检查房屋以查找生产或拥有非法制作的("盗版的")与受保护作品有关的物品的证据的方式来实施。权利人还可要求法院发出制止这些非法活动的命令,并可要求得到补偿其在经济报酬和得到承认方面所受损失的损害赔偿费。

与版权相关的权利领域在过去50年中得到了迅速的发展,这些相关权益都是围绕受版权保护的作品发展起来的,并使表演艺术者(例如演员和音乐家)对其表演、录音制品(例如磁带录制品和光盘)制作者对其录制品、广播公司对其广播和电视节目享有相似但常常更有限且期限更短的权利。当下对网络传播文学艺术作品的争议也很多。

版权及其相关权益通过予以承认和提供公平经济报酬的形式对创作者给以物质精神奖励,因而对人类创造力至为重要。这种权利制度使创作者确信在传播其作品时可不再担心遭受未经许可的复制或盗版。这反过来又能使全世界有更多人享有并提高文化、知识和娱乐的乐趣。

随着技术的发展,版权及相关权领域的范畴和概念也大大拓宽了其保护范围。例如技术进步使得通过诸如卫星广播、网络传播和光盘之类的全世界通信手段,为传播创作作品提供了新的发行途径。在因特网上传播作品只是提出了新的版权问题的一个最新动态而已。世界知识产权组织积极参与正在进行的关于制定计算机领域中保护版权新标准的国际讨论。世界知识产权组织管理的《世界知识产权组织版权条约》和《世界知识产权组织表演和录音制品条约》(常被统称为"因特网条约")规定了一些国际准则,旨在防止未经许可在因特网或其他电子网络上获得和使用创造性作品的行为。

版权的取得不像专利那样需要发明者主动去申请,版权是不需要经过任何官方程序的。一件创作作品自存在起即被认为受版权保护。然而,许多国家设有国家版权局,而且一些法律允许对作品进行注册,以用于确定和区分作品的标题等目的。

创作作品的许多所有人无法寻求实施版权的法律和行政手段,特别是由于文学、音乐和表演的权利被越来越多地在世界范围内使用。因此,成立集体管理组织或专业协会是许多国家的一种发展趋势。这些协会可以使其成员们受益于本组织在收集、管理和分配从国际上使用某成员的作品所得的版税等方面具有的行政和法律专门知识。

3. 专利

专利的英文 Patent 的意思是"独享的权利;特权、专利;专利权"。国内之所以把它翻译成专利是因为它还有"专门的利益"之意。专利是专利法中最基本的概念。人们对它的认识一般有 3 种含义:一是指专利权;二是指受到专利权保护的发明创造;三是指专利文献。例如,我有 3 项专利,就是指有 3 项专利权;这项产品包括 3 项专利,就是指这项产品使用了 3 项受到专利权保护的发明创造(专利技术或外观设计);我要去查专利,就是指去查阅专利文献。而专利法中所说的专利主要是指专利权。

所谓专利权就是由国家知识产权主管机关依据专利法授予申请人的一种实施其发明创造的专有权。一项发明创造完成以后,往往会产生各种复杂的社会关系,其中最主要的就是发明创造应当归谁所有,权利的范围以及如何利用等问题。没有受到专利保护的发明创造难以解决这些问题,其内容泄漏后任何人都可以利用这项发明创造。发明创造被授予专利权以后,专利法保护专利权不受侵犯,任何人要实施专利,除法律另有规定的以外,必须得到专利权人的许可,并按双方协议支付使用费,否则就是侵权。专利权人有权要求侵权者停止侵权行为,专利权人因专利权受到侵犯而在经济上受到损失的,还可以要求侵权者赔偿。如果对方拒绝这些要求,专利权人有权请求管理专利工作的部门处理或向人民法院起诉。

专利权作为一种知识产权,它与有形财产权不同,具有时间性和地域性限制。专利权只在一定期限内有效,期限届满后专利权就不再存在,它所保护的发明创造就成为全社会的共同财富,任何人都可以自由利用。专利权的有效期是由专利法规定的。专利权的地域性限制是指一个国家授予的专利权,只在授予国的法律有效管辖范围内有效,对其他国家没有任何法律约束力。每个国家所授予的专利权,其效力是互相独立的。

专利权并不是伴随发明创造的完成而自动产生的,需要申请人按照专利法规定的程序和手续向国家知识产权管理机构提出申请,经审查,认为符合专利法规定的申请才能授予专利权。如果申请人不提出申请,无论发明创造如何重要,如何有经济效益都不能授予专利权。

专利在国际上通常指发明专利。我国专利法除发明专利以外,还规定有实用新型和外观设计专利,并规定发明专利批准以后有效为从申请日起 20 年之内,实用新型和外观设计专利的有效期为从申请日起 10 年内。

所以,"专利权与专利保护"是指一项发明创造向国家专利管理机构提出专利申请,经依法审查合格后,向专利申请人授予的在规定时间内对该项发明创造享有的专有权。发明创造被授予专利权后,专利权人对该项发明创造拥有独占权,任何单位和个人未经专利权人许可,都不得实施其专利,即不得为生产经营目的制造、使用、许诺销售、销售和进口其专利产品。未经专利权人许可,实施其专利即侵犯其专利权,引起纠纷的,由当事人协商解决;不愿协商或者协商不成功的,专利权人或利害关系人可以向人民法院起诉,也可以请求管理专利的部门处理。专利保护采取司法和行政执法"两条途径、平行运作、司法保障"的保护模式。

4. 商标和商业秘密

商标是指商标主管机关依法授予商标所有人对其注册商标受国家法律保护的专有权。商标是用以区别商品和服务不同来源的商业性标志,由文字、图形、字母、数字、三维标志、颜色组合或者上述要素的组合构成。我国商标权的获得必须履行商标注册程序,而且遵循申请在先的原则。

商业秘密是指不为公众所知悉、能为权利人带来经济利益、具有实用性并经权利人采取保密措施的技术信息和经营信息。商业秘密主要是指有关企业本身活动、技术、计划、政策、记录等非公共信息，它包括生产过程、客户名单、市场资料和研究建议等。如可口可乐公司饮品的配方就属于商业秘密。百年来公司以外无人知道可口可乐的确切配方。

根据定义，商业秘密应具备以下 4 个法律特征：

(1) 不为公众所知悉。

这是讲商业秘密具有秘密性，是认定商业秘密最基本的要件和最主要的法律特征。商业秘密的技术信息和经营信息，在企业内部只能由参与工作的少数人知悉，这种信息不能从公开渠道获得。一旦众所周知，那就不能称之为商业秘密。

(2) 能为权利人带来经济利益。

这是讲商业秘密具有价值性，是认定商业秘密的主要要件，也是体现企业保护商业秘密的内在原因。一项商业秘密如果不能给企业带来经济价值，也就失去了保护的意义。

(3) 具有实用性。

商业秘密区别于理论成果，具有现实的或潜在的使用价值。商业秘密在其权利人手里能应用，被人窃取后别人也能应用。这是认定侵犯商业秘密违法行为的一个重要要件。

(4) 采取了保密措施。

这是认定商业秘密最重要的要件。权利人对其所拥有的商业秘密应采取相应合理的保密措施，使其他人不采用非法手段就不能得到。如果权利人对拥有的商业秘密没有采取保密措施，任何人几乎随意可以得到，那么就无法认定是权利人的商业秘密。

综上所述，知识产权具有如下特征：

(1) 知识产权的客体是不具有物质形态的智力成果。

(2) 专有性，即知识产权的权利主体依法享有独占使用智力成果的权利，他人不得侵犯。

(3) 地域性，即知识产权只在产生的特定国家或地区的地域范围内有效。

(4) 时间性，即依法产生的知识产权一般只在法律规定的期限内有效。在保护期届满后即进入公有领域，成为任何人都能够自由利用的公共产品。

知识产权有效期的限制对于平衡知识产权人的利益与围绕知识产品产生的公共利益、保留公有领域具有重要意义。我国《商标法》规定，注册商标的有效期自核准注册之日起计算为 10 年。著作权限制为作者有生之年加 50 年。商业秘密的保护是一个例外，对商业秘密的法律保护没有明确的保护期。但商业秘密一旦泄漏，就自然中止保护期。

7.2.2　国内外有关知识产权立法及保护特点

国际上对于知识产权的保护主要是通过法律手段实施。由于历史文化、地域习俗和价值观等方面的差异，各个国家对保护知识产权的立法也有所不同。从国际范围看，知识产权保护的好坏与该国的科技发展有着直接的关系。我国加入世界贸易组织后，中国在世界舞台上的影响越来越大，知识产权也就成为我国对外经贸摩擦的主要问题之一。

美国专利界有句名言："凡是太阳底下的新东西都可以申请专利。"经过二百多年的发展，美国已在全球范围内形成了对维护本国利益极为有效的知识产权保护体系。其发展经历了 3 个阶段：1776 年建国之初到 20 世纪 30 年代，对专利的过度关注导致垄断；20 世纪 30 年代至 20 世纪 80 年代，反垄断排挤知识产权保护；20 世纪 80 年代至今，以 IT 引领的知识产权全球受到保护。

1787 年，美国在宪法第一条第八款里就规定了版权和专利权。1790 年颁布第一部《专利法》，1802 年成立直属联邦政府的专利与商标局。迄今，美国已经基本建立起一套完整的知识产权法律体系，主要包括：《专利法》、《商标法》、《版权法》和《反不正当竞争法》。

在知识产权体系三大支柱之一的专利管理政策方面，旨在界定国家投资所产生的科技成果的知识产权归属和权益分配政策的《贝多尔法案》(Bayh-Dole Act, 1980)，成为美国知识产权保护政策最重要的里程碑。

在知识产权保护方式方面，美国主要采取司法保护措施。美国在保护其海外的知识产权的途径是通过外交政策实现的。早在 20 世纪 70 年代，美国就制定了相关法律，其中最著名的就是特殊 301 条款。该条款规定，美国贸易谈判代表要呈送一份年度报告，列出拒绝有效保护美国知识产权的国家，并同时列出重点国家。在确定重点国家后的 30 天内，美国贸易代表开始对这些国家的知识产权保护情况进行调查，在半年内做出是否采取报复性措施的决定，即可能实施进口限额、增加进口关税，或取消贸易最惠国待遇。

1992 年，法国率先颁布了《知识产权法典》，使知识产权法成为与《民法典》并行的另一部基础性法典。法国制定《知识产权法典》的目的是"使知识产权的规范平起平坐地与《法国民法典》相独立而成为另一部法典"。该法典所规范的权利包括文学和艺术产权及工业产权。文学艺术产权包括著作权、著作权之邻接权、数据库制作者权；工业产权包括工业品外观设计权、发明及技术知识权（发明专利权、制造秘密权、半导体制品权、植物新品种权）以及制造、商业及服务商标和其他显著性标记权。法国《知识产权法典》的颁布得到了学者们的高度评价。其优点一是较好地处理了知识产权内部各部门立法之间的关系，体系合理，系统性好；二是较好地处理了知识产权法中的特别规范与一般民事规范之间的关系；三是较好地解决了民法的稳定性与知识产权易变性之间的矛盾。

印度的知识产权保护别有特色。它以立法作保障，司法、行政和民间 3 方积极互动、紧密配合，构建起了独特的知识产权保护体系。不断更新与完善法律，使之与国际条约接轨，成为印度实现知识产权保护的主要特点。

作为知识产权政策重要的基本组成部分，印度知识产权法律体系包括版权法、商标法、专利法、设计法、地理标识法等，这些法律奠定了印度知识产权政策的基石。

英国是专利制度最早的发源地。英国 1623 年颁布的《垄断权条例》，加上 1709 年制定的《安娜女王法令》，为英国奠定了世界知识产权保护制度鼻祖的地位。此后，在知识产权保护中，英国在保持知识垄断性和促进知识流动性两方面不断完善法规，不断寻求两者之间的良好平衡。

《垄断权条例》，是世界上第一部正式而完整的专利法，该法确立了专利制度的核心，也反映出知识产权在一定意义上是垄断权的理念。而作为世界上第一部版权法，《安娜女王法令》规定了作者是著作权的拥有者以及在固定期限内保护出版著作的原则，这至今仍是版权法的核心内容。

作为知识产权主管部门，英国专利局认为他们可以和世界上任何一个专利局相媲美，它所授予的专利及其他注册功能受到了世界的尊重，尤其在商标方面被公认为世界最佳。近年来,英国非常重视知识产权体系的完善与发展,以鼓励创新,推动技术转化。

我国有关知识产权的法律法规建设起步较晚。1984 年 3 月 12 日第六届全国人民代表大会常务委员会第四次会议通过《中华人民共和国专利法》;1982 年 8 月 23 日中华人民共和国《商标法》被审议通过;1990 年 9 月 7 日第七届全国人民代表大会常务委员会第十五次会议通过了《著作权法》。从此,我国在知识产权保护法律法规建设方面取得了长足的发展,目前正在努力与国际社会保持一致。

另外,中国还借鉴国外知识产权保护制度的可取之处发展自己的事业。如美国发明专利申请授权速度很快,并且在授权后专利的细节才予以公布。相应地,我国专利审批经过的时间太长,对申请人来说费时费力,并且不利于申请后授权前这段时间对技术秘密的保护。因为与美国不同的是,我国专利在授权前必须经过公布这一程序,使得申请人的技术秘密在得到授权前就公开。若此后不能取得专利权,则其技术秘密因已经公开而失去新颖性不能得到有效保护,容易被他人仿制。美国专利保护的另一个可借鉴之处在于将医学治疗方法也列入了可申请专利的类型,扩大了专利的授权范围。

【案例 7-3】 教学用的案例

某地质研究院研究员樊某发明了一种探测仪器:"铁-钙分析仪",并获得了国家专利局授予的专利权。其后,樊某与江苏某仪表仪器厂签订了专利实施的许可合同。半年后,樊某发现某省教学仪器公司买进的 150 台铁-钙分析仪与自己的发明专利完全相同,但不是上述被许可企业生产的。经调查,这批仪器的制造者是南京某教学仪器厂,该厂是仿照从市场上买到的江苏某教学仪器厂的产品生产的。同时,樊某还发现某大学实验室也仿制了几台铁-钙分析仪在科研中使用。

问:(1)谁侵犯了樊某的专利权?为什么?

(2)樊某可通过什么途径请求保护自己的专利权?

在本案中,南京某教学仪器厂侵犯了樊某的专利权。根据专利法的规定,专利权人对其发明创造享有独占权,未经专利权人同意,以生产经营为目的的实施其专利就属于侵权行为。南京某教学仪器厂未经樊某许可,擅自生产、销售其专利产品,所以构成专利侵权。

在本案中,某大学的行为不视为侵权行为。因为专利法规定,专为科学研究和实验而使用有关专利的,不构成侵权。

樊某可以请求有关专利机关处理。有关专利管理机关接到请求后,经调查发现侵权行为属实,有权责令侵权人停止其侵权行为,并赔偿樊某的损失。樊某也可以直接向省、自治区、直辖市、经济特区政府所在地中级人民法院起诉。人民法院将依法保护樊某的合法权益。

7.3 软件盗版问题与开放源代码运动

软件盗版是对科技成果的专有性的制度化和体制化的"抗争",而"开放科学"运动利用知识产权制度实行与专有软件不同的许可证制度,并在软件开发与应用领域取得了一些成功,被誉为"开放源代码软件"模式①。本节对软件盗版和开放源代码进行探讨。

---

① 李伦.自由软件运动与科学伦理精神.上海师范大学学报(哲学社会科学),2005:39～44

7.3.1 软件盗版问题

软件盗版是指未经授权复制或散布受版权保护的软件。在个人计算机或小型计算机上复制、下载、共享、销售或安装多份受版权保护的软件,均属软件盗版行为。许多人没有认识到或没有考虑到购买软件时,自己实际上购买的是软件使用许可权,并非实际的软件。此许可权会告知用户允许安装该软件的次数,因此应务必仔细阅读。如果软件安装次数超过此许可的规定,就属盗版行为。也就是说,当人们购买软件时,他们并没有成为其版权的拥有人,而是在版权所有人(通常也是软件出版人)制订的一些特定限制下购买软件有限度的使用权。详细的条款会在软件附带的文件即授权协议中加以说明。每个人必须懂得和遵守这些条款,不能复制给他们的朋友、同事使用,而是鼓励他们去买正版软件或是选择开源软件使用,否则就有可能违反了版权法。这在中国好像很不通人情,但是,随着国际化的进展,中国必须按国际惯例行事,遵守知识产权法,尊重人才,尊重知识创新,才能使中华民族不愧对文明古国子孙的称号,才能获得应有的国际地位和尊重。

开发一个商用软件,要先做大量的市场调研,列出用户需求,然后分成若干个功能模块由不同的工作小组分头开发实施,其间要和用户、各个工作小组交流、沟通、合作;然后集成各功能模块为一体并调试、修改;再进行软件测试反复修改,试运行再完善等多道工序后才能交付用户使用,享有软件著作权。如果非法复制或是购买低价的盗版软件,则是对付出辛苦劳动的软件工程师极大的不尊重,也是和偷盗别人的财产一样的不道德和违法,要受到不劳而获道德良心的谴责和知识产权法等法律的惩罚。

软件盗版问题是目前全球都面临的一个知识产权保护问题。软件的盗版很容易从硬件的销售额来估算。例如泰国计算机产业协会 20 世纪 90 年代初的一项调查,其 1992 年个人计算机硬件的销售额是 2.84 亿美元,而软件的销售额显示只有 980 万美元。没有软件,一台计算机又能干什么呢? 显然很多机器使用的不是正版软件。

为在全球解决软件盗版问题,"促进一个安全合法的数字世界",美国商业软件联盟(Business Software Alliance,BSA)于 1988 年成立,它是目前最有影响的通过教育计算机用户关注软件版权和计算机安全、促进软件产业和电子商务的发展,并提倡鼓励创新和拓展贸易机会的公共政策组织。其会员包括苹果、戴尔、微软、惠普、思科、IBM、英特尔、Adobe 等世界最著名的信息产业公司。BSA 自成立起就做了大量的教育和维护软件正版权益的工作,他们有专门的盗版举报网站:www.nopiracy.com,发挥了很大的作用。据最新的举报统计,2008 年美国使用软件盗版中最多的 10 个行业是:

(1) 制造业。

(2) 销售/分配业。

(3) 服务业(普通类)。

(4) 金融服务业。

(5) 软件开发业。

(6) 计算机咨询业。

(7) 医疗业。

(8) 工程业。

(9) 学校/教育业。

（10）咨询业。

公众应当知道，使用盗版软件是非法的并且存在着高风险。因为盗版软件是非法复制的，在再复制的过程中没有全部复制具有版权软件的全部信息或是给用户提供了全部操作文档、及时升级、更新版本和发布漏洞补丁等售后服务，所以其风险是存在的。对于使用盗版软件的用户而言，则极大地增加了其金融、法律和信息安全风险。而且这一风险也会带给他们的客户与普通大众。

中国软件联盟（China Software Alliance，CSA）是中国软件行业协会知识产权保护分会的简称，是一个旨在推进我国软件知识产权法律保护，打击盗版、仿冒、非法拷贝等侵权行为，净化软件市场，维护软件权利人合法权益，促进软件产业健康发展的社团组织。CSA 成立于 1995 年 3 月 21 日，隶属于原国家信息产业部。联盟办事机构设在秘书处，主要成员单位包括：中国计算机与技术服务总公司、北大方正集团、联想集团、四通集团、北京希望计算机公司、用友软件集团、四通利方公司、北京连邦软件公司、微软（中国）有限公司、北京深思洛克数据保护中心、北京江民新技术有限责任公司、北京金益康新技术有限公司、北京金山公司、北京彩虹天地 IT 有限公司等 18 家国内知名的软件企业。中国软件联盟还在全国四十多个大中城市建立了中国软件联盟软件知识产权保护授权市场观察站，观察站作为联盟在各地的派驻机构，积极配合各地版权管理等执法部门在知识产权保护方面的工作。十几年来在向公众宣传教育软件知识产权等方面做出了卓越贡献。据中国互联网实验室《2008 年中国软件盗版率调查报告》显示，2008 年中国软件产业销售额达 7573 亿元，把盗版软件按市价折算为经济价值计算，相对于软件产业的价值盗版率由 2007 年的 20％下降为 15％。按当年安装的应付费计算机软件套数计算，盗版率由 2007 年的 56％下降为 47％。

在打击盗版时，很多购买、使用盗版软件的用户没有承担责任的概念，通常认为这是盗版软件生产者和销售者的事。但是从法律的角度衡量，一旦盗版软件最终用户构成侵权，也要按法律承担赔偿责任。

【案例 7-4】　厦门宣判 3 起软件盗版案 3 家盗版软件用户分别被判赔偿

这 3 家被告均是福建省泉州市的石材企业，他们使用的盗版软件均是从邬剑手中买来的。邬剑是在石材设计公司担任设计绘图的技术员。2003 年起，邬剑从客户计算机中复制正版石材设计软件。随后非法复制并低价贩卖给多家石材企业。一套正版软件的售价为 20 万～30 万元，邬剑则以 1/10 的价格销售盗版软件。据查，2004 年至 2005 年间，邬剑非法经营数额共计 24 万余元。2007 年初，邬剑被厦门中级人民法院判处有期徒刑两年零六个月，没收违法所得 24 万余元。

邬剑盗版的系列软件属于日本 CREA 株式会社所有，厦门雅创 IT 有限公司是国内独家获得授权销售该系列软件的公司。在邬剑被判刑之后，雅创公司对邬剑提起民事诉讼，经法院调解，邬剑赔偿雅创公司 18 万元。

后来，雅创公司乘胜追击，将 3 家从邬剑手中购买并使用盗版软件的石材企业告上了法庭，认为这 3 家石材企业购买了原告具有专有权益的软件的侵权复制品，安装并进行商业性使用，侵害了原告的合法权益，给原告造成了重大的财产及声誉损失。

厦门中级法院审理后认为，商业软件的最终用户获取商业软件的目的，就是将该软件作为一种工具，以解决特定的业务问题。最终用户对未经著作权人授权许可的商业软件进行使用，特别是功能性使用，必将给著作权人带来经济上的损失。这 3 家石材企业作为专业从事石材行业的企业,以明显低于市场的价格购买设计软件,安装于办公计算机上,且未尽到著作权审查义务,其购买、安装盗版软件,主观上具有过错,已构成侵权,应承担相应的法律责任。因此法院判决这3家石材企业各赔偿原告厦门雅创IT有限公司经济损失两万元。

7.3.2 开放源代码运动

在全球知识产权保护的行动中,另一股声音也越来越响,这就是开放源代码运动:自由、开放、共享、合作是他们的精神理念。传统的软件保护模式是版权专有(copyright)+专有软件许可证(Proprietary of Software License),而开放源代码运动的倡导者理查德·斯托曼(Richard Stallman)则把这种模式变为了版权开放(copyleft)+通用公共许可证(General Public License),从而保持了软件自由的属性。开放源代码运动是以尊重知识产权为前提,建立一种与专有软件不同的许可证制度。在这种模式下,软件得到充分的开发和应用,并通过开放,得到不断的补充和完善。如开放源代码的另一个倡导者,Linux操作系统的发起人李纳斯·托瓦兹(Linus Torvalds)就是持这种观点并大力实践的。他在1991年8月对外发布了一套新的操作系统,源代码放在芬兰(托瓦兹是芬兰人)网上最大的FTP站上,这就是第一个开源操作系统——Linux。在这些开源先驱的影响与带动下,国际社会出现了蓬勃的"自由软件联盟"、"自由软件社区",以及开源联盟和开源社区等民间组织。如OpenOffice.org、http://sourceforge.net/、GNU等。GNU计划是由理查德·斯托曼在1983年9月27日公开发起的。它的目标是创建一套完全自由的操作系统。理查德·斯托曼最早是在net.unix—wizards新闻组上公布该消息,并附带一份《GNU宣言》,解释为何发起该计划,其中一个理由就是要"重现当年软件界合作互助的团结精神"。世界开源大会自2003年创办以来每年举办一次,倡导"自由、参与、奉献、沟通"的精神并成为开源运动持续发展的推动力。2008年,世界开源大会经选举决定在北京召开,大会以"绿色·生态·友好——开源软件的普世责任"作为研讨主题,深入探讨了开源软件及OpenOffice应承载的IT业对环保的责任,讨论从开源入手促进软件业的生态友好,在节能、环保、高效等方面应做出更多贡献。我国每年也举办自己的开源大会,总结、讨论、研究国内自己的软件产业发展思路。

近年来,开源软件在全球取得了长足进步,基于开源的软件产品和服务日益成熟。据估计,到2012年,全球90%的企业和机构将有计划采用开源技术;2009—2013年,中国Linux操作系统总体市场的收入将会以23%的5年复合增长率保持高速增长。我国也将加大开源软件的使用与推广。例如,我国的恩信科技(见http://www.nseer.com/),就是一个很好的开源软件公司,开源社区也很多,如中国自由软件联盟、LUPA(http://www.lupaworld.com/)等。

开源软件向人们展示了信息时代精英们的伦理精神和他们的生活目标,也是一种全新的生活方式,比如在网络免费开放、人人可以编辑的自由百科全书——维基百科为人们再现学习交流提供了极大的方便。还有以美国著名大学麻省理工学院为首的一批世纪著名高校,将他们的所有教学资源都放在网上供全球的人免费学习之用,他们的"开放式课程网页"是:http://www.myoops.org/cocw/mit/index.htm。这种面向全社会开放自己的知识,与其他用户分享、合作的信息时代伦理精神值得人们思考其文化内涵和社会风尚影响力。

7.4 网络知识产权

据中国互联网信息中心(CNNIC)2009年7月16日发布的调查数据,我国上网人数已达3.38亿,宽带网民达3.2亿,其中手机上网的网民达到1.55亿,他们随时随地可以上网。另一方面,因特网的快速发展给人类社会带来的影响怎么想象也不算过度:在政治、经济、军事、文化、教育、法律等各个方面带来的变革已超过人类历史任何一个发展阶段,它要求人们必须面对网络环境重新考察问题、调整关系,做出抉择。网络知识产权问题,是其中最为敏感的问题之一。因为网络无国界、无地域限制、无时差。

7.4.1 网络知识产权的特点

一般知识产权具有无形性、专有性、地域性、时间性等特点,由于网络空间信息的存储、产生、传播、利用等条件的不同,其知识产权的特点也有所不同。

首先,知识产权的无形财产权性质更加明显。知识产权是一种无形财产权,它所保护的是权利人对以精神形态、信息形态存在的智力成果的相关权益。在传统环境中,智力成果一般总要和物质载体相结合。商标标识、外观装潢、专利产品、图书资料、唱片乐谱、视听光盘、录音录像带等都是智力成果的"固化物",是无形的精神创造与具体的物质载体的统一。在知识产权的确认、授权、处分、转移、保护等许多环节中,这些载体的客观存在起到重要的作用。但在网络空间,一切智力成果都表现为数字化的电子信号,存储在网络服务器中。人们可感知的只是闪烁的计算机终端屏幕上瞬时生灭的数据和影像。如果说"无形"这一特点已经给知识产权侵权的认定与保护带来了比有形财产权复杂得多的问题,那么在网络信息环境下知识产权的无形财产性质表现得就更为充分,知识产权的保护也就更加复杂,更加难以把握。

其次,知识产权的地域性遭遇挑战。由于各国政治、经济、文化背景和科技发展水平的不同,各国对知识产权的保护内容往往有很大差别,知识产权立法具有明显的地域性特点。随着一个多世纪以来大量保护知识产权的国际公约、地区条约和双边条约的签订,已经使知识产权的地域性特点呈减弱趋势,而因特网的出现给知识产权的地域性带来更为实质性的冲击。在网络空间中,智力成果信息可以以极快的速度、极方便地在全球范围传播。国家与国家之间的界限在网络空间越来越模糊和淡化。智力成果信息可以瞬时跨越不同的知识产权立法区域,被不同法律环境中的主体所接受和使用。网络空间中跨国知识产权的侵权认定与实施保护都存在理论和实践上的困难。网络的全球性特点与世界经济一体化的大趋势已经并正在进一步减小各国知识产权立法的差异,使知识产权的地域性渐趋淡薄。

第三,知识产权的时间性受到影响。知识产权不是永久性的法律权利,知识产权中的财产权只在法定的期限内有效,逾期其权利客体便进入公有领域,任何人都可以无偿占有、使用而不构成侵权。在一般情况下,权利人因智力成果而可能获得的经济收益直接与社会环境有关。在网络信息环境,信息传播交流的范围速度远非传统环境可比,智力成果的收益实现时间大为缩短,加上知识、技术的老化周期变短、淘汰频繁,智力成果的无形损耗也大为加剧。因此现行知识产权保护期限的规定在网络信息环境表现出明显的不相适应。

142

第四，知识产权的专有性面临挑战。知识产权的专有性也称为独占性或垄断性，是指依法对某一智力成果只授予一次专有权，该权利仅为权利主体所享有，非经权利人许可(或法律另有特别规定)任何其他人均不得占有和使用。实际上，在网络空间中，各国知识产权立法的差异，权利保护期限的不同和信息流跨国高效率传输等因素都深刻地影响到知识产权的专有性，尤其是网络环境智力成果信息的"非物质化"特性，给知识产权的确认、有偿使用、侵权监测及实施保护等专有权的实现都带来困难。专有性是知识产权的本质特征，如何保证网络信息环境知识产权的专有性不被削弱，如何保证专有权的实现，不仅是一个理论问题，也不仅是网络立法问题，而且是一个从理论到实践的涉及立法、司法、执法等诸多领域的综合问题，是一个应当认真探讨的问题。

7.4.2 网络知识产权存在的问题

网络知识产权最主要的特征是知识产权的数字化和网络化。网络技术进步加速了信息的流通，充分实现了信息资源共享，促进了科学文化的传播交流。在网络环境下，作品的创作、传播、使用通常是以数字化的形式进行的，任何作品都可以很容易地被数字化，自然也就便利了侵权行为的发生，增加了保护著作权人合法权益的难度，引发了一些现行知识产权管理制度所无法解决的问题。

按照传统的知识产权保护法律观念，为了个人学习或欣赏，复制一部已经发表的作品，属于"合理使用"。但随着信息传播技术的发展，用户从国际因特网、电子信息设备上复制作品以供自己使用，已经损害并将继续损害著作权人的权益。所以，进行电子复制要慎重从事。有几种情况构成电子复制：一个作品被固定在一台计算机内，并且不是一个短暂的时间；一个印刷品被"扫描"成数字化文件形式，该数字化文件就是复制品；照片、图片或声音制品被数字化以后，该数字化文件就是原作品的复制件；数字化文件从被使用者机器中上传到电子公告版(BBS)或其他网络信息服务设施上；数字化文件被人再从 BBS 或其他信息服务设施上下载；当一份文件从一个网络用户转移给另外一个用户时；当一个计算机终端用户成为信息转储终端，从另一台计算机如 BBS 或网络用户处取得文件时。作品转换为数字化形式存储、传播和使用，不但使各类作品之间界限模糊，而且使得作品的复制速度和难易程度、作品的修改、复制品的质量和处理能力、向公众传播的速度等都发生了本质的变化，因而，必然会对著作权中的复制品，以及"复制"和"复制品"定义产生重要的影响：即我们所拿到的(或者说我们所看到的)，哪个是原件？哪个是复制品？

有著作权的作品以数字化形式存储并上传到网上以后难以甚至无法控制侵权行为，著作权保护成了空话。另外，数字化形式的作品通过网络在国际间传播，使著作权问题更加复杂化。在网络环境下，原来的合理使用原则不再适用。由于网络传输的便利造成合理使用的层层转发，给著作权人权益带来极大损害。国际版权组织成立了一些小组研究控制网络侵权问题。英国出版商协会成立工作组提出，推行合同办法控制电子复制问题。不少国家的法律将"私人复制"和"家庭复制"的"合理使用"变为"法定许可"，即允许复制，但应向版权所有者支付报酬。报酬的标准由政府规定，或由版权管理机构与电子信息网络经营者签订合同约定。目前，人们普遍认为需要进一步合理拓宽"复制"或"复制品"的概念，即明确复制包括对作品进行单纯数字化处理。

7.4.3　网络知识产权的保护

从知识产权保护的角度上看,信息可以分为作品性信息和非作品性信息。作品性信息主要指经智力加工过或经激活的信息产品,如情报研究作品、咨询研究作品、计算机程序作品、数据库作品、多媒体作品等;非作品性信息主要指未经智力加工过或未经激活的信息产品,如社会、经济、军事等事实性信息。只有作品性信息才存在网络知识产权保护问题。在网络环境下,用户可能会遇到分布在世界各地的、属于不同著作权人的、分别存贮于各种媒体上的信息,这些信息可能是正享有版权的作品,也有可能是不受版权保护的,还可能是作品财产保护已期满的。如果使用一些正在受到知识产权保护的作品,就必须得到著作权人的许可。否则,不经著作权人同意,对作品随意使用,则构成侵权行为。但是,使用者很难完全掌握各种享有版权作品权利人的信息,在不了解一项作品的著作权人是谁的情况下,这种授权问题的处理根本无法进行。对于使用已享有著作权的作品,必须明确所有的权利人,以便取得联系获得授权,而这些查询费时、耗财。因此,建立一个同网络管理相结合的、既合理又方便可行的知识产权管理制度是网络知识产权保护的一个紧迫问题,同时也是一个技术问题。

在 IT 的条件下,信息的传播是用户通过计算机存储器先把传播的信息固定,在存储器中形成一个作品的复制品在屏幕上显示,以供用户浏览。信息的发送、接受构成信息在网络中的传播。版权作品在计算机通信网络和信息高速公路中以电子脉冲形式的数据流方式传播,将成为版权作品发行传播的重要形式,这就产生了作品在网络中发行的问题。

在网络上,任何一个人都可以出版发行自己的作品,作品的发表和传播很可能构成出版行为。所以应该明确规定在网络上传送和传播属于著作权人的专有权利之一。我国作品的出版发行是通过出版社或一定机构进行的,著者和出版者是相互独立的两方。根据著作权法的规定,决定一件作品是否发表是著作权人的专有权利。因而网络环境的出版发行将对我国著作权法中规定的出版社的权利、出版合同等现行出版制度造成冲击。为了加强互联网信息服务活动中网络传播权的保护,国家版权局和原信息工业部于 2005 年联合制定实施了"互联网著作权行政保护办法",共有 19 条。

尽管目前世界各国普遍遵循伯尔尼公约规定的原则,不以登记注册为作品取得版权保护的前提。但是,在网络环境下,作品使用时享有著作权权利人的确认,使得著作权登记制度在一定程度上更加受到重视。随着因特网和信息高速公路的发展及应用,广大用户急需专门的网络服务提供者。一些发达国家的经验表明,建立一个著作权管理机构,代表著作权与作品使用者洽淡使用许可事宜,负责监督各种侵权行为以及追究法律责任,并提供各类版权信息数据库检索,是协调著者与社会公众关系并维护著作权人合法权益的有效途径。

信息网络的日趋国际化,使得网络知识产权问题越来越突出,涉及法律、技术、道德、社会环境、信仰等方面诸多复杂问题,这有待于国际社会进一步认识和共同探讨。

【案例分析】

近年来网络热点词"山寨版"有扩大使用的趋势,其含义有盗版,赝品,仿品等之意。你对这个现象有什么看法?

思考讨论之七

1. 查阅资料并在学习小组中讨论知识产权保护所体现的道德内涵。

2. 保护知识产权的方法有哪些？法律可以禁止盗版发生吗？为什么？

3. 开源运动和自由软件代表了什么时代精神？谈谈你所知道的开源软件和开源社区。

4. 国际游戏规则主要的内涵就是尊重知识产权，调查并分析一下你身边保护知识产权的案例。比如你想买正牌商品却买回假冒商品等。

5. 作为一个地球村民，你认为使用盗版会有什么后果？从网上或其他同学处抄作业合适吗？如果可以，你认为可以抄多少？要不要告诉原作者？这种行为伤害了谁？

6. 美国著名大学麻省理工学院将他们的所有教学资源都放在网上供全球的人免费学习之用，他们的"开放式课程网页"是：http://www. myoops. org/cocw/mit/index. htm。请讨论他们这一举措所倡导的伦理价值观是什么？并调查他们这样做后有什么社会影响。

参考文献

1 环保设备网.不能忽略的灾难——我们身边电子垃圾污染. http://www. cn-em. com/newsd. asp? id=1158,2009.05.05

2 世界知识产权组织. http://www. wipo. int/about-ip/zh/about_copyright. html,2009.05.05

3 法律快车. http://www. lawtime. cn/,2009.05.05

4 国家知识产权局. http://www. sipo. gov. cn/sipo2008/,2009.05.05

5 徐璟.美国及主要欧盟国家对药品的知识产权保护制度探析.湖北广播电视大学学报,2009,29(1)

6 中国保护知识产权网. http://www. ipr. gov. cn/cn/index. shtml,2009.07.21

7 张野.怎样才能更好地保护网络知识产权.国家知识产权战略网. http://cn. b4usurf. org/index. php? page=software-piracy-and-the-law,2009.07.05

8 世界开源办公软件社区. http://www. openoffice. org/,2009.07.21

第 **8** 章

计算机技术与隐私保护

> "己所不欲,勿施于人。"

——孔子

本章要点

无数事例说明,由于计算机系统和网络的存在并被广泛使用,人们的隐私甚至基本的人身自由也会受到无辜的侵犯。"隐私"的问题在不同国家、不同文化背景中具有不同的理解与处理方式,"自由"一词也是无法得到全球统一认识的。本章主要介绍信息社会生活中个人隐私和公民自由的基本概念,隐私保护的道德基础和法律基础,信息社会隐私安全的隐患及其保护策略和伦理规范等基本知识。

隐私与公民自由是一个涉及人权和社会安定的问题。在信息社会,这主要是一个伦理问题和涉及全球化的问题。

8.1 隐私保护的道德和法律基础

8.1.1 什么是隐私

人们所生活的社会已经进入了数字化、信息化时代。个人社会保障等信息已实现数据库化管理,参加驾驶执照考试也是由计算机信息系统管理;看病体检等医疗信息也是计算机网络化管理;学校各项事务管理也是用计算机局域网实现的;在企业已开始全面实行 ERP(Enterprise Resource Planning,企业资源规划)管理;金融业更是全部采用数字化信息联网工作:一系列国家级信息化工程如金关工程、金卡工程、金税工程、金财工程、金审工程、金盾工程、金农工程、金保工程、金水工程宏观经济管理信息系统等,包罗、涉及了个人、团体的很多信息。其中每个人的隐私信息,包括健康状况、银行信誉度、家庭财产等私人不想其他人知道的信息却可以在因特网上查到,由此引起的民事纠纷也越来越多,越来越棘手。这也是造成不和谐的社会生活原因之一。那么,什么信息是不可以公开的个人隐私信息呢?

【案例 8-1】　家庭电话号码

某产妇在医院顺利生下一男孩后回家休养,不料家中电话响个不停,根本无法休息:"恭喜您喜得贵子! 我是保姆公司,你要用保姆吗?";"我们是专给婴儿拍照的摄影公司,给您的宝贝留些可爱的照片吧!"……这位产妇非常纳闷:他们怎么知道我家的电话号码和我家的事情呢? 她请来了律师帮忙,原来是有人从医院病人信息库买来了她的信息,然后非法卖给这些和婴儿有关的商业公司。这个案例是一个典型的非法取得他人隐私信息并将其作为商品出售的案件:电话号码和生孩子等个人信息不得本人同意不得告诉他人更不得买卖。

【案例 8-2】　公交车上偷拍照片

2007 年 5 月 22 日上午,某论坛上一名网友发表了题为《偷拍公交见闻》的帖子,并上传了 4 张未经任何处理的照片。图片的内容是一名孕妇挺着大肚子站在公交车上,她身边 3 个座位上坐着 3 名男子,这 3 名男子不是低头,就是把头扭向窗外,没有人给孕妇让座。孕妇就用自己的手机拍下了这一幕,照片中,3 名乘客的面部被曝光。该网友(也就这名孕妇)没有做更多评论,只是在照片最后写了一句:"真给青岛男人丢脸!"这个帖子发出后,一时间成了论坛最热的帖子。网上言论一方面谴责乘客冷漠,另一方面谴责孕妇侵犯隐私权。

"孕妇让座事件"其中一名当事人因为被曝光而被单位解除合同(他正在试用期),据说当事人在整理资料,直接找孕妇单位讨个公道,并且已经找到其单位要求赔偿。有律师认为,"在这件事中,孕妇并非将别人的照片做善意地使用,也没有征得当事人的许可,就将照片公布,肯定是侵犯了当事人的肖像权。'就算是小偷,你也无权随便在网上贴照片来谴责'。这位孕妇此举更多的是对当事人精神权利的损害,是对个人隐私的侵犯。"

这个案例侵犯的是个人肖像权。肖像也属于个人隐私权的范围。

【案例 8-3】　It's none of your business.

某高校老师与他们学校的外籍教师一起聊天,谈话中问及外教为什么离开他自己国家的工作时,外教说"It's none of your business."(不关你的事!)这就是外教认为谈话触及了他的个人隐私,有些生气,所以用这样的口气回答。

隐私权又称私生活秘密权、生活安宁权、宁居权等,它包括公民个人资料不受非法获取或披露,私人住宅不受非法打扰,个人身体隐私不受侵犯等,即凡是涉及个人秘密与公众利益无关的,公民不愿公开的私人资料、私人生活等都属于隐私权的范围,因此它的内容非常广泛。而保护隐私权包括两个方面的含义:一是保证隐私权不受他人侵犯,二是隐私权受到侵害时可求助于法律得以保护。从上述 3 个案例看出,个人通信地址(包括固定电话、手机号码、个人电子邮箱地址等)、健康状况、个人财产收入、肖像、嗜好、婚姻与家庭情况等都属于隐私范围之列。数字化信息社会的发展,使得个人隐私信息的内容更为宽泛,如个人银行账户、密码、身份证号、社会保险号等。按照国家有关规定,公民的通信、日记和其他私人文件,包括储存于计算机内的私人信息不得刺探或公开,公民的个人数据不得非法搜集、传输、处理和利用。当隐私权被侵犯时可以根据法律法规采取自救性措施,如要求侵权人停止侵害或发出警告,或要求其立即删除非法信息并依法做出道歉和赔偿等。也可以报警、要求公安机关处理追究其法律责任和精神、经济赔偿等。从法律角度分析隐私权具有 3 个特征:

(1) 隐私权的主体只能是自然人。隐私权是自然人个人的私有权利,并不包括法人,企业法人的秘密(实际上就是商业秘密),商业秘密不具有隐私所具有的与公共利益、群体利益无关的本质属性。

（2）隐私权的客体包括私人活动、个人信息和个人领域。

（3）隐私权的保护范围受公共利益的限制。隐私权的保护并非毫无限制，应当受到公共利益的限制，当利益发生冲突时，应当依公共利益的要求进行调整。

当隐私涉及共同利益、公共需求、政治利益时，法律就要偏向于后者，因为它符合大多数人的需要，从长远来看，根本上也是符合隐私权主体的利益。恩格斯曾经指出："个人隐私一般应受到保护，但当个人私事甚至隐私与最重要的公共利益——政治生活发生联系的时候，个人的私事就已经不再是一般意义上的私事，而属于政治的一部分，它不受隐私权的保护，应成为历史记载和新闻报道不可回避的内容。"

在信息数字化的今天，隐私被侵犯的概念正在泛化，如在数据库中储存的个人信息不准确，或发生了更改没有及时更新，被复制、滥用等都属于不尊重个人隐私。还有隐私知情权：就是当个人信息被数据库或机构、团体收集后应该通知这个人。如在超市买东西付款刷卡时，一些个人信息就留在了超市信息库中；如在工作中接触到的国家秘密、商业秘密也属于团体隐私信息，也应该保护，无论是纸质文件还是电子文件都应妥善保存保管，严格控制阅读范围，不得违规传播、复制。尤其是电子文档，复制、发送、传播太容易，更应该从制度上、技术上、道德上、管理上等方面加强预防措施，以防隐私信息泄漏而造成人员伤害、经济损失等事件发生。我国在 2008 年 5 月 1 日起施行的《政府信息公开条例》中规定：行政机关不得公开涉及国家秘密、商业秘密、个人隐私的政府信息。在 ICE8000 国际信用监督体系标准（International Credible Enterprises，国际诚信企业，简称 ICE）中也有国家秘密、商业秘密、个人隐私保护规则。这些隐私和秘密信息是要靠道德来维护的：相互尊重、恪守职业操守的人一定不会做不利于国家、不利于团体、伤害到个人的事。尊重他人的私人生活和私人空间是人的美德，是人类社会共同的价值观。

总之，遵循"己所不欲，勿施于人"的道德理念去工作生活就会获得尊重与国际地位。

8.1.2 公民自由的概念

公民自由（Civil Liberty）是宪法对每个公民的基本权利保障，维护和完善公民自由权是宪法的基本价值目标。对自由的理解可以是指从事一切无害于他人的行为的权利，它与其他宪法权利一样，具有不可侵犯性和受制约性，这种对立统一的两方面表明，自由与约束从来就是相对的，法律意义上的自由不是绝对的不受约束，个人的自由是有边界的，一个个体的自由构成对其他个体自由的边界，法律对自由的保障就是在不同的个体自由相接的地方划出界线，在其相互冲突时做出权衡与选择。另一方面，公民自由限制了政府的权力，为防止政府滥用权力和干扰其公民的正常生活起到了监督作用。

基础的公民自由包括了集会自由、宗教自由、言论自由、思想自由、教育自由、出版自由、结社自由、学习自由等。其核心是言论自由，因为只有在言论自由得到保障的前提之下，其他的自由才能实施。言论自由作为一条基本人权，载于《世界人权公约》（第十九条）和中国已加入的《公民权利和政治权利国际公约》（第十九和二十条）。《公民权利与政治权利国际公约》于 1966 年第 21 届联合国大会通过，并于 1976 年生效。我国宪法第 35 条也规定："中华人民共和国公民有言论、出版、集会、结社、游行、示威的自由。"言论自由是指公民按照自己的意愿在公共领域自由地发表言论以及听取他人陈述意见的权利。近来，随着因特网的普及,它通常被理解为包含了充分的表述的自由,包括了创作及发布电影、照片、歌曲、舞蹈及其他各种形式的富有表现力的资讯①。

作为宪法上最基本,也是最典型的表达自由,言论自由还包括新闻自由。而广义的言论自由应该还包括借助绘画、摄影、影视、音乐、录音、演剧等方式或收音机、电视机、计算机、因特网等手段所实现的形形色色的表达行为的自由。如在因特网上的多媒体信息,众多的论坛、QQ群、博客、音频播客等。常用的发布电影视频信息的土豆网站、优酷网等都属于这个现象。

言论自由通常被认为是现代民主中一个不可或缺的概念,在这个概念下,它被认为不应受到政府的审查。然而国家仍然会处罚某些具有破坏性的表达的类型,如明显地煽惑叛乱、诽谤、发布与国家安全相关的秘密等。

法国政治学者托克维尔指出,人们对于自由地发表言论有所疑虑,可能不是因为害怕政府的惩罚,而是由于社会的压力。当一个人表达了一个不受欢迎的意见,他或她可能要面对其社群的蔑视,或甚至遭受猛烈的反应。尽管这种类型的言论自由的压制比政府的压制更难预防,关于这种类型的压制是否在言论自由的范围内还是存有疑问的,而言论自由被视为有代表性的公民自由权利或免受政府行为干涉的自由权利。

言论自由之所以重要,是因为政府保护民众的这些个人权利,为公民提供了个人之间最好的自由交流环境。而现今的网络则为人们提供了更为广阔的言论空间、更多的言论自由。或者说在网络信息时代,言论自由主要体现了公民自由的状况。

从道德角度讲,自由与承担责任是相应的,每个人只有承担了个人应承担的家庭、团体和社会责任,自己才能享有一定的自由,而且要"不伤害他人,不伤害自己"。

同时,公民也有权要求合法诉讼程序、公平的审判过程、隐私权和自我防卫的权利。许多国家都有着各自的宪法以保障公民自由,而各国政府也有责任保护这些公民自由。由于历史、文化和宗教信仰等不同的原因,某些自由是否属于公民自由也存在争议,而它们是否该被保护也是争论的议题。有争议的例子包括了生殖权利、同性婚姻以及持有枪械的权利。除此之外,即使是被法律保护的公民自由有时候也会被废止,尤其是在重大疾病流行、自然灾害发生或发生战争等特殊时期。

【案例8-4】 文明执法

2003年11月,江苏省南京市发生一起公安部挂牌督办、江苏省当年第一大劫案。案犯将在南京抢劫所得赃物销售给了顶尖移动(北京)科技有限公司,周成宇是该公司法定代表人。2004年1月7日,周成宇被警方刑事拘留,南京市玄武区检察院于同年2月12日做出批捕决定,并以涉嫌销售赃物等罪名进行审查起诉。经过司法机关补充侦查,因证据不足,当年11月24日,检方最终做出不起诉决定并立即释放周成宇。此期间共计295天,周成宇一直被关押在南京市看守所。

2009年1月,南京市玄武区检察院确认决定,向周成宇赔偿侵犯人身自由赔偿金29 294.65元人民币的国家赔偿。这是中国日益走向文明执法,保障公民自由的例子。

【案例8-5】 杭州飙车案被告胡斌一审获刑3年

2009年5月7日晚,被告人胡斌驾驶经非法改装的浙A608Z0蓝瑟翼豪陆神牌红色三

---

① 《世界人权宣言》是历史上第一个系统提出尊重和保护基本人权具体内容的、1948年签署的国际文书,涵盖人权的许多基本内容:人类的自由和精神的完整,公民权利和政治权利,经济权利和社会、文化权利。

菱轿车,与同伴驾驶的车辆从杭州市江干区机场路出发,前往西湖区文二西路西城广场,想看看该广场是否还在放映名为《金钱帝国》的电影。在途经文晖路、文三路、古翠路、文二西路路段时,被告人胡斌与同伴严重超速行驶并时有互相追赶的情形。当晚20时08分,被告人胡斌驾驶车辆至文二西路德加公寓西区大门口人行横道时,未注意观察路面行人动态,致使车头右前端撞上正在人行横道上由南向北行走的男青年谭卓。谭卓被撞弹起,落下时头部先撞上该轿车前挡风玻璃,再跌至地面。事发后,胡斌立即拨打120急救电话和122交通事故报警电话。谭卓经送医院抢救无效,于当晚20时55分因颅脑损伤而死亡。事发路段标明限速为每小时50千米。经鉴定:胡斌当时的行车速度在每小时84.1~101.2千米之间,对事故负全部责任。

该案件由于有广泛的网民关注并在网络上发表看法和提供资料,使得原本一个交通案演变成了一个社会关注的事件,使社会的方方面面都受到教育。这是网络言论自由带来的社会舆论促使问题的处理能够更加公正公平的案例。

8.1.3 网络言论自由

【**案例8-6**】 崔真实法

韩国女星崔真实自杀事件引起各界关注,并认为是网络谣言间接逼死崔真实,韩国政府和执政党正积极着手修订严惩网络不实留言的法律,被称为"崔真实法"。意图是通过立法实名上网,以杜绝类似悲剧发生。

但也有学者引证中国20世纪30年代同样死于人言可畏的阮玲玉,反驳对方"崔真实被网民逼死"的说法,认为谣言与网络无关,更与网络实名制无关,而是与使用网络的人的素质和文化有关。

对于网络言论,自由学界并没有一个统一的定义。这不仅是因为宪法上对"言论自由"存在广狭义之分,还因为网络言论的主体、表达方式等与传统的媒介不同。因此,可以初步将网络言论自由定义为网络主体通过因特网运用各种网络工具以各种语言形式表达自己的思想和观点的自由,它是宪法规定的言论自由的进一步延伸。网络技术的飞速发展,极大地改变了人们传统的交流方式。无论网络用户身在何处,只要有因特网存在的地方,他们都可以进行交流和发表自己的意见,不受时间空间对象的限制;它也使话语权从传统的精英阶层走向平民阶层,实现了人人都能对某一事件发表自己看法的目标。网络不仅在社会生活里为人类提供日常便利,而且在理论上也极具价值。

就正面效应来说,网络言论自由具有以下功能:第一,促进功能。传统观念里"祸从口出"对人们自由表达思想产生了禁锢作用,言论自由只能是一种纸上谈兵的空话,人们无法真正实现"知无不言、言无不尽",而在网络上,由于"匿名使他们被认出的概率变小,同时也减轻了他们对报复的恐惧"。人们可以"知无不言,言无不尽"地表达自己的思想,从而促进了自由。第二,弘扬正义。就如上面所说的杭州飙车案,还有一系列的诚如刘涌案、孙志刚案等,由于网络上的民意,对司法机关产生了巨大的压力,几起几落、一改再改等都离不开网络言论与网络社会舆论的推动,从而使判决的结果更进一步接近正义。第三,社会意义,促进全球化交流。只要有因特网存在的地方,每个人就可以同世界上任何一个朋友进行交流,网络的存在让世界变小,加速了不同国家、地区和人群的交流,促进了多元文化的沟通和相互融合。第四,推进民主功能。当前有些地方政府的"网上议政"、"网上办公"就是为更真切反映民情民意而设的。近年来,网络还是普通公民参与国家政治的工具。第五,安全与秩序。言论自由是社会稳定的基石,而网络上的言论自由则给予民众一个发泄不满的机会和方式,让各种矛盾与问题及时被发现,从而及时解决,对社会的安全和维系一个良好的生活秩序提供了帮助。网络这个更为广阔的言论自由空间蕴藏着无限的希望和机会。

然而,正如矛盾的对立统一观点告诉人们世间万物都是多面性的一样,网络作为一把双刃剑,在带给人们极大便利的同时,也蕴含着不容忽视的弊端或者危险。从负面的价值效应来说,网络言论自由主要存在以下几点威胁:首先,欺骗性。网络本身是个虚拟的东西,其中的言论大多无法考证,或需要花费很多人力物力。前文所提及的"飙车案"说明了网络有些言论是否正确无法考察。其次,片面性,非广泛性,边缘化。网络言论由于其固有的虚拟性,使其中的观点带有极大的片面性,所以,经过学习后再看网络言论时一定要保持冷静的头脑,对其进行分析、推理以免上当。最后,由于技术发展过快,网络空间的道德法规还没有建立起来,法律出现了"真空",我国司法环境里对网络自由权的合理规划和完善还没有来得急补充建立。可以理解,在这种情形下,社会更需要每个成员的道德素质和社会责任感来维系网络空间的清洁。

8.1.4 不同国家对隐私和言论自由的态度

隐私的内涵在不同的地域文化和不同的国家有不同的解释。如我国百姓中不会把女士的年龄、婚姻、生育情况,男士的收入等当作个人隐私;而在西方国家这些问题是不能去问的,当问及这类问题时他们会很生气,甚至会考虑用法律来进行争辩,讨说法;而在我国,一般不会因为隐私问题去打官司。这就是文化差异。

由于各国的历史、文化传统和社会制度的差别,言论自由究竟限制哪些内容,限制到什么程度,在限制的同时如何保证言论自由,各国的具体做法又存在着不小的差别。

比如,在处理政治领域国家安全、荣誉与言论自由之间的关系时,有的西方国家法院曾经把公民焚烧国旗的行为看做是公民的"言论自由",其中就含有他们的文化传统在里面。在中国的传统文化中历来把国家安全、荣誉和利益看得比个人的权利与自由更重要。因此对于那些有损于国家利益、敌视中国、颠覆政府的言论予以禁止。其实这种情况在哪个国家都会存在。即使是在一贯标榜"新闻自由"的美国,人们也注意到在"9·11"事件以后一些批评美国政府和布什总统的媒体被禁止,就连美国之音的代理台长由于播放对基地组织头目的采访而被撤职。

另外,政府可能以"国家安全"、"国家机密"的名义侵犯公民的言论自由,在这方面西方国家的新闻媒体与政府之间有长期的较量,比如美国最高法院于1972年裁决"美国国防部告《纽约时报》泄密"案中,确定了3原则:原告必须提出,媒体报导给国家安全带来了"①立即的;②明显的;③不可挽回的危险"。这个判决意味着,媒体获得国家机密,并把它发表,并不构成泄密罪,而是要造成上述3条后果后,才可以定罪。总之,在处理国家安全、利益与表达自由的关系上,各国的做法可能不同,但遇到的问题是共同的,即既不能放任言论自由,危害国家安全、荣誉和利益,也不能在国家利益的幌子下侵犯和剥夺公民的宪法权利,问题的关键是把握住一个度。

再如,在社会道德领域色情出版物与言论自由的关系。中国等许多东方国家对色情出版物一直采取非常严厉的禁止态度,认为它有伤社会风化,毒害青少年一代的身心健康,并且会直接导致性犯罪;而在西方一些国家则对此采取较为宽松的态度,认为这是关系到言论自由的大问题,只要出版物的主要倾向不是色情,只要把成年人与青少年的出版物分开,只要是供家庭私人使用而不是为了在公众中传播,都不能确定为是色情而加以禁止。但是,无论东方国家还是西方国家遇到的问题都是同样的,在处理色情与言论自由的关系上,既不能借口言论自由而容忍色情出版物败坏社会风气、社会道德,也不能由于打击色情业而使人们正常的生活、文学创作、言论自由以致个人隐私受到侵犯,关键同样是在于正确把握一个度。

另外,社会发展的历史进程不同,公民对个人隐私保护和言论自由的维权意识也不同。如发达国家与发展中国家、与欠发展中国家,还有不同宗教信仰的国家,一般百姓对个人隐私的理解和保护措施是不一样的。

总之,虽然各国在处理言论自由与保证国家、社会和其他公民利益之间关系上的做法及其侧重点可能有所不同,但各国所遇到的问题是相同的,《公民权利与政治权利公约》第19条确定了言论自由与保证国家、社会和其他公民利益的基本原则,各国之间完全可以在相互平等和相互尊重的基础上加强交流,相互借鉴和学习,以达到在因特网世界和谐相处。

8.1.5 相关的法律政策

中华人民共和国成立以来共制定了4部宪法,虽然其中的许多内容都发生过这样或那样的变动,但它们都包括了公民言论自由的规定。现行宪法第35条规定:"中华人民共和国公民有言论、出版、集会、结社、游行、示威的自由"。为了保证公民言论自由,中国国务院1990年代以来先后颁布了《音像制品管理条例》(1994年)、《广播电视管理条例》(1997年)、《印刷业管理条例》(1997年)、《出版管理条例》(1997年)、《营业性演出管理条例》(1997年)、《娱乐场所管理条例》(1999年)等。在这些条例中,都重申各级人民政府保证宪法所规定的公民言论自由的权利,并同时规定,公民在行使这些自由和权利时,必须遵守宪法和法律,不得损害国家、社会、集体的利益和其他公民的合法的自由和权利。这些条例中所包含的限制性规定基本包括下列一些内容:

(1) 反对宪法确立的基本原则的。

(2) 危害国家统一、主权和领土完整的。

(3) 危害国家安全、荣誉和利益的。

(4) 煽动民族分裂,侵害少数民族风俗习惯、破坏民族团结的。

(5) 泄漏国家机密的。

(6) 宣扬淫秽、迷信或者渲染暴力,危害社会公德和民族优秀文化传统的。

(7) 侮辱或者诽谤他人的。

(8) 法律、法规规定禁止的其他内容。

这些条例的基本内容可以分为两部分:一部分是危害国家安全和社会秩序的;另一部分是侵犯他人权利和名誉的,而所有这些内容都以法律的明确规定为限。

2009年2月28日中华人民共和国第十一届全国人民代表大会常务委员会第七次会议通过了"针对因特网个人隐私和窃取他人信息"的第七条和第九条刑法修正案。第七条是,"国家机关或者金融、电信、交通、教育、医疗等单位的工作人员,违反国家规定,将本单位在履行职责或者提供服务过程中获得的公民个人信息,出售或者非法提供给他人,情节严重的,处3年以下有期徒刑或者拘役,并处或者单处罚金"。第九条指出,"提供专门用于侵入、非法控制计算机信息系统的程序、工具,或者明知他人实施侵入、非法控制计算机信息系统的违法犯罪行为而为其提供程序、工具,情节严重的,依照前款的规定处罚"。我国宪法第三十八条明确规定:"公民的人格尊严不受侵犯。禁止用任何方法对公民进行侮辱、诽谤和诬告陷害"。这两个条款的修改反映了中国政府保护个人隐私、维护个人及商业组织合法权益的决心。

此前《刑法》第285、286、287条款曾经对于非法侵入计算机系统和破坏计算机系统犯罪(俗称黑客犯罪)做过详细规定,此次刑法新增的内容加大了对公民隐私权、商业秘密、信息安全的保护力度,回应了目前人们最为关切的、社会危害很大的几方面问题。传统的法律只打击入侵国家机关的行为,现在新的法案范围延伸到了普通的企事业单位,也给予普通的公民以保护。根据新的刑法修正案规定,网站出现的贬损他人形象和人身攻击、侮辱、谩骂语言应及时删除,对涉及公民隐私权信息的举报投诉要迅速查清来源予以纠正,否则网站运营商和管理人员有可能承担刑事法律责任。

新的《刑法》修正案对当前主要的网络攻击明确定性为犯罪行为,这意味着木马产业链的所作所为已经触犯了《刑法》,可以取证调查并利用技术手段追踪犯罪嫌疑人。修正案增加了对制作和提供侵入、攻击程序、工具的人,同样追究刑事责任。

从总体上说,中国宪法和法律对公民言论自由的规定是与《公民权利与政治权利公约》的规定相一致的。而大多数欧洲国家包括所有欧盟国家在内都签订了欧洲人权公约(European Convention on Human Rights),明列数项普世的公民自由。法国1789年的人权和公民权宣言也列下了许多公民自由的项目,并成为了宪法保护的重点。为保护个人隐私欧盟于1995年制定了欧盟数据保护指令。

加拿大宪法则包括了加拿大权利及自由宪章(Canadian Charter of Rights and Freedoms),保障许多和美国一般的公民自由,但并没有对于国教的禁止。不过加拿大的确保障宗教自由。

虽然英国没有明文的宪法(只有部分撰写出来),但英国仍签订了欧洲人权公约,保证人权和公民自由两者的法律权益。1984年,英国针对个人隐私问题制定了《数据保护法》。

自1970年美国颁布了《公平信用报告法案》以赋予复查、修改个人信用记录,严格限制使用个人信用记录文件以来,尤其是针对IT的高速发展,至1998年先后颁布了《信息自由法案》、《隐私法案》、《金融隐私权法案》、《计算机匹配和隐私法》、《视频隐私保护法》等多部隐私保护法。

从各个国家和地区实行的法规可以看出,隐私权是每个国家保障公民基本人权的一项重要内容,体现了维护社会正常的生活秩序所必需的条件就是每个公民的隐私得到很好的尊重。这也是社会道德风尚良好的一个体现。

8.2 数据挖掘与公共数据库的隐私安全

8.2.1 数据挖掘

数据挖掘是指从数据库中提取出隐含的、先前不知道的有用知识的过程,即数据库中的知识发现,是从大量数据中提取出可信、新颖、有效并能被人理解模式的高级数据处理技术。"尿布＋啤酒"就是数据挖掘中的一个经典案例。事情是这样的:某商场为了增加销售额,对商场所售出的商品数据库进行了数据挖掘,结果发现尿布和啤酒常常是一起被售出的,经研究得到的结论是:太太在家照看婴儿,尿布用完了,就打电话请爸爸下班时买些带回来。爸爸喜欢喝啤酒,所以尿布啤酒就一起卖出了。有了这个信息,商场就把商品布局做了改动:把啤酒和尿布放在一起,这样两样货物的销售额都增长了。

随着 IT 和网络技术的日益发展,数据挖掘的技术和范围也越来越广,从数据库到多媒体、文本和 Web 数据,以及跨时空的数据流分析技术等都有了较快的发展,中心目的是知识发现。它是一门涉及面很广的交叉学科,包括机器学习、数理统计、神经网络、数据库、模式识别、粗糙集、模糊数学等相关技术。

由于数据挖掘是一门受到来自各种不同领域的研究者关注的交叉性学科,因此导致了很多不同的术语名称。其中,最常用的术语是"知识发现"和"数据挖掘"。相对来讲,数据挖掘主要流行于统计界(最早出现于统计文献中)、数据分析、数据库和管理信息系统界;而知识发现则主要流行于人工智能和机器学习领域。

数据挖掘可粗略地理解为 3 部曲:数据准备(data preparation)、数据挖掘,以及结果的解释评估(interpretation and evaluation)。

根据数据挖掘的任务划分,有如下几种:分类或预测模型数据挖掘、数据总结、数据聚类、关联规则发现、序列模式发现、依赖关系或依赖模型发现、异常和趋势发现等。

根据数据挖掘的对象划分,有如下几种数据源:关系数据库、面向对象数据库、空间数据库、时态数据库、文本数据源、多媒体数据、异质数据库、遗产(legacy)数据库,以及 Web 数据源。

根据数据挖掘的方法划分,可粗分为:统计方法、机器学习方法、神经网络方法和数据库方法。统计方法中,又可细分为:回归分析(多元回归、自回归等)、判别分析(贝叶斯判别、费歇尔判别、非参数判别等)、聚类分析(系统聚类、动态聚类等)、探索性分析(主元分析法、相关分析法等)以及模糊集、粗糙集、支持向量机等。机器学习中,可细分为:归纳学习方法(决策树、规则归纳等)、基于范例的推理 CBR、遗传算法、贝叶斯信念网络等。神经网络方法,可细分为:前向神经网络(BP 算法等)、自组织神经网络(自组织特征映射、竞争学习等)等。数据库方法主要是基于可视化的多维数据分析或 OLAP 方法(Online Analytical Processing),另外还有面向属性的归纳方法。

数据挖掘技术从一开始就是面向日常生活应用而提出来的,已在金融数据分析、电信、交通、零售(如超级市场)等商业领域以及生物学数据分析、数据仓库和数据库预处理、挖掘复杂数据类型、基于图的挖掘、可视化工具和特定领域知识方面获得了广泛应用。比如很多垃圾邮件是以图片形式发送的,利用基于图的挖掘可以设计垃圾邮件阻挡和处理软件。数据挖掘技术也可帮助协助国际安全机构侦破洗黑钱和其他金融领域的犯罪等。数据挖掘所能解决的典型商业问题包括:数据库营销(Database Marketing)、客户群体划分(Customer Segmentation & Classification)、背景分析(Profile Analysis)、交叉销售(Cross-selling)等市场分析行为,以及客户流失性分析(Churn Analysis)、客户信用记分(Credit Scoring)、欺诈发现(Fraud Detection)等。

可以看出数据挖掘很容易发现敏感信息,所以技术人员在使用时,头脑中一定要保持尊重个人和团体私密信息的观念,时时拥有利益大众的情怀。

8.2.2 公共数据库

公共数据库是指在一个单位、企业或城市、地区甚至一个国家等范围内建立一个信息共享的平台,其中所有的数据库可以共享。如大学的公共数据库平台——大学门户网站有图书资源、教务网站、科研网站等,它服务于学校的教学、科研、管理和生活等各个方面。通过门户网站、应用系统集成、数据库集中等方式满足学校老师、学生、管理人员和领导等用户的访问和应用,是一个学校信息化建设程度的重要标志。只要是学校的成员,申请一个账户密码后,即可免费访问图书馆电子资源,查阅电子课程教学资料和享受学校的各种信息服务。目前我国各个城市都在建立自己的公共数据库,如政府服务、企业服务、旅游资源数据库、气象服务、新闻、办事指南、家居等各个方面,甚至足不出户可以办理诸如交电话费、电费、银行转账等各种服务。这就是信息化社会带来的生活方式之一。遗传基因库、精子库等在某些国家也是大型公共数据库。

但是这些 IT 在使用中也引起了一些问题。例如,2009 年 3 月 23 日,英国的一家独立机构——约瑟夫·罗恩垂改革信托基金发布了一份被誉为英国国家"数据库地图"的调查报告。在对英国现有的 46 个大型公共数据库项目进行审查后发现,有 1/4 的项目都存在触犯信息保护法律法规,侵犯个人隐私或人权的问题。其中,包括英国国家脱氧核糖核酸 DNA 数据库(Deoxyribonucleic Acid)和储存英格兰所有儿童信息的触点系统在内的 11 个数据库系统"几乎可以肯定"违反了保护人权的法律或者数据保护法令,都应该被立即叫停。

另外,包括英国国民保健系统(NHS)、国家肥胖儿童数据库在内的 29 家数据库系统,被亮了"黄灯"。调查报告认为这些数据库都存在"重大的问题和可能的违法问题",需要经过修正和改革,才能避免侵犯个人隐私和人权。在 46 个数据库系统中,只有电视执照系统等 6 家数据库被认为没有侵犯个人隐私和人权,但报告认为它们也存在一些管理上的漏洞。

报告指出,许多数据库系统都可能触犯了《欧洲人权公约》。例如,在英国只要被警察逮捕,不管最后是有罪、无罪还是不起诉,其 DNA 样本都不会从内政部的 DNA 数据库中删除。据统计,隶属于英国内政部的 DNA 数据库中现在已经包含了高达四百多万人的个人信息,其中就有 50 万被保存指纹和 DNA 的人并没有被证明有任何罪行,他们无任何犯罪记录,许多人都是曾经涉嫌违法,但最后都获判无罪的民众。

【案例 8-7】 公共数据库里的秘密

国内某家档案馆实施了档案数字化,定期将解密的档案上网公布,公众都可以浏览查阅。这些档案都是严格按照其保管期限予于开放的,在公布的档案中有一些是关于人事奖惩、任免等文件,而涉及的当事人及其亲属、朋友看到了有关处分、降职等信息,感到了精神紧张、顾虑担心,因为网络数据的传播面广、速度快。随即向档案馆提出了意见。经档案馆领导和专家研究后决定,今后类似的文件不再上网公布,而改为在档案馆内阅览。

众所周知,任何技术都是工具,既可以用来改善人们的生活,也可以成为被坏人拿来作案的工具。在信息社会中,一方面有很多公共信息和 IT 给公众带来了很多便利,而另一方面也给不法分子以牟取私利的机会和工具。尤其是一些人利用 IT 进入大型公共数据库,修改、非法访问、盗取、非法滥用等,会给人们的生活带来危害。现今的社会中的银行卡欺诈、身份被盗用、没完没了的推销骚扰电话、勒索敲诈等令人头疼的问题都与频发的个人信息泄漏有关。

根据美国联邦贸易委员会的调查,每年美国约 1000 万人的身份信息被盗。美国人在身份信息方面非常敏感。在美国的银行柜台上会写着:"为保护隐私,请在黄线外等候。"在垃圾桶旁边写着:"为防止身份被盗,请不要丢弃有个人信息的资料"及"小心流浪汉拣走你的身份信息"。

美国司法部还成立了专门网站帮助普通民众保护个人信息。简单地说就是 3 个英文字母 CAM(Check,Ask,Manage)。C 就是定期检查个人账单,看上面有没有异常花费,一旦发现立即报告;A 就是定期询问信用记录,根据美国法律,每人每年可以获得一次免费的信用报告,上面有个人当年所有的主要债务往来;M 就是妥善保留账单,以便出错时核对。即使做到了以上 3 点,身份信息仍有被盗风险。美国司法部的宣传网页上说,一旦发现个人身份信息被盗,应立即和联邦贸易委员会等有关部门联系。

8.3　隐私保护的技术策略和伦理规范

8.3.1　网络隐私权保护

保护隐私权是现代文明社会的重要标志。隐私权作为人们的一项基本权利,理应作为人的独立人格权的组成部分,成为法律保护的对象。尤其是在因特网日益普及,人们越来越多地利用因特网作为信息传递和信息交流的今天,这一问题应当引起政府、因特网服务提供商和广大网民的重视,并在全社会形成保护网上隐私权的道德意识和道德行为,建立起相关的法律及其执行机制。

【案例 8-8】　首例电子邮件泄密案

2007 年 7 月,浙江律师郭力向万网网站的一个电子邮箱发送了一封私人邮件,但一个月后他发现在百度上搜索与自己相关的信息时,这封邮件的标题和链接赫然在列,可以供人随意查阅。郭力因此向两家网站反映情况,并要求删除相关内容。直到一个月后,郭力的要求才得到满足,他的私人电子邮件在因特网上公开达 30 天以上。

身为律师的郭力认为,电子邮件作为信息时代常用的通信手段也应该具有公民的通信自由权和通信秘密权,这些权利受到法律保护,两家网站的行为造成他的私人邮件在因特网上被公开,他们的侵权行为给他造成了巨大的精神压力,应该就此进行赔偿,必须为此承担相应的法律责任。2008 年 1 月 26 日,郭力向杭州市萧山区人民法院提起诉讼,要求赔偿精神损失 100 万元。法院于 3 月 6 日正式受理此案,并认定这是国内首例因私人电子邮件遭非法链接而公开的侵权诉讼案。

网络隐私权是伴随着网络的出现而产生的,它的内涵包括:①网络隐私不被了解的权利;②自己的信息自己控制,对本人保存的有关个人数据拥有知情权;③本人的数据如有错误,本人拥有修改的权利。IT 的发展,极大地增加了重要信息外泄的风险,隐私保护问题日益成为一个重要的议题。当用户通过 WAP(Wireless Application Protocol)访问因特网时,用户的位置、容量和参数信息等用户个人数据就会暴露于网络的不同节点,包括 WAP 网关、起源服务器等。

对于计算机产品与服务的隐私,国内外采取的保护、控制措施有所不同。美国主张通过行业自律的方法,而不是通过严格的立法而进行保护与控制,建立比较完整的行业自律体系和模式。行业自律模式是依靠网络服务商对其产品与服务的自我约束,加上行业协会的监督来实现的。其目的就是要在制定法律和法规时努力寻找一个平衡点以协调和维持用户个人隐私保护与网络信息服务行业发展、网络秩序安全稳定之间的微妙关系。为此,在美国全体网络公司建立了一些个人隐私保护的机制。"在线隐私联盟的指引"和"网络隐私认证计划"是其中的主要代表。

在强化行业自律的同时,欧美等发达国家也依靠法律形式规范个人隐私的管理与使用,他们不但严格规范了计算机产品与服务生产管理者的权利和义务,而且出台严厉的惩罚措施惩戒违法者。

1. 欧盟的做法

早在 1980 年,欧洲议会就完成了有关保护个人资料的《保护自动化处理个人资料公约》的起草,并于 1985 年 10 月 1 日正式生效,现在已有 18 个欧洲国家加入,为目前世界上第一个有约束力的关于个人信息保护的国际公约。之后,欧洲联盟又于 1995 年和 1997 年相继通过颁布了《个人数据保护指令》、《电信事业个人信息处理及隐私保护指令》。

2. 美国对于个人信息保护的做法

1997 年,美国公布了《全球电子商务框架报告》,该报告强调了个人信息搜集者在搜集信息时,应当告知用户搜集了什么样的个人信息,以及使用程度和范围,且用户对于个人信息是否被使用有权选择。其中还规定了如果因不当使用或发布个人信息,或基于不正确、过时、不完整的个人信息的基础而做出的判断,造成用户在精神和财产上的损害时,用户应得到一定的补偿。1998 年,美国商务部又发表了《有效保护隐私权的自律规范》,进一步要求美国网站从业者必须制定保护网络上个人资料与隐私权的自律规约。

3. 英国对于个人信息保护的做法

1984 年,英国制定了《数据保护法》,该法规定:不允许信息搜集者以欺骗手段来获取个人信息,且搜集取得的个人信息要征得有关个人的同意;想要持有个人信息数据,一定要有特定合法的目的;对于防止个人信息数据在未经许可的情况下被扩散、更改、透露或销毁,必须要采取一定的安全措施;在未经许可下而透露有关个人信息数据的,该信息拥有者有权要求赔偿。

其他国家对个人信息问题也做出了相应的保护措施,如瑞典在 1973 年制定了《数据库法》;日本在 1990 年实施了《关于保护行政机构与电子计算机处理有关的个人数据法律》等。如果对这些国家在制定相关法律时所采用的模式进行分类的话,可初步分为:①一般立法模式,如欧盟、新西兰等国家都采用这种模式;②特别立法模式,如美国就是采取这种模式的;③行业自律模式,这种模式尤其被美国积极采纳,同时新加坡和澳大利亚也倡导该模式;④技术保护模式,如加拿大有采取该模式。

在国内,一些大型网站制定了使用 Cookie 的声明以及使用目的,收集用户信息的种类与目的。这表明国内在计算机产品与服务的隐私策略领域取得了一些进展,但仍有许多需要改进的问题。首先,计算机产品与服务的隐私策略尚未建立统一标准;其次,用户并没有多少选择的余地,网站既没有告诉用户拒绝 Cookie 的方法,也没有明确如果用户拒绝了 Cookie 会带来的后果;最后,网站没有明确表示,也不会专门提供有效技术防范措施,来保护用户隐私信息不被第 3 方盗取。

对于网络环境下的相关保护法律,我国在《计算机信息网络国际联网安全保护管理办法》第 7 条中规定："用户的通信自由和通信秘密受法律保护。任何单位和个人不得违反法律规定,利用国际联网侵犯用户的通信自由和通信秘密。"《因特网安全保护技术措施规定》(2005)中有规定:"因特网服务提供者、联网使用单位应当建立相应的管理制度。未经用户同意不得公开、泄漏用户注册信息,但法律、法规另有规定的除外。"

4. 在线隐私联盟(Online Privacy Alliance,OPA)的指引

OPA 成立于 1998 年,由美国电子工业协会、美国工商协会等主要团体以及包括 AOL、AT&T、IBM、BankofAmerica 为首的大企业等一百多家全球性公司/团体加入。在其公布的"在线隐私指引"(OPA Guidelines for Online Privacy Policies)中,OPA 为致力于因特网隐私策略的全体网络公司提出了建议,并划定了适用范围是"从网上收集的用户个人资料信息"。OPA 只是制定政策建议,并没有具体监督联盟中各成员的遵守情况,也不去制裁违反指引的行为。

5. TRUSTe 网络隐私认证计划(Online Privacy Seal Program)

全球最大的网络隐私认证计划运行机构 TRUSTe 是一个独立的、私营公司(http://www.truste.org/),是由美国电子前线基金会(Electronic Frontier Foundation,EFF)[1]与 CommerceNet[2] 在加州共同发起的,致力于在其会员中推行网络隐私认证计划,对符合不同自律标准的网站颁发认证证书。在 TRUSTe 认证过的网站已经超过 2000 家,包括著名的门户网站、知名品牌公司的网站,如 IBM、Oracle、Intuit 和 eBay 等公司。

TRUSTe 成立于 1997 年,总部设在旧金山,在美国首都华盛顿开设有办公室。网络隐私认证计划要求那些被许可在其网站上张贴其隐私认证标志的网站,必须遵守预先设定好的资料收集行为规则,并服从多种形式的监督管理。

日本情报处理开发协会(JIPDEC)于 1999 年 4 月开始按照"个人信息保护 JIS 规格"对涉及个人信息收集的企事业单位进行信息保护的审核认定,通过认定的单位可以获得"个人信息保护标志",如图 8-1 所示。尽管该标志不具有法律效力,但它可以帮助公司树立在公众心目中的良好形象,因此已有多家公司参加并通过了对个人信息保护的认定。

图 8-1 日本 JIPDEC"个人信息保护标志"示意图

8.3.2 技术保护模式

技术保护模式起初是用户自己通过技术手段来保护网络个人隐私。安装了技术保护软件后,用户在进入某些收集个人信息的网站时,软件会自动发出提示信号,提醒用户该网站将要收集个人的某些信息,询问用户是否继续浏览这些网站。用户利用该软件可以在线设置允许收集的特定的信息,而隐私参数选择平台(Platform for Privacy Prference Project,P3P)就是一款具有这种提示功能的著名软件。P3P 是万维网联盟(World Wide Web

---

① http://www.eff.org/
② http://www.commerce.net/

Consortium，W3C)[1]于 2000 年 7 月推出的，是一种网络公司和用户之间通过该软件就个人网络隐私信息的收集问题达成的一个电子协议。在国外，AOL、IBM、微软等公司的网站都支持 P3P 保护标准。

目前，对于大型数据库常用的安全技术措施有 5 个：

（1）为所使用的操作系统设置安全密码：阻止无关人员开启计算机。

（2）数据库应用软件加密：无法进入数据库程序。

（3）设置数据库口令，无法进入具体的数据库。

（4）数据加密：就是非法进入了数据库也无法读懂数据。

（5）使用数据库审计功能，防止内部人员监守自盗。

8.3.3　网站隐私图标与系统隐私报告

作为 IT 开发者保护用户个人隐私的事例，微软公司的系统提供了一种提醒功能，用户在进入某些收集个人信息的网站时，软件会自动发出如图 8-2 所示的提示信号，提醒用户该网站将要收集个人的某些信息，询问用户是否需要查询所访问网站的隐私策略。

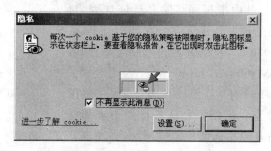

图 8-2　隐私安全的提醒窗口

作为对 Cookies 的一次考察，本教材编著者访问了一个网址如下所示的网站，图 8-3 就是该网站的主页面，上面就出现了如图 8-2 所示的隐私图标，本教材把它取名为"眼眸"。http://ido. thethirdmedia. com/article/frame. aspx? turl＝http％3a//ido. 3mt. com. cn/article/200703/show670743c30p1. ibod&rurl ＝ ＆title ＝％ u7F8E％ u56FD％ u4E00％ u51FA％ u7248％ u793E％ u53D7％ u9A97％ u5C06％ u6E24％ u6D77％ u6E7E％ u6539％ u4E3A％ u97E9％ u56FD％ u6E7E％ u957F％ u767D％ u5C71％ u6539％ u4E3A％ u767D％ u5934％ u5C71％ 20％ u8F6C％ u8D34 _％ u4EBA％ u6C11％ u6559％ u80B2％ u51FA％ u7248％ u793E％ u65B0％ u7248％ u521D％ u4E2D％ u5386％ u53F2％ u8BFE％ u672C％ u8FD8％u539F％u6EE1％u6E05％u771F％u9762％u76EE％ 20％ u56FE％ u96C6％ 20---％ 20ido. 3mt. com. cn

"眼眸"有两种形式的图标：图标式 1：█；图标式 2：████。实际上，两种形式的隐私图标"眼眸"有时出现有时并不出现。在出现"眼眸"的网页上双击"眼眸"，就会出现所谓的"隐私报告"，如图 8-4 所示。仔细观察，有 8 项网址的 Cookies 被阻挡，但是，系统没有对其含义做进一步说明。

① http://www.w3.org/

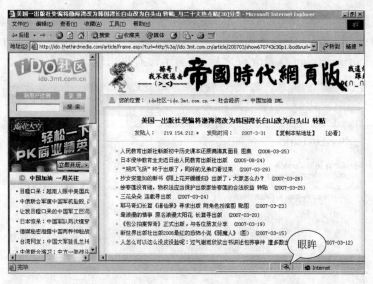

图 8-3　某网站在其状态栏中跳出隐私图标"眼眸"

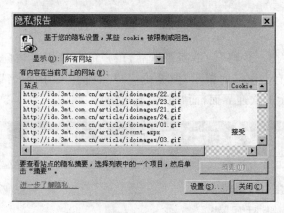

图 8-4　某网站"隐私报告"之一

在"显示"一栏,还可以继续选"所有网站",结果是又出现了一份"隐私报告",如图 8-5 所示。其中列出了更多的网站地址,有些是"接受"Cookies,大多数则什么也没有。

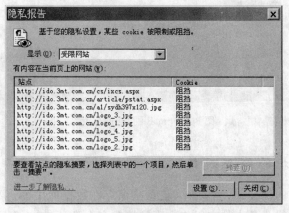

图 8-5　某网站"隐私报告"之二

在设置了"隐私策略"为最高级以后，本教材编著的计算机再次访问 hotmail 这样的常用网站，Windows Live ID 就会自动跳出一个警示，"眼眸"出现，如图 8-6 所示。在"隐私策略"中，选择了 hotmail.com 总是允许之后，该警示没有再出现。

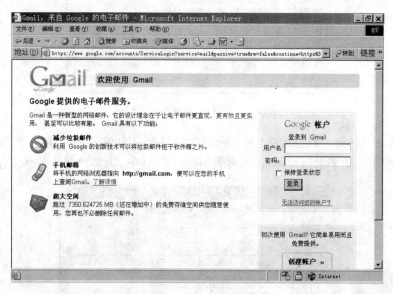

图 8-6　Windows Live ID 的警示

同样是在设置了"隐私策略"为最高级以后，用户的计算机再访问与 hotmail 功能类似的网站 gmail，虽然没有出现任何警示，但无论用户如何输入"用户名"和"密码"，网站只是重复出现如图 8-7 所示的欢迎界面，而"眼眸"有出现。

图 8-7　gmail 的"欢迎界面"

8.3.4　隐私保护的伦理规范

在计算机信息化的社会中，很多个人信息是保存在数据库中的，像电子病历、会员俱乐部的会员信息等。一些业务人员在工作中直接接触个人隐私，如心理医生、医院医生、警察、教师、市场营销人员、新闻记者,甚至图书管理员也涉及民众的个人隐私信息。可以说数字化使得隐私问题突出化、普遍化,很多场合和工作都会涉及隐私问题。所以,在这些职业伦理当中,尊重个人隐私都是必需的道德要求,并且在执业执照考试中也是必考内容。

【案例 8-9】 单位里集体体检

某公司职工医院来看病的基本都是同一单位的职工,医生与职工之间、院内家属之间都很熟悉,医生和病人平时经常聊天。聊着聊着就谈到了某女职工最近体检查出是乙肝病毒携带者。结果消息不胫而走,与该职工同办公室的人都对她避而远之,院子里的小朋友也不与她家的孩子一起玩了。这位女士觉得莫名其妙,她的孩子也因为没朋友玩,孤独而变得性格古怪,影响了身心健康发育。

【案例 8-10】 小道消息传得走了形

某研究院管理职工档案的小何在人口普查时因工作需要查看了所有中级职称以上人员的个人档案。在与同事闲聊时说出了某研究员的父亲曾在国民党政府任职,姨父是省里的干部等个人隐私。结果一传十,十传百地传得走了形,在研究院引起很不好的影响,同时也给该研究员本人带来了巨大的精神伤害。

【案例 8-11】 网民恶搞

多媒体信息复制、编辑、网络发布现在很容易。网络上很有名的"网民恶搞小胖照片"就是一个典型案例。小胖是一名普通的中学生,他的照片被新闻报道传到了网上。结果很多人看他憨态可掬,就用图片编辑软件把他改成各种形象。这是对小胖个人肖像权的侵犯。类似由于个人图片等信息未经授权在网上传送、被非法篡改、个人电子邮件被监视或偷看、非法买卖个人通信地址等严重侵犯个人基本权利的行为而引起的各种民事纠纷案例正在增加。

在国内,每个人生活中个人隐私权受到侵犯的现象很多,公民意识中还没有普遍树立对他人隐私尊重的概念。虽然我国于 1987 年实行了民法通则,最高人民法院先后发布过《关于审理名誉权案件若干问题的解答》(1993 年)和《关于审理名誉权案件若干问题的解释》(1998 年)两个司法解释,但法律条文不可能完全阻止犯罪活动发生,更不能代替伦理规范。2009 年 2 月 28 日,中华人民共和国第十一届全国人民代表大会常务委员会第七次会议通过的第七条和第九条刑法修正案,将保护个人隐私、维护个人及商业组织合法权益的措施延伸到了普通的企事业单位和公民。当然,这次法律的修正和补充还不完全是专门针对隐私的问题,也并不意味着现实中马上即可适用。所以,"十年树木,百年树人"。一个社会形成对他人隐私尊重的道德风尚需要时间,伦理规范与法律约束都要有,自律与他律要双重并重。

隐私和安全是一对相关词,只有隐私得到很好的尊重和保护,人们的生活才会觉得安全。在 IEEE-CS 和 ACM 软件工程道德和职业实践联合工作组推荐的"软件工程职业道德规范和实践要求 5.2 版"中提到,"批准软件,应在确信软件是安全的、符合规格说明的、经过合适测试的、不会降低生活品质、影响隐私权或有害环境的条件之下,一切工作以大众利益为前提"。人们也可以从各种职业伦理规范中看到尊重个人的条文。但现实生活中不遵守伦理规范的事件屡屡发生。究其原因,是犯错误的人没有认识到侵犯个人隐私是对他人人权的侵犯,是羞耻的、不道德的行为,要承担民事责任,严重的还是违法行为,要承担法律责任。这些人没有认识到在伤害别人的同时,也伤害了自己:给自己留下了不好的个人道德记录,在人们心目中会对你敬而远之,瞧不起你。按照中国传统的文化,"头顶三尺有神明"、"因果有报"等观念,做好事,有好报,做坏事,得恶报。所以,在学习了什么是对的,什么是不对的道理以后,一定要做正确的事情,做对社会大众有利的事情,这样,在给他人带来快乐的同时,也给自己留下良好的"信用"记录。

在目前的信息社会中,舆论压力对于网络的扶正除邪是非常有效的。充分运用网络舆论作用,促使社会建立尊重个人隐私伦理观念,促使每个公民修正其行为,对于出现的非道德行为应借助新闻媒介的作用予以监督和约束,发挥因特网的作用,通过舆论的力量使其回到伦理规范中来。

【案例分析】

我国宪法第三十八条明确规定:"公民的人格尊严不受侵犯。禁止用任何方法对公民进行侮辱、诽谤和诬告陷害。"我国刑法修正案第七条规定:"国家机关或者金融、电信、交通、教育、医疗等单位的工作人员,违反国家规定,将本单位在履行职责或者提供服务过程中获得的公民个人信息,出售或者非法提供给他人,情节严重的,处三年以下有期徒刑,并处或者单处罚金。窃取、收买或者以其他方法非法获取上述信息,情节严重的,依照前款的规定处罚。"

利用因特网信息搜索的强大功能,在网络上搜索某个人的个人生活等各方面的信息并公布于网上,被称为"人肉搜索",如汶川大地震中的"范跑跑"等案例。请分析该事件的法律和道德问题。

思考讨论之八

1. 你认为哪些信息属于个人隐私信息?对公开个人信息你有什么态度?违反道德和法律吗?你国外的朋友,如英美等西方国家的人和你的观点一致吗?根源在哪里?

2. 查阅因特网上资料,分析身边保护和违反隐私条例的事件,谈谈教育和自觉遵守"己所不欲,勿施于人"的伦理标准对构建和谐社会的意义。

3. 隐私权得到很好的尊重与保护,人们就有安全感;可以说隐私安全就是数据安全吗?

4. 个人隐私安全在信息时代的体现由数据的完整性、授权访问、保持数据更新等几个方面组成,如何从道德上理解这些方面呢?

5. 如何在享受公民自由与对社会负责任两者之间做好平衡?"没有承担责任就没有权利享受自由"对吗?

6. 网络博客、播客、QQ讨论群等现在在网络世界比比皆是。人们可以随便发表自己的言论吗?言论自由是在什么前提下享有的公民权利?

7. 网络虚拟世界中的爱祖国、爱人民、爱劳动、爱父母等优良品德如何体现?请举例说明。

8. 讨论尊重隐私与社会文明的关系。

9. 查阅文献资料分析我国隐私保护的历史。

参考文献

1 维基百科. http://zh. wikipedia. org/w/index/php,2009.07.21

2 邱兴琼,李咏. 公民言论自由权的司法保护——基于"黄静"案探析网络言论自由权. 法制与社会,2009

3　杨秀清. 从行乞权看公民自由的宪法保障——兼论自由与秩序的博弈. 法制与社会,2008

4　朱景文. 言论自由及其界限. 人民网. http://www. people. com. cn/GB/guandian/8213/28144/28153/2381270. html,2009.07.21

5　中国普法网. http://www. legalinfo. gov. cn/misc/2009-03/27/content_1061444. htm,2009.07.21

6　专家解读刑法修正案——打击黑客盗号有法可依. http://tech. qq. com/a/20090303/000096. htm,2009.08.10

7　部分国家和地区保护网络隐私权基本情况介绍. http://www. tedaonline. com/law/list. asp? id＝16357&tupian＝5,2009.08.10

8　唐开元. 论网络时代个人信息隐私权的保护. 湖南科技学院学报,2007,(5)

9　贾旭风. 我国网络环境下个人信息法律保护的现状及思考. 信息科学,2007,(4)

10　ODCD《隐私保护指南》第 2 条. http://www. oecd. org/document/18/0,2006.08.10

11　欧盟《数据保护指令》,第 7 条第 a～f 款. http://wwww. cdt. org/privacy/eudirective/EU_Directive_. html,2006.08

下篇 计算机伦理学相关问题

第 9 章

计算机犯罪

"当恐怖主义者向我们发起进攻时,他们轻敲一下键盘,恐怖就可能降临到数以百万计的人们身上,一场电子战的珍珠港事件时时都有可能发生。"

——温·施瓦图(美国 Inter-Pact 公司的通信顾问)

本章要点

计算机犯罪是信息时代的一种高科技、高智能、高度复杂化的犯罪,其主要犯罪形式有黑客攻击、计算机病毒、蠕虫以及特洛伊木马等。目前,反黑客攻击技术的核心问题是如何截获所有的网络信息;在预防病毒工具中采用的主要技术有:利用清毒/杀毒软件检测一些病毒经常要改变的系统信息,监测写盘操作,对计算机系统中的文件形成一个密码检验码和实现对程序完整性的验证等;对蠕虫的检测包括对未知蠕虫的检测和对已知蠕虫的检测,对其防治主要是通过与防火墙互动、与交换机连动、通知 HIDS 以及报警等方式;对于特洛伊木马的入侵途径以及攻击,一般采取 IP 安全策略进行防范。

预防计算机犯罪应加强技术研究,完善技术管理、堵塞漏洞;完善安全管理机制,严格执行安全管理规章;健全完善法律制度,做到严格执法。另外,应加强个人道德修养,形成良好的尊敬法律、敬重网络道德的社会生活环境。

9.1 计算机犯罪概述

9.1.1 计算机犯罪及其特点

如同任何技术一样,计算机技术也是一柄双刃剑,它的广泛应用和迅猛发展,一方面使社会生产力获得极大解放,另一方面又给人类社会带来前所未有的挑战,其中尤以计算机犯罪为甚。

所谓计算机犯罪,就是犯罪分子利用计算机或网络技术、管理的安全漏洞,并通过计算机或网络对受害者的计算机或网络系统进行非授权的操作,从而造成受害者在经济、名誉以

及心理等方面损害的犯罪行为。与传统犯罪相比,计算机犯罪具有以下特点:

1. 犯罪的成本低,传播迅速,传播范围广

如利用黑客程序的犯罪,只要几封电子邮件,被攻击者一打开,就完成了。因此,不少犯罪分子越来越喜欢用因特网来实施犯罪,而且计算机网络犯罪的受害者范围很广,受害者可能是全世界的人。

2. 犯罪的手段隐蔽性高

由于网络的开放性、不确定性、虚拟性和超越时空性等,犯罪手段看不见、摸不着,破坏性波及面广,但犯罪嫌疑人的流动性却不大,证据难以确定,使得计算机网络犯罪具有极高的隐蔽性,增加了计算机网络犯罪案件的侦破难度。

3. 犯罪行为具有严重的社会危害性

随着计算机的广泛普及、IT 的不断发展,现代社会对计算机的依赖程度日益加深,大到国防、电力、金融、通信系统,小到机关的办公网络、家庭计算机都是犯罪侵害的目标。

4. 犯罪的智能化程度越来越高

犯罪分子大多具有一定学历,受过较好教育或专业训练,了解计算机系统技术,对实施犯罪领域的技能比较娴熟。

9.1.2 计算机犯罪的构成要件

1. 犯罪主体

计算机犯罪的主体为一般主体。从计算机犯罪的具体表现来看,犯罪主体具有多样性,各种年龄、各种职业的人都可以进行计算机犯罪。

2. 犯罪主观方面

计算机犯罪的主观方面包括故意犯罪和过失犯罪两种。故意犯罪表现为行为人明知其行为会造成对计算机系统内部信息的危害破坏,但由于各种动机和目的所驱使使不良后果或危害发生。过失犯罪表现为行为人应当预见到自己行为可能会导致系统数据遭到破坏的后果,由于疏忽大意而没有预见,或是行为人已经预见到这种伤害性后果,但轻信能够避免这种后果而导致系统数据的破坏。

3. 犯罪客体

计算机犯罪侵犯的是复杂客体。计算机犯罪不仅侵害了计算机系统所有人的权益,而且对国家的计算机信息管理秩序造成了破坏,同时还有可能对受害的计算机系统当中数据所涉及的第 3 人的权益造成危害。

4. 犯罪客观方面

计算机犯罪的客观方面是指刑法规定的,计算机犯罪活动表现在外部的各种事实。其内容包括犯罪行为、犯罪对象、危害结果,以及实施犯罪行为的时间、地点和方法等。在计算机犯罪中,绝大多数危害行为都是作为,即行为表现通过完成一定的行为,从而使得危害后果发生。也有一部分是不作为,如行为人担负有排除计算机系统危险的义务,但行为人拒不履行这种义务的行为致使危害结果发生的。在计算机犯罪的客观方面,值得强调的是:第一,关于计算机犯罪的犯罪对象。计算机犯罪的犯罪对象是计算机犯罪所直接指向的对象。许多计算机犯罪以信息系统作为犯罪对象。该行为必然要侵害计算机系统内部的数据,这种侵害可能是直接地破坏数据,也可能是间接地威胁数据的安全性和完整性,这就必然要侵害计算机系统所有人对系统内部数据的所有权和其他权益。第二,关于计算机犯罪的犯罪工具问题。计算机犯罪的工具具有唯一性和依赖性,换言之,真正意义上的计算机犯罪,计算机是实施该犯罪的唯一工具,同时,也只能利用计算机操作实施,通过其他工具不可能实施此类犯罪或顺利到犯罪的目的并进而构成计算机犯罪。

9.1.3　计算机犯罪的历史

从1966年美国查处的第一起计算机犯罪案算起[①],世界范围内的计算机犯罪以惊人的速度在增长。有资料指出,目前计算机犯罪的年增长率高达30%,其中发达国家和一些高技术地区的增长率还要远远超过这个比率,如法国达200%,美国的硅谷地区达400%[②]。与传统的犯罪相比,计算机犯罪所造成的损失要严重得多,例如,美国的统计资料表明:平均每起计算机犯罪造成的损失高达45万美元,而传统的银行欺诈与侵占案平均损失只有1.9万美元,银行抢劫案的平均损失不过4900美元,一般抢劫案的平均损失仅370美元[③]。与财产损失相比,也许利用计算机进行恐怖活动等犯罪更为可怕。故此,对计算机犯罪及其防治予以高度重视,已成为西方各国无可争议的事实。

我国自1986年首次发现计算机犯罪(当年仅9起案件)以来,计算机犯罪案件迅猛增长,1999年我国立案侦察的计算机违法犯罪案件为400余起,2000年就剧增为2700余起[④],2008年更剧增为4500余起。诈骗、敲诈、窃取等形式的网络犯罪的涉案金额从数万元发展到数百万元,其造成的巨额经济损失难以估量,其中计算机网络犯罪在金融业尤为突出,金融行业计算机网络犯罪案件发展比例占整个计算机犯罪比例高达61%。[⑤]

9.2　计算机犯罪的主要形式及预防抵御策略

【案例9-1】　虚假的电子邮件地址

一个罪犯向一名MSN的客户从虚假的电子邮件地址 billing@MSN.com 发出一份垃圾邮件,电子邮件超链接提示该用户登录一个"安全的网站"并要求他重新输入账号和用户信息,并发送至MSN。这份电子邮件通过在美国、印度以及澳大利亚的因特网服务商不断跳转,掩盖了其真实的目的地。FBI跟踪这一地址,最后发现,信息并未发到MSN账号,而是到了位于爱荷华州一个私人邮件地址。最后,这名犯罪嫌疑人被当地法院起诉。

【专家箴言】

(1) 合法组织在绝大部分情况下不会要求用户通过电邮提供信用卡信息,因此,用户遇到这种情况时应拒绝请求。

---

①　该案发生于1958年美国硅谷。某计算机工程师通过篡改程序窃取银行的存款余额,但直到1966年才被发现。(于志刚.计算机犯罪研究.北京:中国检察出版社,1999)这或许可作为计算机犯罪黑数极高的一个例证。据学者分析指出,由于计算机犯罪本身所固有的隐蔽性和专业性,加上受害公司和企业因担心声誉受损而很少报案等原因,实践中计算机犯罪绝大多数都没有被发现和受到查处,真正发现的只占15%~20%。

②　于志刚.计算机犯罪研究.北京:中国检察出版社,1999

③　周光斌.计算机犯罪与信息安全在国外.中国信息化法制建设研讨会论文集,1997

④　郭秦.当前计算机犯罪的特征分析与预防,警察技术.

⑤　金融行业成计算机犯罪重灾区,网易科技报道 2006(2),2009.3.17.

（2）任何让用户提供口令、账号或是下载软件的邮件请求都可能是一种陷阱，应立即删除。

（3）罪犯通常利用知名的网站以降低用户的怀疑，要求输入账号信息的邮件会悄悄地出现，这样会使用户的疑虑降低。

（4）罪犯试图让用户在不经意间上当受骗，这是一种心理战术，他们设法使用户在感到安全的时候不自觉地进入圈套。

9.2.1　黑客攻击行为与反攻击技术

"黑客"一词，源于英文 Hacker，原指热心于计算机技术、水平高超的计算机专家，尤其是程序设计人员。但到了今天，黑客一词已被用于泛指那些专门利用计算机搞破坏或恶作剧的人员。

黑客攻击的方式有拒绝服务攻击、非授权访问尝试、预探测攻击、可疑活动、协议解码、系统代理攻击等。反攻击技术（入侵检测技术）是如何截获所有的网络信息。入侵检测的最基本手段是采用模式匹配的方法来发现入侵攻击行为，要有效地进行反攻击首先必须了解入侵的原理和工作机理，只有这样才能做到知己知彼，从而有效地防止入侵攻击行为的发生。本节针对几种典型的入侵攻击行为进行介绍，并探讨应对策略。

1. Land 攻击

攻击类型：Land 攻击是一种拒绝服务攻击。

攻击特征：用于 Land 攻击的数据包中的源地址和目标地址是相同的，因为当操作系统接收到这类数据包时，不知道该如何处理堆栈中通信源地址和目的地址相同的这种情况，或者循环发送和接收该数据包，消耗大量的系统资源，从而有可能造成系统崩溃或死机等现象。

检测方法：判断网络数据包的源地址和目标地址是否相同。

反攻击方法：适当配置防火墙设备或过滤路由器的过滤规则就可以防止这种攻击行为（一般是丢弃该数据包），并对这种攻击进行审计（记录事件发生的时间，源主机和目标主机的 MAC 地址和 IP 地址）。

2. TCP SYN 攻击

攻击类型：TCP SYN 攻击是一种拒绝服务攻击。

攻击特征：它是利用 TCP 客户机与服务器之间 3 次握手过程的缺陷来进行的。攻击者通过伪造源 IP 地址向被攻击者发送大量的 SYN 数据包，当被攻击主机接收到大量的 SYN 数据包时，需要使用大量的缓存来处理这些连接，并将 SYN ACK 数据包发送回错误的 IP 地址，并一直等待 ACK 数据包的回应，最终导致缓存用完，不能再处理其他合法的 SYN 连接，即不能对外提供正常服务。

检测方法：检查单位时间内收到的 SYN 连接是否超过系统设定的值。

反攻击方法：当接收到大量的 SYN 数据包时，通知防火墙阻断连接请求或丢弃这些数据包，并进行系统审计。

3. Ping Of Death 攻击

攻击类型：Ping Of Death 攻击是一种拒绝服务攻击。

攻击特征：该攻击数据包大于 65 535 个字节。由于部分操作系统接收到长度大于

65 535 字节的数据包时,就会造成内存溢出、系统崩溃、重启、内核失败等后果,从而达到攻击的目的。

检测方法:判断数据包的大小是否大于 65 535 个字节。

反攻击方法:使用新的补丁程序,当收到大于 65 535 个字节的数据包时,丢弃该数据包,并进行系统审计。

4. WinNuke 攻击

攻击类型:WinNuke 攻击是一种拒绝服务攻击。

攻击特征:WinNuke 攻击又称带外传输攻击,它的特征是攻击目标端口,被攻击的目标端口通常是 139、138、137、113、53,而且 URG 位设为"1",即紧急模式。

检测方法:判断数据包目标端口是否为 139、138、137 等,并判断 URG 位是否为"1"。

反攻击方法:适当配置防火墙设备或过滤路由器就可以防止这种攻击手段(丢弃该数据包),并对这种攻击进行审计(记录事件发生的时间,源主机和目标主机的 MAC 地址和 IP 地址 MAC)。

5. Teardrop 攻击

攻击类型:Teardrop 攻击是一种拒绝服务攻击。

攻击特征:Teardrop 是基于 UDP 的病态分片数据包的攻击方法,其工作原理是向被攻击者发送多个分片的 IP 包(IP 分片数据包中包括该分片数据包属于哪个数据包以及在数据包中的位置等信息),某些操作系统收到含有重叠偏移的伪造分片数据包时将会出现系统崩溃、重启等现象。

检测方法:对接收到的分片数据包进行分析,计算数据包的片偏移量(Offset)是否有误。

反攻击方法:添加系统补丁程序,丢弃收到的病态分片数据包并对这种攻击进行审计。

6. TCP/UDP 端口扫描

攻击类型:TCP/UDP 端口扫描是一种预探测攻击。

攻击特征:对被攻击主机的不同端口发送 TCP 或 UDP 连接请求,探测被攻击对象运行的服务类型。

检测方法:统计外界对系统端口的连接请求,特别是对 21、23、25、53、80、8000、8080 等以外的非常用端口的连接请求。

反攻击方法:当收到多个 TCP/UDP 数据包对异常端口的连接请求时,通知防火墙阻断连接请求,并对攻击者的 IP 地址和 MAC 地址进行审计。

对于某些较复杂的入侵攻击行为(如分布式攻击、组合攻击),不但需要采用模式匹配的方法,还需要利用状态转移、网络拓扑结构等方法来进行入侵检测。

9.2.2 计算机病毒

1. 计算机病毒的产生和分类

计算机病毒(Computer Virus)在《中华人民共和国计算机信息系统安全保护条例》中定义为:编制或者在计算机程序中插入的破坏计算机功能或者破坏数据,影响计算机使用并且能够自我复制的一组计算机指令或者程序代码。计算机病毒的产生是计算机技术和以计算机为核心的社会信息化进程发展到一定阶段的必然产物。它产生的背景是:

（1）计算机病毒是计算机犯罪的一种新的衍化形式。计算机病毒是高技术犯罪，具有瞬时性、动态性和随机性。不易取证，风险小破坏大，从而刺激了犯罪意识和犯罪活动，是某些人恶作剧和报复心态在计算机应用领域的表现。

（2）计算机软硬件产品的脆弱性是根本的技术原因。计算机是电子产品。数据从输入、存储、处理、输出等环节，易误入、篡改、丢失、作假或破坏；程序易被删除、改写；计算机软件设计的手工方式，效率低下且生产周期长；人们至今没有办法事先了解一个程序有没有错误，只能在运行中发现、修改错误，并不知道还有多少错误和缺陷隐藏在其中。这些脆弱性就为病毒的侵入提供了方便。

（3）微型计算机的普及应用是计算机病毒产生的必要环境。1983 年 11 月 3 日美国计算机专家首次提出了计算机病毒的概念并进行了验证。计算机正处于普及应用热潮。微型计算机的广泛普及，操作系统简单明了，软、硬件透明度高，基本上没有什么安全措施，能够透彻了解它内部结构的用户日益增多，对其存在的缺点和易攻击处也了解得越来越清楚，不同的目的可以做出截然不同的选择。目前，在 IBM PC 系统及其兼容机上广泛流行着各种病毒就很说明这个问题。

按性质划分，计算机病毒可分为良性病毒和恶性病毒。良性的危害性小，不破坏系统和数据，但大量占用系统开销，将使机器降低运行速度，或无法正常工作，陷于瘫痪。如国内出现的圆点病毒就是良性的。恶性病毒可能会毁坏数据文件，也可能使计算机停止工作。

按激活的时间方式划分，计算机病毒可分为定时发作型病毒和随机发作型病毒。定时病毒仅在某一特定时间才发作，一般是由系统时钟触发的；而随机病毒是随机发作的。

按入侵方式划分，计算机病毒可分为操作系统型病毒、原码病毒、外壳病毒和入侵病毒。操作系统型病毒具有很强的破坏力，可用它自己的程序意图加入或取代部分操作系统进行工作，可以导致整个系统的瘫痪，如圆点病毒和大麻病毒；原码病毒，在程序被编译之前插入到 Fortran、C、或 PASCAL 等语言编制的源程序里，完成这一工作的病毒程序一般是在语言处理程序或连接程序中；外壳病毒，常附在主程序的首尾，对源程序不做更改，这种病毒较常见，易于编写，也易于发现，一般测试可执行文件的大小即可知道；入侵病毒，侵入到主程序之中，并替代主程序中部分不常用到的功能模块或堆栈区，这种病毒一般是针对某些特定程序而编写的。

按是否有传染性划分，可分为不可传染性和可传染性病毒。不可传染性病毒有可能比可传染性病毒更具有危险性和难以预防。

按传染方式划分，有磁盘引导区传染的计算机病毒、操作系统传染的计算机病毒和一般应用程序传染的计算机病毒。

按病毒攻击的机种划分，可划分为攻击微型计算机的病毒、攻击小型机的病毒以及攻击工作站的病毒等，其中以攻击微型计算机的病毒为多，世界上出现的病毒几乎 90％是攻击 IBM PC 及其兼容机。

2. 计算机病毒的特点

（1）寄生性。计算机病毒寄生在其软件、程序之中，当执行这个程序时，病毒就起破坏作用,而在未启动这个程序之前,它是不易被人发觉的。

(2)传染性。计算机病毒不但本身具有破坏性,更令人害怕的是它还具有传染性。一旦病毒被复制或产生变种,其扩散速度之快令人难以预防。

(3)潜伏性。有些病毒像定时炸弹一样,让它什么时间发作是可以预先设计好的。比如黑色星期五病毒,不到预定时间一点都觉察不出来,等到条件具备的时候就突然一下子爆炸开来,对系统进行破坏。

(4)隐蔽性。计算机病毒具有很强的隐蔽性,有的可以通过病毒软件检查出来,有的根本就查不出来,有的时隐时现、变化无常,这类病毒处理起来通常很困难。

3. 计算机病毒的表现形式

计算机受到病毒感染后,会表现出不同的症状,以下是一些经常遇到的现象。

(1)机器不能正常启动。通电后机器根本不能启动,或者可以启动,但所需要的时间比原来的启动时间延长了,有时会突然出现黑屏现象。

(2)运行速度降低。如果发现在运行某个程序时,读取数据的时间比原来延长,存文件或调文件的时间都增加了,那就有可能是由于病毒造成的。

(3)磁盘空间迅速变小。由于病毒程序要进驻内存,而且又能自我复制(繁殖),因此使内存空间变小甚至变为"0",用户什么信息也不保存。

(4)文件内容和长度有所改变。一个文件存入磁盘后,本来它的长度和内容都不会改变,可是由于病毒的干扰,文件长度可能发生变化,文件内容也可能出现乱码。有时文件内容无法显示或显示后又突然消失。

(5)经常出现"死机"现象。正常的操作是不会造成死机现象的,即使是初学者,命令输入不对也不会死机。如果机器经常死机,那就有可能是系统被病毒感染了。

(6)外部设备工作异常。因为外部设备受系统的控制,如果机器中有病毒,外部设备在工作时可能会出现一些异常情况,出现一些用理论或经验说不清道不明的现象。

4. 计算机病毒的工作过程

计算机病毒的完整工作过程应包括以下几个环节:

(1)传染源。病毒总是依附于某些存储介质,例如软盘、U盘、硬盘等,一些恶意的网站也可能构成传染源。

(2)传染媒介。病毒传染的媒介由工作的环境来定,可能是计算机网络,也可能是可移动的存储介质,例如U盘等。

(3)病毒激活。是指将病毒装入内存,并设置触发条件。一旦触发条件成熟,病毒就开始作用——自我复制到传染对象中,进行各种破坏活动等。

(4)病毒触发。计算机病毒一旦被激活,立刻就发生作用。触发的条件是多样化的,可以是内部时钟、系统的日期、用户标识符,也可能是系统的一次通信等。

(5)病毒表现。表现是病毒的主要目的之一,有时在屏幕显示出来,有时则表现为破坏系统数据。可以这样说,凡是软件技术能够触发到的地方,都在病毒表现范围内。

(6)传染。病毒的传染性是病毒性能的一个重要标志。所谓传染,就是病毒复制一个自身副本到另一个传染对象中去。

5. 计算机病毒的预防①

正如不可能研制出一种能包治人类百病的灵丹妙药一样,研制出万能的防范计算机病毒的程序也是不可能的。但可针对病毒的特点,利用现有的技术,开发出新的技术,使防御病毒软件在与计算机病毒的对抗中不断得到完善,更好地发挥保护计算机的作用。计算机病毒预防是指在病毒尚未入侵或刚刚入侵时,就拦截、阻击病毒的入侵或立即报警。目前在预防病毒软件工具中采用的技术主要有:

(1) 将大量的消毒/杀毒软件汇集于一体,检查是否存在已知病毒,如在开机时或在执行每一个可执行文件前执行扫描程序。这种工具的缺点是:对变种或未知病毒无效;系统开销大,常驻内存,每次扫描都要花费一定时间,已知病毒越多,扫描时间越长。

(2) 检测一些病毒经常要改变的系统信息,如引导区、中断向量表、可用内存空间等,以确定是否存在病毒。其缺点是:无法准确识别正常程序与病毒程序的行为,常常误报警,其结果是使用户失去对病毒的戒心。

(3) 监测写盘操作,对引导区 BR 或主引导区 MBR 的写操作报警。若有一个程序对可执行文件进行写操作,就认为该程序可能是病毒,阻击其写操作,并报警。其缺点是:一些正常程序与病毒程序同样有写操作,因而常被误报警。

(4) 对计算机系统中的文件形成一个密码检验码和实现对程序完整性的验证,在程序执行前或定期对程序进行密码校验,如有不匹配现象即报警。其优点是:易于早发现病毒,对已知和未知病毒都有防止和抑制能力。

(5) 智能判断型:设计病毒行为过程判定知识库,应用人工智能技术,有效区分正常程序与病毒程序行为,是否误报警取决于知识库选取的合理性。其缺点是:单一的知识库无法覆盖所有的病毒行为,如对于不驻留内存的新病毒,就会漏报。

(6) 智能监察型:设计病毒特征库(静态),病毒行为知识库(动态),受保护程序存取行为知识库(动态)等多个知识库及相应的可变推理机。通过调整推理机,能够对付新类型病毒,误报和漏报较少。这是未来防治病毒技术发展的方向。

9.2.3　蠕虫②

【案例 9-2】 "口令蠕虫"病毒突袭我国因特网

新华社北京 2003 年 3 月 9 日电(记者李佳路) 从 3 月 8 日开始,一种新型的破坏力很强的网络蠕虫病毒——"口令蠕虫"病毒突然袭击我国因特网。目前国内已经有个别骨干因特网出现明显拥塞,个别局域网近于瘫痪,数以万计的国内服务器被感染并自动与境外服务器进行连接。中国计算机网络应急处理协调中心负责人 9 日对新华社记者表示,"口令蠕虫"通过一个名为 Dvldr32.exe 的可执行程序,实施发包进行网络感染操作,主要对象是网络服务器和 Windows 2000、XP 等个人终端用户。

与以往利用操作系统或应用系统的技术漏洞进行攻击不同的是,"口令蠕虫"所利用的

---

① 陈立新.计算机病毒防治百事通.北京:清华大学出版社,2000

② 佚名.网络蠕虫病毒的检测与防治. http://soft. yesky. com/SoftChannel/72356699905720320/20040902/1849415_4. shtml

是网上用户对口令等管理的弱点进行攻击。这一病毒有3个特点：一是自带一份口令字典，对网上主机超级用户口令进行基于字典的猜测；二是一旦猜测口令成功，这种蠕虫病毒将植入7个与远程控制和传染相关的程序，立即主动与国外的几个特定服务器联系，并可被远程控制；三是该蠕虫扫描流量极大，容易造成网络严重拥塞。

有关专家建议广大Windows用户采取以下措施：①立即更换系统超级用户口令，加大口令强度，缩短口令更新周期，加强口令的管理；②注意检查计算机中的文件，保护好重要信息和个人隐私；③立即查看系统进程，如果有Dvldr32.exe运行，系统即被感染，应立即结束该进程，并删除Dvldr32.exe等相应的蠕虫文件和注册表中的蠕虫信息，再重新启动系统。

1. 蠕虫的定义

蠕虫是无须计算机使用者干预即可运行的独立程序，它通过不停地获得网络中存在漏洞的计算机上的部分或全部控制权来进行传播。蠕虫与病毒的最大不同在于它不需要人为干预，且能够自主不断地复制和传播。

2. 蠕虫的工作流程和行为特征

蠕虫程序的工作流程可分为漏洞扫描、攻击、传染、现场处理4个阶段。蠕虫程序扫描到有漏洞的计算机系统后，将蠕虫主体迁移到目标主机。然后，蠕虫程序进入被感染的系统，对目标主机进行现场处理。现场处理部分的工作包括：隐藏、信息搜集等。同时，蠕虫程序生成多个副本，重复上述流程。不同的蠕虫采取的IP生成策略可能并不相同，甚至随机生成。各个步骤的繁简程度也不同，有的十分复杂，有的则非常简单。

通过对蠕虫的整个工作流程进行分析，可以归纳得到它的行为特征：

(1) 自我繁殖。蠕虫在本质上已经演变为黑客入侵的自动化工具，当蠕虫被释放后，从搜索漏洞，到利用搜索结果攻击系统，到复制副本，整个流程全由蠕虫自身主动完成。就自主性而言，这一点有别于通常的病毒。

(2) 利用软件漏洞。任何计算机系统都存在漏洞，这些就是蠕虫利用系统的漏洞获得被攻击的计算机系统的相应权限，使之进行复制和传播过程成为可能。这些漏洞是各种各样的，有的是操作系统本身的问题，有的是应用服务程序的问题，有的是网络管理人员的配置问题。正是由于漏洞产生原因的复杂性，才导致各种类型的蠕虫泛滥。

(3) 造成网络拥塞。在扫描漏洞主机的过程中，蠕虫需要：判断其他计算机是否存在；判断特定应用服务是否存在；判断漏洞是否存在等，这不可避免地会产生附加的网络数据流量。同时蠕虫副本在不同机器之间传递，或者向随机目标发出攻击，被攻击的数据都不可避免地会产生大量的网络数据流量。即使是不包含破坏系统正常工作的恶意代码的蠕虫，也会因为它产生了巨大的网络流量，导致整个网络瘫痪，造成经济损失。

(4) 消耗系统资源。蠕虫入侵到计算机系统之后，会在被感染的计算机上产生自己的多个副本，每个副本启动搜索程序寻找新的攻击目标，大量地耗费系统的资源，导致系统的性能下降。这对网络服务器的影响尤其明显。

(5) 留下安全隐患。大部分蠕虫会搜集、扩散、暴露系统敏感信息（如用户信息等），并在系统中留下后门。这些都会导致计算机系统未来的安全隐患。

3. 蠕虫的检测

这里介绍中科网威 VDS(Virus Detect System)对蠕虫的检测技术与防治策略。

(1) 对未知蠕虫的检测。对蠕虫在网络中产生的异常,有多种方法可以对未知的蠕虫进行检测,比较通用的方法有对流量异常的统计分析,对 TCP 连接异常的分析。网威入侵检测在这两种分析的基础上,又使用了对 ICMP 数据异常分析的方法,可以更全面地检测网络中的未知蠕虫。这种网络蠕虫的检测方法是 Bob Gray 和 Vincent Berk 在 2003 年 11 月 4 日的 ISTS 技术大会中提出的。

(2) 对于已知蠕虫的检测。网威网络病毒检测系统为了适应对蠕虫各个阶段的不同行为的检测,使用编译技术,创建了网威的脚本语言 NPDCL(网威检测控制语言),结合虚拟机技术,创建了解释执行 NPDCL 的虚拟机。通过整个 NPDCL 脚本来控制整个 VDS 的检测过程,打破了传统的单一的发现符合某条规则就进行事件报警的机制,提高安全事件的关联分析功能,从而可以对一个蠕虫的各个阶段的不同行为进行关联分析,并且根据蠕虫的多个行为特征进行判断,而不是简单地针对某个存在漏洞的服务进行特征匹配。NPDCL 同时具有丰富的行为特征库,可以对目前流行的病毒,如振荡波、冲积波等病毒以及多种变种进行检测。

4. 蠕虫的防治策略

(1) 与防火墙互动。通过控制防火墙的策略,对感染主机的对外访问数据进行控制,防止蠕虫对外网的主机进行感染。同时如果 VDS 发现外网的蠕虫对内网进行扫描和攻击,也可以和防火墙进行互动,防止外网的蠕虫传染内网的主机。

(2) 交换机连动。中科网威 VDS 支持和 Cisco 系列的交换机通过 SNMP 进行连动,当发现内网主机被蠕虫感染时,可以切断感染主机同内网的其他主机的通信,防止感染主机在内网的大肆传播,同时可以控制因为蠕虫发作而产生的大量的网络流量。同时为了适应用户的网络环境,VDS 还提供了 Telnet 配置网络设备的接口,这样 VDS 可以和网络中任何支持 Telnet 管理的网络设备进行连动。

(3) 通知 HIDS。装有 HIDS 的服务器接收到 VDS 传来的信息,可以对可疑主机的访问进行阻断,这样可以阻止受感染的主机访问服务器,使服务器上的重要资源免受损坏。

(4) 报警。系统发出报警,通知网络管理员对蠕虫进行分析后,可以通过配置 Scanner 来对网络进行漏洞扫描,通知存在漏洞的主机到 Patch 服务器下载补丁进行漏洞修复,防止蠕虫进一步传播。

9.2.4 特洛伊木马

【案例 9-3】 一位网络工程师的日记

×年×月×日:一位客户的 PC 出现了奇怪的症状,速度变慢,CD-ROM 托盘毫无规律地进进出出,从来没有见过的错误信息,屏幕图像翻转,等等。我切断了他的 Internet 连接,然后按照对付恶意软件的标准步骤执行检查,终于找出了罪魁祸首:两个远程访问特洛伊木马——一个是 Cult of the Dead Cow 臭名昭著的 Back Orifice,还有一个是不太常见的

The Thing。在这次事件中,攻击者似乎是个小孩,他只想搞些恶作剧,让别人上不了网,或者交换一些色情资料,但没有什么更危险的举动。如果攻击者有其他更危险的目标,那么他可能已经从客户的机器及其网络上窃取到许多机密资料了。

1. 什么是特洛伊木马

特洛伊木马是一个包含在合法程序中的非法程序。该非法程序在用户不知情的情况下被执行。其名称源于古希腊的特洛伊木马神话,传说希腊人围攻特洛伊城,久久不能得手。后来想出了一个木马计,让士兵藏匿于巨大的木马中。大部队假装撤退而将木马摈弃于特洛伊城外,让敌人将其作为战利品拖入城内。木马内的士兵则乘夜晚敌人庆祝胜利、放松警惕的时候从木马中爬出来,与城外的部队里应外合而攻下了特洛伊城。

一般的木马都有客户端和服务器端两个执行程序,其中客户端是用于攻击者远程控制植入木马的机器,服务器端程序即是木马程序。攻击者要通过木马攻击用户系统,他所做的第一步是要把木马的服务器端程序植入到用户计算机里面。

2. 特洛伊木马的入侵途径

目前木马入侵的主要途径是先通过一定的方法把木马执行文件放置到被攻击者的计算机系统里,如邮件、下载等,然后通过一定的提示故意误导被攻击者打开执行文件,比如故意谎称这个木马执行文件是朋友送给某个人的贺卡。可是当收信人打开这个文件后,确实有贺卡的画面出现,但这时可能木马已经悄悄在用户后台运行了。

一般的木马执行文件非常小,大都是几KB到几十KB,如果把木马捆绑到其他正常文件上,用户很难发现。所以,有一些网站提供的软件下载往往是捆绑了木马文件的,在用户执行这些下载的文件时,也同时运行了木马程序。

木马也可以通过Script、ActiveX及ASP、CGI交互脚本的方式植入,由于微软的浏览器在执行Script上存在一些漏洞,攻击者可以利用这些漏洞传播病毒和木马,甚至直接对浏览者计算机进行文件操作等控制。如果攻击者有办法把木马执行文件上载到攻击主机的一个可执行WWW目录夹里面,他可以通过编制CGI程序在攻击主机上执行木马目录。木马还可以利用系统的一些漏洞进行植入,如微软著名的IIS溢出漏洞,通过一个IISHACK攻击程序即令IIS崩溃,并且同时在攻击服务器时执行远程木马执行文件。

3. 特洛伊木马的攻击手段

木马在被植入攻击主机后,它一般会通过一定的方式把入侵主机的信息,如主机的IP地址、木马植入的端口等发送给攻击者,这样攻击者才能够与木马里应外合控制攻击主机。

在早期的木马里面,大多都是通过发送电子邮件的方式把入侵主机信息告诉攻击者,有一些木马文件干脆把主机所有的密码用邮件的形式通知给攻击者,这样攻击者就不用直接连接攻击主机即可获得一些重要数据,如攻击OICQ密码的GOP木马即是如此。使用电子邮件的方式对攻击者来说并不是最好的一种选择,因为如果木马被发现就可以通过这个电子邮件的地址找出攻击者。现在还有一些木马采用的是通过发送UDP或者ICMP数据包的方式通知攻击者。

4. 对付特洛伊木马的办法[1]

当木马悄悄打开某扇"方便之门"（端口）时，不速之客就会神不知鬼不觉地侵入用户的计算机。如果被木马侵入也不必惊慌，首先用户要切断它们与外界的联系（就是堵住可疑端口）。

在 Windows 2000/XP/2003 系统中，Microsoft 管理控制台（MMC）已将系统的配置功能汇集成配置模块，大大方便了用户进行特殊的设置（以 Telnet 利用的 23 端口为例，操作系统为 Windows XP）。

（1）操作步骤。首先单击"运行"，在文本框中输入"MMC"后回车，会弹出"控制台 1"窗口。用户依次选择"文件"→"添加/删除管理单元"，在独立标签栏中单击"添加"→"IP 安全策略管理"，最后按提示完成操作。这时，用户已把"IP 安全策略，在本地计算机"（以下简称"IP 安全策略"）添加到"控制台"根节点下。然后双击"IP 安全策略"就可以新建一个管理规则了。右击"IP 安全策略"，在弹出的快捷菜单中选择"创建 IP 安全策略"，打开 IP 安全策略向导，单击"下一步"→名称默认为"新 IP 安全策略"→"下一步"→不必选择"激活默认响应规则"（注意：在单击"下一步"的同时，需要确认此时"编辑属性"被选中），然后选择"完成"→"新 IP 安全策略属性"→"添加"→不必选择"使用添加向导"。应注意，在寻址栏的源地址应选择"任何 IP 地址"，目标地址选择"我的 IP 地址"（不必选择镜像）。在协议标签栏中，注意类型应为 TCP，并将 IP 端口从任意端口改为此端口 23，最后单击"确定"即可。这时在"IP 筛选器列表"中会出现一个"新 IP 筛选器"，选中它，切换到"筛选器操作"标签栏，依次单击"添加"→名称默认为"新筛选器操作"→"添加"→"阻止"→"完成"。新策略需要被激活才能起作用，具体方法是：在"新 IP 安全策略"上右击，"指派"刚才制定的策略。

（2）效果。现在，当用户从另一台计算机 Telnet 到设防的这一台计算机时，系统会报告登录失败；用扫描工具扫描这台计算机，会发现 23 端口仍然在提供服务。以同样的方法，用户可以把其他任何可疑的端口都封杀掉。

9.2.5 预防计算机犯罪的措施

计算机犯罪是信息时代的一种高科技、高智能、高度复杂化的犯罪。计算机犯罪的特点决定了对其进行防范应当立足于标本兼治、综合治理，应从发展技术、健全法制、强化管理、加强教育监管、打防结合以及健全信息机制等诸多方面着手。

1. 技术改进与研究

先进的科技预防是预防打击计算机犯罪的最有力的武器。谁掌握了科学技术谁就控制了网络，谁首先拥有了最先进的科学技术谁就将主宰未来。特别要注重研究、制定发展与计算机网络相关的各类行业产品，如网络扫描监控技术、数据指纹技术、数据信息的恢复、网络安全技术等。这一切都必将为计算机网络犯罪侦查以及有效法律证据的提取保存提供有力的支持帮助。只有大力改进技术才能在预防打击计算机犯罪的战斗上占据有利地位。

---

[1] 佚名. IP 安全策略 VS 特洛伊木马. http://www.yesky.com/SoftChannel/72356695560421376/20031112/1744192.shtml

2. 健全管理机制

科学合理的网络管理体系不仅可以提高工作效率,也可以大大增强网络的安全性。事实上,大多数安全事件和安全隐患的发生,管理不善是主要原因,技术上的问题才是次要的。从诸多案例中可以看出,一半以上的网络漏洞是人为造成的,更多的网络攻击犯罪来自系统内部的员工,所以加强管理防堵各种管理漏洞是十分必要的。在强化管理方面,除了要严格执行国家制定的安全等级制度、国际因特网备案制度、信息媒体出境申报制度和专用产品销售许可证等制度外,还应当建立 IT 职业人员的审查和考核制度、软件和设备购置的审批制度、机房安全管理制度、网络技术开发安全许可证制度、定期检查与不定期抽查制度等。

3. 加强立法与严格执法

加快立法并予以完善,是预防计算机犯罪的关键一步,只有这样才能使执法机关在预防打击计算机犯罪行为时有法可依,更重要的是能够依法有效地予以严厉制裁并以此威慑潜在的计算机犯罪,要依法治国,更要依法预防打击计算机犯罪。计算机网络安全立法需要进一步加以完善,如对网络中心虚拟财物如何认识,网络生活中的侵财、侵权如何处理,都没有明确规定。除了要完善防范惩治网络犯罪的实体规范外,还应对侦查、起诉网络犯罪的程序和证据制度加以完善,为从重、从严打击网络犯罪提供有力的法律武器。现今刑法对计算机网络犯罪的惩罚部分量刑太轻,从而放纵了很多计算机犯罪者。

4. 加强网络道德环境

预防计算机犯罪的第一步,是需要加强人文教育,用优秀的文化道德思想引导网络社会,形成既符合时代进步的要求又合理合法的网络道德。随着计算机网络迅速发展,网络虚拟社会的一些行为正在使传统的道德标准面临挑战,不是说所有的这种挑战都会导致犯罪,但是计算机网络犯罪与当今网络社会的道德失衡不无关系,像各种网络色情、黑客技术的泛滥等方面的事物对网民特别是广大青少年的影响很大,进而,形成了潜在的犯罪因素,因此造成了许多犯罪。所以,必须大力加强思想道德教育,建立科学健康和谐的网络道德观,这才是真正有效预防计算机犯罪的重要措施。

另外,由于计算机犯罪对象的多样性、远距离性、跨国性等特点决定了计算机犯罪预防工作必须从各方面入手,与各部门加强合作,社会治安综合治理离不开全社会的共同参与。只有各方面的力量多方有机合作形成合力,才能聚集最大的力量预防打击计算机犯罪。

总之,要在打击计算机犯罪活动中占得先机、取得胜利,就必须从道德、法制、科技、合作等多方面全线出击,严格执法、发展科技、注重预防、加强合作,动员一切可以动员的力量,做到"未雨绸缪,犯则必惩",积极主动地开展计算机犯罪的预防活动,增强对网络破坏者的打击处罚力度。

【案例分析】

1. 案情介绍

2007 年元月,仙桃市龙华山派出所民警在办理第二代身份证时,发现办理第二代身份证所用的计算机已中毒,即使杀了毒,随后也会恢复原貌。紧接着,该局部分办公计算机,也因中了"熊猫烧香"病毒而瘫痪。与此同时,该市公安局网监大队接到仙桃市江汉热线信息中心报案称,该网站的中心服务器大面积中了"熊猫烧香"病毒。来势凶猛的计算机病毒,在该市还是首次出现,这引起了该市公安局网监部门高度重视。有关数据显示,自 2006 年

12 月以来,被"熊猫烧香"病毒感染中毒的计算机有 50 万台以上,数百万网民深受其害。警方还发现,《瑞星 2006 安全报告》将"熊猫烧香"列为 10 大病毒之首,《2006 年度中国内地地区计算机病毒疫情和因特网安全报告》的 10 大病毒排行中,该病毒一举成为"毒王"。

经警方侦察审讯,一个叫李俊的武汉青年为"熊猫烧香"病毒制作者,其他另有 5 人为销售传播者。李俊交代,"熊猫烧香"病毒是将几种病毒合并在一起,演变成一种新病毒"肉鸡"来控制计算机,在计算机里制造木马程序,盗窃他人计算机里的 QQ 号、游戏装备等,得手后变卖获利。李俊一天最高收入达万元。

2. 问题分析

(1) 什么是计算机犯罪?

(2) 结合案例说明计算机犯罪给社会造成了哪些危害?

(3) 构成计算机犯罪必须符合哪些条件? 分析该案例的计算机犯罪构成。

思考讨论之九

1. 黑客攻击行为主要有哪些? 分别有哪些反攻击技术?

2. 计算机病毒是怎样产生的? 有什么特点? 如何预防计算机病毒?

3. 蠕虫有哪些行为特征? 如何检测与防治蠕虫?

4. 特洛伊木马的入侵途径和攻击手段有哪些? 如何对付特洛伊木马的入侵和攻击?

5. 预防计算机犯罪主要应从哪些方面入手?

参考文献

1　于志刚. 计算机犯罪研究. 北京:中国检察出版社,1999

2　周光斌. 计算机犯罪与信息安全在国外. 中国信息化法制建设研讨会论文集,1997

3　吴起孝. 高智能犯罪研究. 警学经纬,1997,(3)

4　赵廷光. 信息时代、电脑犯罪与刑事立法. 刑法修改建议文集. 北京:中国人民大学出版社,1997

5　陈立新. 计算机病毒防治百事通(第一版). 北京:清华大学出版社,2000

6　佚名. IP 安全策略 VS 特洛伊木马. http://www. yesky. com/SoftChannel/72356695560421376/20031112/1744192. shtml

7　佚名. 网络蠕虫病毒的检测与防治. http://soft. yesky. com/SoftChannel/72356699905720320/20040902/1849415_4. shtml

第 **10** 章
计算机技术相关的经济问题

"亚当·斯密的'看不见的手',就像皇帝的新装。之所以看不见,是因为本来就不存在。信息总是不充分的,市场总是不完全的,也就是说市场总是不具有受约束的帕累托效率的。"

—— 约瑟夫·斯蒂格利茨(J. Stigliz)

本章要点

经济本源的意思是节约、做事有效率。随着人们创造物质财富的能力增长以及对物质需求欲望的膨胀,经济一词现在的意思主要是指物质财富和金钱。本章讨论由计算机技术发展带来的信息资源获取费用、网上交易、生产率、就业等问题,以及由于信息不对称性、不平等竞争而带来的经济发展不平衡和不公平现象以及如何正确对待软件产品的价格、IT 垄断问题。《美国计算机协会(ACM)伦理与职业行为规范》在"一般道德守则"中开宗明义,要求计算机协会每名会员做到公平而不歧视:"对信息和技术的错误应用,可能会导致不同群体的人们之间的不平等。在一个公平的社会里,每个人都拥有平等的机会去参与计算机资源的使用或从中获益,而无须考虑他们的种族、性别、宗教信仰、年龄、身体缺陷、民族起源或其他类似因素。但是,这些理念并不为计算机资源的擅自使用提供正当性,也不是违背本规范的任何其他伦理守则的合适借口。"

10.1 网络经济

在信息社会,信息是一种资源,或者是一种资本和权利。掌握信息的多少与能否获取经济效益有密切关系。所以,本节首先探讨在网络环境下获取信息资源的各种途径、网上交易及其由此带来的影响。

10.1.1 获取信息资源的途径

1. 卖书还是卖软件

在计算机技术环境中,读者收集信息资源的来源大致分为以下几种类型:光盘数据库、因特网、图书报刊资料、口头采访、往来书信、视频资源及音频资源等。运用光盘数据、因特网被视做是一种获取信息资源的技术手段,尽管一些信息资源可不用借助技术手段也能获取,如面对面采访、书刊等语音、纸质资料。在中国,还有一种通过传达文件、会议宣读等传递行政信息的方式。

在信息时代,尽管图书仍然是最常见的资源之一,图书的形式却发生了很大变化,即读书必须带上"阅读器"。传统方式下,从图书中可以获取许多珍贵的文字资料和图片资源。现在,使用扫描仪、数码相机等可以将有关资料转换为数字化资源,读者必须连同内容和运行软件一起才能获得信息,即在计算机上利用文字和图片。原先需要一大排书橱才能装下的资料,被小小的光盘、数据库服务器所取代,节省了空间。但要从光盘、网络中获取信息资源只有安装了"阅读器"后,读者才可以利用信息。"阅读器"就是一种专用的应用软件,既有独立于书刊的也有与书刊(即资料库)捆绑在一起的。

【案例 10-1】 电子书籍

电子书籍的"阅读器"软件是与其内容捆绑在一起的,如"恩卡塔"(Encarta)就是一个由操作界面、图像引擎、资料库搜索引擎等组成的多媒体软件。首先,"读者"购回电子书籍并按照其说明书在计算机上进行安装;然后,在程序菜单中找到相应的图标,单击该程序图标进入其工作界面。在电子书籍中都提供有目录检索便于"读者"查阅。目录检索方法有:主目录、顺序、分类、笔画、关键字等,有些版本的电子书籍中提供了拼音、外文及作者姓名可供查阅,有的甚至还可以按年份、文章栏目进行检索。恩卡塔就包含了大量资料、照片、文字、声音等数据,大部分是来自其他出版商。类似的多媒体百科全书也都是将其他来源的信息、数据加以重新包装、出版。

2. 网络信息资源的获取

(1) 收费的网络信息。

网络信息资源是指通过计算机网络可以利用的各种信息资源的总和。具体地说是指所有以电子数据形式把文字、图像、声音、动画等多种形式的信息存储在光、磁等非纸质的载体中,并通过网络通信、计算机或终端等方式再现出来的资源。

因特网提供了许多服务,如万维网(World Wide Web,WWW)、电子邮件、文件传输、远程登录、电子论坛、电子布告、专题讨论等。在万维网上面有各种各样数据库,都是由各个提供信息服务的网络公司推出来的,其中有的收费,有的免费;有些提供数据、文献检索,有些则提供搜索、新闻和娱乐等。提供同一种服务的网络公司(或称之为网站),如谷歌(Google)、百度等都是提供搜索服务的网站,相互之间具有目标相同的竞争关系。

【案例 10-2】 收费的数据库

收费的数据库应当说其商业价值是最高的,数据网(www.dialog.com)是世界上最大的数据库检索系统和网络公司,它包括了全球大多数的商用数据库资源。另外,它提供了一套专门的信息检索技术,使用专门的命令,初次使用者需要认真学习才能掌握。它还提供了一个免费的扫描程序,可以帮助用户得到扫描结果,但若要索取具体的内容则需要付费。

选择网络公司获取信息存在着地区差异。据科姆斯考尔网络 2008 年 5 月对 10 个亚洲国家和地区进行的调查,谷歌网站在这些国家和地区的流量均未排在第一。相比之下,雅虎(Yahoo)网站的流量在中国香港、印度、日本、马来西亚、新加坡和中国台湾均排名第一,而微软(Microsoft)则是澳大利亚、中国内地和新西兰最为流行的公司网站。信息源、获取信息资源的途径都是很容易受到垄断影响的,例如阅读器、搜索引擎等。

(2) 网民的定义。

对网民定义的差异,往往会带来一定统计数据的偏差。CNNIC 对网民的定义是:使用因特网平均每周在 1 个小时以上的、6 岁以上的中国公民。许多国家与地区采用的是"全球因特网研究计划"的定义,即"如果你现在使用因特网即为网民"(简称 WIP 定义)。美国科姆斯考尔网络①使用"在线人口"的称呼,其标准是有能力使用因特网的、年龄超过 15 岁的人,此调查不包括在线的网吧和使用手机的人。

按照 CNNIC 定义,在中国一台能够上网的计算机平均承载着 2.3～2.5 个网民,许多人并没有自己的计算机,而是与他人共同拥有一台上网的计算机。凡是能够上网的人就是网民,当然包括家庭用户的成员、网吧用户。所以,对于信息访问的普及程度在全球是不均衡的。

因特网上的各种新闻之所以引起网民的极大关注并迅速成为新闻焦点,就在于因特网是非常重要的信息资源。但中国在短期内还无法迅速降低每台上网计算机承载的网民数,尽管计算机价格更加扁平化、家庭上网和高质量通信网络等公众上网环境更为普及、网吧监管环境、访问控制等政策逐步改善,但是中国许多网民短时间内还无法拥有自己的、可供上网的计算机。2008 年统计调查显示,在亚洲,韩国因特网普及率最高,每月至少上线一次的人数占其总人口的 65%,澳大利亚居第二(62%),新西兰排名第三(60%),而最新的调查表明,美国上网普及率在 70% 以上,中国在 22% 左右,比起发达国家人均上网比例还是偏低。

3. 计算机访问权限

控制计算机访问权限一是为了系统安全,二是为了信息保密和知识产权保护,因为信息作为一种商品没有付费是不能获取的,或是出于知识产权的考虑或是隐私权的考虑。作为一项比较特殊专业的职责,《美国计算机协会(ACM)伦理与职业行为规范》第 2.8 条明确规定,专业人员只在授权状态下使用计算机及通信资源:"窃取或者破坏有形及电子资产是禁止的,对某个计算机或通信系统的入侵和非法使用也是在禁止范围之内的,包括在没有明确授权的情况下,访问通信网络及计算机系统或系统内的账号和/或文件。只要没有违背歧视原则,个人和组织有权限制对他们系统的访问。未经许可,任何人不得进入或使用他人的计算机系统、软件或数据文件。在使用系统资源,包括通信端口、文件系统空间、其他的系统外设及计算机时间之前,必须经过适当的批准。"

一般计算机访问权限可分为几种类型来进行控制:

(1) 开机时用户的权限。

每台计算机操作系统均为使用该机器的用户设置了开机用户名和密码,除非用户个人放弃这一功能。系统在默认情况下不开启 guest 账户,因此为了他人能浏览本人的计算机,可以启用 guest 账户。同时,为了安全最好给 guest 设置密码或相应的权限。

(2) 访问某文件(夹)的权限。

当这些文件(夹)被加密后,对访问该文件(夹)进行了限制。

(3) 局域网中的访问控制。

在计算机联网的情况下,网络管理员也可以控制每台计算机的上网情况。企业为了提

---

① http://www.comscore.com/

高工作效率,会利用"网络层访问权限单向访问控制"等技术,对内部员工上网操作进行控制。例如,某单位规定在上班时间内(例如 9:00~17:00)禁止不当班员工浏览因特网,禁止当班员工使用 QQ、MSN,或者在某个时段里的所有员工都不允许进行上述操作。不过为了保证公司正常的业务,在某个时段允许当班员工可以访问因特网。利用"网络层访问权限单向访问控制"等技术可以达到公司上述规定的要求。因特网基本上都是使用 http 或 https 进行访问,标准端口是 TCP/80 和 TCP/443 端口,MSN 使用 TCP/1863 端口,QQ 登录会使用到 TCP/UDP 8000 端口,还有可能使用到 UDP/4000 进行通信。而且这些软件都能支持代理服务器。目前的代理服务器主要部署在 TCP 8080、TCP 3128(HTTP 代理)和 TCP 1080(socks)这 3 个端口上。由于只是对访问因特网进行控制,涉及的是公司内部所有网段,只要在公司的因特网出口处(RTA),即在路由器上进行 ACL① 配置。

(4) 使用一些专用网络对访问的控制。

用户使用一些要收费的系统时,网站对访问的人员进行用户名、密码的确认,从而达到控制访问的目的。在电话网中用户信令与网络信令完全隔离,用户除了滥用业务以外不可能对网络或者信令发起攻击。

在 IP 网络中由于信息与用户数据不隔离,用户与网络设备也不隔离。虽然现有路由协议都使用认证,即将用户与信令在一定程度上进行了逻辑隔离,但是用户可能通过对网络设备的攻击来访问未经访问授权的网络。虽然管理良好的网络可以减小甚至消除这种可能性,但是由于历史原因,多数网络设备还处在这种威胁中。ATM 网络采用基于统计复用的信元交换,节点可靠性较高、网络冗余设计较好、用户与网络相隔离。

当用户使用网络所提供的服务时,网络公司需要控制服务被使用的情况。服务的可控性是网络公司控制服务用到的一个指标,指网络提供服务的可管理性和可运营性。不同的通信网络服务提供不同等级的服务可控性,例如 DDN 专线是点到点业务,网络对该业务几乎不提供服务控制,连接专线两端的设备可以自由通信,专线两端的设备自身来认证对方。在电话网络中,网络对通信的电话终端端口及其对应的电话号码计费。网络记录电话号码相互通话记录,电话网不负责电话内容及其合法性。由于用户信令与网络信令分离,除非电话交换机过载瘫痪,否则用户不会危害网络安全。

(5) 事后检测并采取相应控制措施。

借助于入侵检测系统,被入侵用户可以查询、检测出自己的计算机系统的访问权限是否被入侵者窃取、超越或者滥用。如果密码是由多名用户共享时,那些在操作系统、数据库和网络设备中系统定义的共享超级用户账户就需要更加细心、防备,哪怕是离开自己的计算机半步。另一方面,个别优先账户能绕过多数内部控制来访问公司的机密信息,对公司的商业秘密造成危害。

4. 公民信息素养

因特网提供了看上去没有止境的信息池,但是它里面既有博大精深的真理,也混合谎话、流言、神话以及市井传闻等,甚至两者混合在一起使人难以甄别。因特网在一些国家和地区没有被审查和控制,任何有网页或者电子邮件账号的人都可以快速地广泛散布信息,这些信息还经常被再次分发和转发。

---

① ACL(Acess Control List,访问控制列表)是对一个接上流入(in)或流出(out)路由器的包进行过滤的文件。

尽管有这么多的流言、神话和虚假的信息在因特网上散布，仍不能因此就断定"假信息是因特网独有的"，因为即使那些口碑好的刊物、电视以及报纸所报道的新闻故事最终也有可能被发现是一种误导或者假象。在因特网成为现代生活的一部分之前，已经有特定的经验法则来协助判别真相与谎言、事实与虚构。罗宾·拉斯金（Robin Rasskin）提出"需要若干年时间就能够确定我们得到的文化暗示是好的信息还是没有价值的操控"。所以，因特网需要足够的时间以便人们建立起来一种文化暗示来区分网页、电子邮件、在线聊天以及讨论组中的事实和虚假信息。还有，通过 Web 本身也能够得到一些帮助。例如，一些站点持续跟踪因特网上流传的传说和所谓的市井传言。

对因特网上的信息，作者不会负起责任，有些"作者"还是谣言、谎话、市井传闻等虚假信息的制造者。政府也缺少足够的资源去处理成堆的信息，将真实的内容呈现出来。最终，检验信息的重担只能落在读者自己身上。所以，要在信息发出去之前，具有时间、动机、专业知识和资源来验证信息——那些宣传的、歪曲的、误用的和滥用的信息。这就是公民信息素养的基本内涵。

尽管"假信息是因特网独有的"这句话并不成立，但是网络言论自由和审查确实是网络伦理学的核心概念。在因特网上，各种各样的宗教、风俗和道德交织在一起，不同价值观相互碰面，尊重他人和自尊变得更加困难。设计自己的网页是因特网的一个新特点，很多人设计和创建世界各地可以访问的网页。在因特网上，合理回避的原则似乎不适用了。如果是印刷的文字，读者在选择阅读文献的同时就已经在道德问题上做出了抉择。在图书馆和书店，人们很大程度上是"先根据书的封面对书做出判断"，然后再进一步探究书名和作者名字。而在因特网上，人们利用搜索引擎根据单词、短语或者姓名查找资料，输出的结果几乎无奇不有，失去控制。任何类型的、任何内容的资料、超链接都被统统显示出来。

【案例 10-3】　"乌龙"报道的影响力①

2008 年 9 月 12 日某媒体一篇三百多字的报道，标题为《招商银行：投资永隆银行浮亏逾百亿港元》，"招行将要完成收购的永隆银行股价一路下跌至 72.15 港元，……根据昨天永隆银行股价的收盘价计算，此次收购将给招行带来约 101 亿港元的浮亏，超过其投资本金193 亿港元的一半"。

股市上的反应是：2008 年 9 月 12 日招行 A 股以大跌 8.89% 报收，仅一天时间招行 A 股流通市值损失 127.5 亿元。同日招行 H 股跌了 5.161%，股价为 22.05 港元/股。

其实，尽管当时中国股市一路走低，而招商银行 A 股由于其业绩突出则相对抗跌。但是，仅一篇"乌龙"报道将招商银行业绩一扫光。

这只是一篇稍有常识即可识破错误的乌龙报道。但由于互联网的快速传播，很多股民跟风，加上在盘中和盘后分析市场时，多家证券投资咨询机构还援引该报道。有机构甚至称，该报道"把招行的伤疤揭开来亮在 A 股股民眼前"。事实真相最后终于揭开。香港交易所的公开资料显示，报道引述的数据有误，永隆银行前一天的收盘价应该是 144 港元，而不是报道所说的 72.15 港元。而与永隆一字之差的永亨银行，该日以 72.15 港元报收，与报道

---

① "乌龙球"，英文 own goal，"进入本方球门的球"，粤语"乌龙"，与英文发音相近，有"搞错、乌里巴涂"等意思，大约在 20 世纪 60—70 年代开始出现在香港记者报道中。还有一种说法，"自摆乌龙"源于广东的一个民间传说。久旱之时，人们祈求青龙降下甘露，以滋润万物，谁知青龙未至，乌龙现身，反给人们带来了灾难。

中的收盘价倒是吻合。

除这次招行的"乌龙报道"之外,类似案例还有美国第二大航空公司美联航遭遇的有误报道冲击。2008 年 9 月 8 日,世界著名财经新闻通讯社彭博社(http://www.bloomberg.com/index.html)误把一条 6 年前的新闻发出,称美联航将会破产。当天,美联航母公司 UAL 的股票以 12.17 美元开盘,股价跌至 3 美元。尽管当天该新闻得到了更正,UAL 股价收于 10.92 美元,还是下跌了 1.38 美元。

识别"乌龙"报道可以从以下几个方面着手:

(1) 信息收集时选择可信的信息源。

(2) 选择事件发生地的母语作为阅览时的语言。

(3) 熟悉了解事情的前因后果,验证信息的真实。就这次招商银行的报道来讲,招行收购永隆银行的计划仍然在等待国内有关监管部门的批准之中,要完成收购永隆银行还遥遥无期。

(4) 及时获得更正后的报道。

10.1.2 网上交易

《中国互联网行业自律公约》第二条界定了该公约所称互联网行业是"从事互联网运行服务、应用服务、信息服务、网络产品和网络信息资源的开发、生产以及其他与互联网有关的科研、教育、服务等活动的行业的总称"。

1. 电子屏幕背后

从在线商店购物者的角度来看,电子商务似乎很简单。浏览电子目录、选择商品、然后付费。在这个电子屏幕背后,电子商务网站使用了一些技术来显示商品、跟踪购买者的选择、收集付款信息、尽力保护顾客隐私以及防止信用卡号码泄漏落入罪犯手中。电子商务站点的域名,如 http://www.china-sss.com/index.htm,担当了在线商店入口的角色,位于这个位置的网页欢迎顾客并提供了到这个站点其他栏目的链接。各种商品、服务显示在顾客的浏览器窗口中。而在浏览器窗口后面,这些电子商务网站仅仅使用 Cookie 作为唯一识别每个购物者的方法,这些网站使用顾客的唯一号码在一个服务器数据端存储顾客选择的物品。

2. 包探测器的使用

借助一些技术,网站还可以暗中收集顾客浏览和购买习惯的数据,信用卡号码可能被偷去并被非法使用。协议分析器(又称为探测器)是一种计算机程序,它可以对网际传输的数据进行监视,使用于系统维护。大部分网络设备仅会读取寻址到它们的包而忽略寻址到其他设备的包,但是,包探测器可以发现打开网络上传输的任一个包。

3. 信用卡号码被盗

越来越多的企业报告他们的用户数据被非法访问,数以千计的信用卡号码被偷。顾客非常关注个人存储在商家的数据库中的信息的安全。信用卡公司提供了一次性信用卡号码,它可以允许消费者购物时隐藏他们的真正卡号。一次性信用卡号码仅在一次单独的在线购物中有效,信用卡公司会跟踪顾客在使用一次性信用卡号码时的购物情况,然后将这些费用附加到顾客每月的信用卡消费清单中。一次性号码不可以使用两次,因而不会在任何的在线或脱机购买时两度被接受。

商家收集顾客的信用卡号码后,没有直接将其转发到信用卡处理器服务中心,而商家的雇员可能会在处理订单时获得顾客的信用卡号码。那些工作不诚实的雇员就有了可乘之机。顾客不可能采取任何措施来防止这种形式的偷窃,尽管它发生的概率很低——在每次付费时,允许服务员将信用卡带回收银台或在电话中给出信用卡号码,也会冒同样的风险。

4. 因特网带给公司、消费者双方的利益

从公司角度,因特网降低了成本、提高顾客满意度和销售额以及快速得到销售和业绩的反馈信息。因为公司不再需要开设实体店铺,无须不必要的中间环节,可以使用网上付款,更精确地生产和定价等。

对顾客来讲,因特网上发布了各种产品和服务信息,检索速度快而便利,可以不分昼夜进行购物,还可以方便地进行商品比较,节省了费用(网上购物目前尚未征收消费税)等。

第三方或者智能购物代理商或者购物虫可以从其他众多网站上收集到某产品的价格、运输和销售的信息,加以汇集建立门户网站。

5. 企业开展电子商务存在的风险

当公司建立并运行了自己的网站后,他们必须有个稳定的、制作精致的和可靠的 Web 平台。如果这个平台运行得不好,速度太慢,顾客很快就会退出该站点。网站设计既要考虑网上付款,又要照顾到那些不愿进行网上金融交易的顾客。顾客对电子商务还不如实际商铺那样放心,网上的公司也跟邮寄订购公司一样需要承担信用卡诈骗交易的风险。

网络商店的市场很容易被竞争对手侵入。实际店面前期投入资金要求比较大,少量资金的小公司想跟大型公司竞争市场比较困难。现在只要新开的公司建立了设计精美的 Web 站点,再通过降价招揽生意,顾客不会在乎公司有多小或多新。

10.2　IT 的定价与销售策略

产品定价不仅是简单地提高或降低价格以卖出产品,而且是确定合适的价格以卖出最多产品并使边际化利润最大化。产品成本是产品定价的重要依据之一。一般来说,价格应尽量反映成本因素,成本高,产品价格也相应高,否则企业的利润会大受影响。产品的价值和质量是用户最为关心、最为敏感、影响最广、最为实质性的方面,但产品的价值和质量往往是产品定价最重要的因素。由于信息不对称的存在,计算机产品的定价并不完全反映价值和质量,甚至产生垄断和不平等竞争。

10.2.1　信息不对称

1. 信息不对称的定义

阿克洛夫(G. Akerlof)于 1970 年提出了信息非对称理论,该理论认为信息的分布是不均衡的,而且这种现象是普遍的、绝对的。

信息不对称(Asymmetric information)又称信息非对称,或者不对称信息,都是指在商业活动中,交易双方对于他们面临选择的有关经济变量所拥有的信息不完全相同,即一些参与方比另一些参与方或即将参与还未参与方知道更多的信息。

因为市场上的信息是"有价值的","经济人"获取信息需要一定成本。一般来说信息量越大,成本越高。"经济人"对信息的需求是不同的,现实生活中的市场主体也不可能占有市场上的完全信息。这些被认为是市场中买卖双方信息不对称的缘由。

2. 信息不对称的类型

信息不对称可分为时间上信息不对称和空间上信息不对称。时间上信息不对称是指当代人与后代人之间的,或某时间前与某时间后之间的信息不对称;空间上信息不对称是指某时间段内当代人之间的信息不对称,这种不对称又分为信息数量上的不对称和信息质量上的不对称。前者包括信息有无的不对称、信息多少的不对称。而信息质量上的不对称指信息优势主体拥有真实准确的信息却提供虚假错误的信息给其他人,如将冒牌产品、伪劣品当正牌产品、优质产品出售。

产生信息不对称的原因主要有 3 个。第一,信息公共产品特性导致分布的不对称;第二,信息获取存在差异导致成本的不对称;第三,信息获取能力差别导致内容理解上的不对称。而信息质量上的不对称主要来自于客观和主观两方面因素。在客观技术方面,信息收集、传递及处理过程中出现失误,如计算错误、分析方法错误或者技术水平的限制等。主观方面,以信息传递当成谋利的手段和工具,具有信息优势的一方就会有选择地输出信息,甚至会输出虚假的信息。

采用计算机技术进行信息处理是存在各种缺陷的,更会导致信息不对称,其原因在于:

(1) 会计电算化多半是信息孤岛。

(2) 现有 ERP 系统还是对手工核算的模拟。

(3) 企业之间的 IT 手段存在差距。

3. 信息不完全

信息不对称是信息不完全的一种情况,信息不完全是相对于信息完全而言的。信息完全是指在新古典经济学完全竞争模型中假定市场参与者具有所交易商品和价格的完全的信息,缺乏完全信息的情况则称为不完全信息,即一些人比另一些人具有更多、更及时的有关信息,处于信息优势地位,而另一方则处于信息劣势地位。

4. 计算机技术领域中信息不对称的问题

在计算机应用领域,技术提供者有意无意向技术使用者隐瞒、回避一些关键技术,这也是信息不对称,它将造成技术使用者不能根据个体的需要正常利用相关技术。一般而言,技术设计开发者在电子政务、电子商务、信息安全技术水平和应用程度、认识程度等方面都明显优于普通的技术使用者,导致诸如合格认定程序、技术标准更改等信息不透明,传递不及时,传递途径不畅通等,使得技术使用者在电子政务技术上处于明显劣势,这样,IT 壁垒在技术设计者与技术使用者之间就形成了新的技术壁垒。技术设计者让使用者知道哪些技术,或不知道哪些技术,主动权完全掌握在技术设计者、软件开发者手中。对系统的维护以及升级,软件提供商也没有给企业更开放透明的权利。为了商业利益,软件开发者不会提供详细的资料,其中重要的数据也只可能全部掌握在各软件开发者手中,大多数不对外公开。能够允许在底层模型中提取在介质数据流中的数据等技术,也没有被用户所掌握,开发者所提供的软件或程序说明书更不会包含这样的技术参数。此类信息一般是由操作系统、设备驱动程序和文件系统的软件开发者,像微软、IBM 等公司所拥有。

10.2.2　IT定价的方法

定价有许多种方法,如"歧视定价"、"统一定价"、"差别定价"等。

1.　歧视定价

歧视定价是指企业可以针对不同的消费者,采用不同的价格以获得最大的利润。在软件这种IT的销售中,还有采用"递增回报法"的定价策略。即消费者越多,得到的回报也就越多。这种营销软件产品的原理是基于营销领域一条极端重要的法则:一旦用户学会了如何使用某一品牌软件,他们就变得不太愿意转到其他竞争者的软件上去。他们甚至会忠诚地从这家公司购买升级版,而不是抓住时机改换门庭;获得市场领导地位的品牌甚至会吸引更多的消费者,这样公司就取得了更大的回报。

2.　统一定价

统一定价在IT领域是一个经常运用的定价策略。恒昌和宏图三胞IT连锁卖场,在定价时都采取了全国统一定价,它们都是连锁经营,这种经营形式为它们实施统一定价提供了最好的基础。统一定价带来的价格透明,使用户减少了受骗上当的机会,在信息不对称的情况下,用户也很乐于接受统一定价。

统一定价的优势:

(1) 有利于组织机构树立鲜明的品牌形象,体现组织机构的实力。

(2) 可以保证各方收益的稳定,避免区别定价和讨价还价影响经销商和零售商的收益水平。

(3) 便于公司制定渠道价格。

(4) 可以增强用户的购买信心,不会产生对价格的不信任和降价预期,增加用户的忠诚度。

统一定价的弊端:

(1) 由于区域市场的差异性,同样的定价在各个区域市场所对应的目标客户群会有所差别。

(2) 低收入地区的市场潜力会受到遏制,因为在高收入地区属于适当的价格,在低收入地区就显得偏高。

【案例10-4】　名牌企业与统一定价

一般只有名牌企业才有可能采取统一定价。松下笔记本为了保证统一价格策略收到实效,制定了完备的制度和透明的奖励计划。为了防止核心代理商违反价格规则以及串货,松下制定了相关的惩罚制度,价格的管理落实到责任人。松下还对终端的销售商制定了明确的奖励措施,充分保证价格策略的落实和销售业绩的提升。

3.　差别定价

差别定价,又称需求差异定价法,是根据销售的对象、时间、地点的不同而产生的需求差异,对相同的产品采用不同价格的定价方法。这种定价方法,对同一商品在同一市场上制定两个或两个以上的价格,或使不同商品价格之间的差额大于其成本之间的差额。

差别定价可以使企业定价最大限度地符合市场需求,有利于开发当地市场,因为各地的价格都是根据当地市场的购买力来制定的;差别定价可以促进商品销售,有利于获得更多的"消费者剩余",即消费者在购买商品时所预料的、情愿付出的价格与市场实际价格之间的差额,使企业赢利达到最大化。差别定价最不利之处是可能会出现串货。

差别定价方法要求消费者需求、消费者的购买心理、产品的样式、地区以及时间等明显存在差异,并且产品具备一定的历史定价的基础。实行差异定价法还应该具备一定的前提条件,其中包括:

(1) 符合国家的相关法律法规和地方政府的相关政策。

(2) 市场能够细分,且各细分市场具有不同的需求弹性。用户对产品的需求有明显的差异,需求弹性不同。

(3) 不同价格的执行不会导致本企业以外的企业在不同的市场间进行套利。

(4) 用户在主观上或心理上确实认为产品存在差异。

根据这些条件,差异定价又具体分为 4 种方式:

(1) 基于用户差异的差别定价。

(2) 基于不同地理位置的差别定价。

(3) 基于产品差异的差别定价。

(4) 基于时间差异的差别定价。

笔记本的销售大都由经代理商或者销售商完成,真正由笔记本企业独立完成的品牌比较少。虽说笔记本的价格是由公司制定,但代理模式最终也会影响笔记本的销售价格。如今流行的 3 种代理销售模式是:总代体系、区域核心代理体系或者区域总代体系、一级经销商体系。

(1) 总代体系。

尽管大多数笔记本企业都抛弃了以前流行的总代体系,不过还是有少数公司仍然采取这一体系,比如 ThinkPad、宏碁、东芝等公司。这种模式的弊端就是公司不能直接面对最终的用户,而要通过总代。总代再面对二级代理商,二级代理商再面对三级代理商,这样一层一层,最后才是用户。在如此多的流通过程中,内耗明显提高,使得笔记本的价格居高不下,对于用户来说,也得不到什么实惠,自己的钱就被这一层层的代理商给吃掉了。如果总代只有一家,那么在竞争相对缺乏的情况下,对于维护商家和用户的利益,包括 IT 公司自身的利益显然都是不利的。因此 ThinkPad、东芝等品牌都采取了多个总代的体系,相互之间既有竞争,又有合作。对于 IT 公司来说,一方面可以打击水货,另一方面可以提高自己的产品市场占有率。而对于用户来说,避免了受制于一家代理商的窘境,毕竟有竞争才能从中得到实惠。

(2) 区域核心代理体系。

由于笔记本的利润逐渐降低,总代体系模式的弊端逐渐显露出来。为了把渠道扁平化,各公司纷纷抛弃了总代理模式,采用更为灵活的区域核心代理体系或者区域总代体系,比如 SONY、三星等。这种代理模式的运作程序是,在主要的城市建立核心代理商或区域代理商,以便离市场、消费者更近一点。这种模式的好处在于减少了中间的流通过程,内耗降低,笔记本的价格自然也就跟着下来了。对于用户来说,能买到更便宜的笔记本当然是好事,而经销商与 IT 公司的分工更精确、更仔细,实现彼此之间的互利、双赢。

(3) 一级经销商体系。

还有部分国内公司采取了比核心代理体系或者区域总代体系更加灵活的销售策略——一级经销商体系。该经销体系绕过代理商,进一步直接面对最终客户,比如联想、方正、同方、TCL 等品牌。他们主要依赖自身的 PC 渠道来销售,当然这就不方便采用区域总代理体系。在选择一级经销商的时候,公司为了要维护自己核心渠道商的整体利益,通常不会把一条产品线让单一合作伙伴来运作,而是会在区域市场上选择 2～3 家来共同推动。因此采用这个代理销售体系的国内公司,能使笔记本的价格更低,为消费者带来更多的实惠。

总的来说,即使公司采取同一价格策略,但如果在代理模式上存在差异,那么最后反映在终端的价格上,差别也会比较明显,而消费者关心的就是终端的价格。

4. 产品的定价策略

广义上讲,产品的定价策略可以包括:

(1) 产品成本与价格合理对接。

(2) 产品的价值和质量与价格合理对接。

(3) 根据市场的变化灵活定价。

(4) 逆向思维定价。

(5) 薄利多销,让利于消费者。

(6) 1%的提价策略。

(7) 坚持"物以稀为贵"的定价思维。

(8) 按照超值服务的思维定价。

(9) 坚持品牌战略定价。

上述定价策略是针对一般意义上的产品而言的,对于计算机这样一类具有鲜明特征的产品,有些策略适合,有些并不一定适宜于计算机产品。

10.2.3 软件销售的策略

1. 软件产品的性质

软件是计算机技术的主要产品,而软件产品与信息产品很相似,本教材首先探讨信息商品。信息商品具有其他商品所没有的特殊性质,这是由信息生产过程所决定的,如保存性、共用性、老化的可能性、创造性等;一方面,信息生产远远不是信息供给的全部内容,它还包括信息传播、存储和表达;另一方面,软件的生产就是研究和开发,而其研究开发就是其生产。还有,消费性信息与生产性信息很难严格加以区分,导致需求对象不太容易识别;信息需求是派生性需求,因为人们对信息的偏好与价格相关;信息结构具有不可分割性,等等。软件与金属制造的机器不同,虽然不会因为使用而老化,一旦竞争者推出的产品或版本增强了其功能、效率等,该产品无论如何就是过时的了。

中华人民共和国国家标准 GB/T16260—1996 以及 ISO/IEC 9126:1991 规定了软件产品应该有一个至少具体到子特性一级的软件产品质量模型,这些子特性是分散在包括功能性(functionality)、可靠性(reliability)、易用性(usability)、效率(efficiency)、易维护性(maintainability)和可移植性 (portability)等 6 条总性质中,其中每条总性质都含有若干子性质,如可移植性(portability)就含有:①适应性(adaptability),与软件无须采用有别于为该软件准备的活动或手段就可能适应不同的规定环境有关的软件属性;②易安装性(installability),与应指定环境下安装软件所需努力有关的软件属性;③遵循性(conformance),使软件遵循与可移植性有关的标准或约定的软件属性;④易替换性(replaceability),与软件在该软件环境中用来替代指定的其他软件的机会和努力有关的软件属性等 4 个子性质。

2. 软件销售的策略类型

软件销售的策略有品牌、产品和拓销等 3 大类。

第一策略：品牌策略。

品牌策略即通过宣传企业的品牌、企业的名称，从而将该品牌留在客户的脑海之中。

第二策略：产品策略。

产品策略，即通过开发产品，不断地增加新功能、新系列，从而居于市场领导者的地位；保持公司的市场领导者地位，避开与其他公司的恶性竞争，运用软件做广告媒体、免费发放等更快地发布新产品。

【案例 10-5】 专家型和傻瓜型的软件并用

软件既要有专家型的，也要提供傻瓜型的。为了把"专家型"用户和"傻瓜型"用户都纳入到自己的产品销售范围，Microtek 在他们新的 ScanWizard 5.0 软件中设计了一个切换按钮，用户只要单击按钮，整个软件的界面就变成人人都会使用的"傻瓜型"操作界面。再次单击按钮，就变成了"专业型"界面。两个界面完全不同，选择权完全交给了用户自己。

产品策略的另一种应用就是在自己品牌的软件里，软件设计开发者增加同类软件所没有的功能，最终达到将其他 IT 公司同类软件的正版用户转变成自己品牌的用户之目的。

【案例 10-6】 WordPerfect 与 Word

美国的 WordPerfect 公司是一家多年做处理软件的企业，曾经在总共 15 亿美元的字处理市场上占据了 46％ 的市场份额。微软的 Word 软件当时仅占据了 30％ 的市场份额。后来，微软的 Word 后来居上，策略就是在 Word 软件里增加了 WordPerfect 软件所没有的用户图形界面。只用了两年时间，微软的 Word 软件取代了 WordPerfect 占据了 46％ 的市场份额，而 WordPerfect 公司只能退居到 17％ 的市场份额。

第三策略：拓销策略。

拓销策略，就是运用各种各样的手段去开拓销售产品。

软件公司既可以与大型硬件企业捆绑销售，借助硬件企业的力量壮大自己，树立自己的品牌；也可以允许用户在购买时自行挑选自己所需要的工具类软件和消费类软件，软件销售商不再预先进行捆绑。在提供给用户的使用该软件的参考资料上，尽量列上知名的组织机构。软件商安排用户、经销商观看企业产品进行特殊的现场表演或示范，以及提供咨询服务，将产品直接送到消费者手中。尤其当新产品刚进入市场时，这是最便捷的一种销售促进方式。

【案例 10-7】 诺基亚手机在国内部分商场被拒卖①

诺基亚公司的手机销售采取了比较严格的价格管理体系，但是在中国却遇到了麻烦。诺基亚的经销商都有不同的进货渠道，在价格上具有很大差别。诺基亚要求区域的经销商只能"本区域进货，本区域销售"，以便控制每一个区域诺基亚产品的定价权。2009 年6 月 10 日下午，数十家诺基亚的经销商在山东通信城挂起了"维护消费者利益、拒卖诺基亚"的红色横幅。该通信城位于济南市济洛路，是全国第 5 大手机批零市场，影响力不可等闲视之。那天在通信城里，大约有十多条红色的横幅悬挂在商场内，主要有："反对诺基亚

---

① 读者通过了解该案例可以进一步思考：诺基亚公司的手机是采用什么定价方法？是统一定价吗？

霸王条款"、"拒卖诺基亚维护消费者权益"等标语。同时,在口号、行动上抵制诺基亚的经销商已经出现在湖北、上海等多个其他省市。经销商对诺基亚主要有3条不满:第一,诺基亚对串货的罚款金额太高;第二,代表诺基亚出面对串货处以罚款的"第三方公司",即诺基亚串货管理中心"是个没有公开信息的不明机构";第三,这家所谓的第三方公司"没有发票",被经销商认为"是诺基亚谋取高额利润的灰色手段",涉嫌偷税漏税。对此,诺基亚公司坚持加强对串货的管理,维护绝大多数经销商的利益;在区域销售体系中地区经销商只允许在各自区域内销售产品;经销商在网上发布的所谓"诺基亚串货罚款通知书"是伪造的,这些串货商和诺基亚没有任何合同关系;经销商完成销售指标后会获得相应的返点,诺基亚对串货商的处罚也是从这部分返点和保证金中扣除;如经销商认为指标过高,诺基亚会根据市场情况不断检讨指标,使其更为合理。

从上述案例可以看出,定价与销售是紧密联系在一起的。定价方法和销售策略可以采取各种各样的组合方式,而某一定价方法肯定对应一种销售策略。

10.3 IT 垄断的问题

10.3.1 不平等竞争与垄断的概念

1. 竞争的概念

竞争是人类乃至生物界的普遍现象,竞争是生命的基本活动和行为。人类的行为是理性和非理性行为的结合,非理性行为中包括感性和信仰引导的行为。贝克尔(Gary S. Becker)说过:"我终于认识到,经济分析是一种统一的方法,适用于解释涉及货币价格或影子价格、重复或零星决策、重要或次要决策、感情或机械的目标、富人与穷人、男人与女人、成人与儿童、聪明人与愚笨人、医生与病人、商人与政治家、教师与学生等的全部人类行为。"[①]竞争是各方通过一定的活动来施展自己的能力,为达到各方共同的目的而各自所做的努力,而且竞争行为仅存在于同类商品的供应之间。对于企业,竞争就是它们在特定的市场内通过提供同类或者类似的商品与服务,为争夺市场地位或消费者而做的较量。

从竞争的概念可知,竞争是一个争夺的过程,竞争双方不可能同时获得胜利。理性竞争必然涉及目标和手段。竞争的平等,是指人们在追求同一目标的过程中,享有同等的参与竞争的机会,运用同样的竞争规则并处在相同的客观环境中。由于追求的目标就是市场和消费者,具有明显的限制性或者排他性,因而竞争双方在实现目标的程度上必然得到不一样的结果。结果不相等并不是说明竞争的不平等。不平等竞争主要体现在手段的不平等方面,而 IT 在大多数情况下是在手段方面影响着企业。如果正确使用了 IT,企业必定能够获得竞争优势或者处在有利的位置上。

由于 IT 的使用水平的差异,导致企业之间的不平等竞争还是随处可见。但是,随着技术和市场机会的大大增加,费用水平的拇指规则[②]不再同样有效,竞争双方在 IT 的应用方面上也不太可能直接进行比较。由于 IT 的复杂性和效益隐蔽性,直接论证在 IT 方面投入

---

① (美)加里.贝克尔.王业宇,陈琪,译.人类行为的经济分析.上海:上海人民出版社,2004
② 在英国普通法中,有一条"大拇指规则"(rule of thumb),意即只要用一根比大拇指小的棍子鞭打妻子便不属于虐待妻子行为。后经引申在管理学等其他知识领域上理解为经验和试探法。

得越多,企业竞争力就越强,这几乎是不太可能的。这中间有个效率问题,或者其他方面的优势,如不同的战略、地理位置和管理上的优势等。竞争使得一些企业获得了预定的、甚至比预期更好的商业回报,对于IT的商业价值,企业运用 TCO(Total Cost of Ownership)、ROI(Return on Investment)和 VaR(Value at Risk)等指标来进行衡量。

2. 垄断的定义

垄断的定义有许多种描述。单从其英文字面上就分成 Monopoly(卖者垄断,中国台湾通常译为独占)和 Monopsony(买者垄断)。卖者垄断一般是指唯一的卖者在一个或多个市场,通过一个或多个阶段,面对竞争性的用户,在市场上能够随心所欲调节价格与产量,但不能同时调节。

对于垄断的成因有"三因论"和"四因论"等,基本原因是进入障碍。即垄断者能在市场上保持唯一卖者的地位,因为其他企业不能进入市场并与之竞争。

从进入障碍来分析,产生垄断的原因有3种:

(1) 资源垄断:关键资源由一家企业拥有。

(2) 政府创造垄断:政府给予一家企业排他性地生产某种产品或劳务的权利。

(3) 自然垄断:生产成本是一个生产者比大量生产者更有效率。

还有经济学家认为垄断的成因有4种。一种是天然的、天生独特、外人绝对无法模仿的供应;第二种是受到知识产权保护而具有垄断地位的;第三种是由政府以行政手段阻止其他竞争者进入市场的;第四种是某物品在市场上,只有一个供应者存在。

垄断有以下4种类型:

(1) 标准垄断。

标准垄断与一般垄断的不同之处在于,需要把标准与标准中包含的知识产权进行分离。对于法定标准来说,标准本身应该也可以统一。但如果标准中夹带知识产权如专利,则应遵循信息披露原则,否则将涉嫌非法垄断。操作系统的垄断问题,可以放在标准垄断的范畴中来分析。

(2) 技术垄断。

各家组织机构都有一些技术商业秘密(Know-how),而这种技术垄断可能损害用户利益、竞争企业利益,甚至国家安全利益。

(3) 产品垄断。

产品垄断几乎就是传统垄断的全部,即"一个物品在市场上只有一个供应者"。

(4) 专利垄断。

专利垄断实际上就是从垄断层面分析专利权的专有性问题。当然,专利"垄断"权的授予与形成经济上的垄断没有必然联系。每个公司一年申请并获得批准的专利可能有很多项,但在市场上真正取得垄断地位的产品只是其中个别专利。

3. 垄断划分方法

本节给出垄断形式的几个划分方法,它们是:依据具体组织形式、发生的地域、立法的取向、产生的原因、市场结构等5种划分方法。

(1) 依据具体组织形式的分类方法。

依据经济垄断的具体组织形式,可以将垄断分为短期价格协定、卡特尔、辛迪加、托拉斯、康采恩和其他组织形式的垄断。

（2）依据发生的地域的分类方法。

依据垄断发生的地域范围，可以将垄断分为国内垄断和国际垄断。

（3）依据立法的取向的分类方法。

依据立法的取向，可以将垄断分为合法垄断和非法垄断。

（4）依据产生的原因的分类方法。

依据垄断产生的原因，可以将垄断分为经济垄断、自然垄断、国家垄断、权利垄断和行政垄断。

（5）依据市场结构的分类方法。

依据市场结构的情况，可以将经济性垄断分为独占垄断、寡头垄断和联合垄断。

10.3.2　IT 垄断与反垄断

1. IT 垄断的特点

在 IT 行业，垄断呈现出很显著的特点。首先，关键资源由一家企业拥有。如全球绝大多数的 PC、笔记本，都采用微软公司的操作系统。其次，由于 IT 行业中技术层面的特性，导致它们的销售方式采取捆绑、禁止介入等行为。运行在 Windows 上面的办公软件、管理软件等还不能按照用户的意愿随时更换，只能使用微软的 Office 套件，还要持续地同步进行升级。这么多年以来，微软公司的文档格式 DOC 已经形成了事实上的标准，这就导致用户不能正常备份邮件到其他软件中打开阅读使用，不能方便地在不同系统之间转换 Word 文档格式等。微软从未公开 Windows、Office 等软件程序源代码，垄断了这一技术和市场。知识产权保护给 IT 垄断一个正当理由。正如本教材第 7 章所述，知识产权本身是一种排他的权利，有人称它是垄断权利。IT 行业的产品特点是比较标准化，因为标准化了以后，企业并购就容易，导致定价、销售等决策的集中，或是通过其他的合作方式进行一种联营，既可以是知识产权许可，也可以是通过供货协议，或者是推销协议，等等。

垄断对经济带来的影响是非常显著的，也是经济学研究的重要领域。垄断可以是一家企业独家垄断，也可能是多家企业采取某种联合形式而产生的垄断组织，如卡特尔、辛迪加、托拉斯或康采恩。

2. 垄断组织

卡特尔（Cartel）是指生产同类商品的企业，为了获取高额利润，在划分市场、规定商品产量、确定商品价格等一个或多个方面达成协议而形成的垄断性联合。卡特尔成立时，一般都要签订正式的书面协议，并由成员企业选出委员会，监督协议的执行并保管和使用共同基金，其主要特点在于比短期价格协定的内容更广，也较为稳定。

辛迪加（Syndicat）是企业为了获取高额垄断利润，通过签订协议，共同采购原料和销售商品而形成的垄断性联合。参加辛迪加的企业在生产和法律上仍保持独立，但在购销领域已失去独立地位，所有购销业务均由辛迪加的总办事机构统一办理，参加辛迪加的企业不再与市场直接发生联系，很难脱离辛迪加的约束，因而它比卡特尔更集中，更具有稳定性。

托拉斯（Trust）是垄断组织的一种高级形式，通常指生产同类商品或在生产上有密切联系的企业，为了获取高额利润，从生产到销售全面合并而形成的垄断联合。托拉斯的参加者本身虽然是独立的企业，但在法律上和产销上均失去独立性，由托拉斯董事会集中掌握全部业务和财务活动。原来的企业成为托拉斯的股东，按股权分配利润。托拉斯组织具有全部联合公司或集团公司的功能,因此它是一种比卡特尔和辛迪加更高级的垄断形式,具有相当的紧密性和稳定性。

康采恩(Konzern)是分属于不同部门的企业,以实力最为雄厚的企业为核心而结成的垄断联合,是一种比卡特尔、辛迪加和托拉斯更为高级的垄断组织形式,是工业垄断资本和银行垄断资本相融合的产物。

3. 反垄断运动

在成熟的市场经济国家,《反垄断法》已成为国家基本的法律制度。与其他基本法相比,它的修改频率是最高的。德国的《反限制竞争法》经历了 1966、1973、1980 年和 1990 年等几次大的修改。日本《反垄断法》也有 1949、1953、1977 年的几次大的修订,尤其是在有关企业集团规制的问题上经历了多次、反复地修订。

日本于战后面临打破财阀垄断、实现经济自由化的目标,因此,1947 年在制定《反垄断法》中明确地规定禁止控股公司和禁止保有其他公司的超过股份总数 5% 的公司债。但是随着日本国家的经济振兴,这些严厉的措施给外资进入和企业振兴带来了困难。于是反垄断法经过 1949、1953 年两次修订后删除了公司债保有的限制规定,对事业公司的股份保有进行了重大调整。到 20 世纪 70 年代,由于新的大企业集团的出现使经济形势又发生了改变,这又导致了 1977 年反垄断法的修订。

从 AT&T 公司的发展,人们可以对技术发展、垄断与反垄断之间的关系做一简单了解。一百年来,AT&T 公司一直受反垄断法的约束,但是,美国政府并没有诚心将它置于死地。每一次反垄断倒是真正帮助了 AT&T,使其修枝剪叶后发展得更好。在 AT&T 成立时,它的电话技术受专利保护,因此,它前十几年的发展一帆风顺。到了 1895 年,专利技术失效,一夜之间,美国冒出了六千多家电话公司。之后十年内,美国的电话装机数量从两百万户增加到三千万户。这时,AT&T 通过领先的技术和成功的商业收购,很快扫平了所有的竞争对手。到 20 世纪初,AT&T 几乎垄断了美国的电信业,并且在海外有很多的业务。到 20 世纪 50 年代,AT&T 发展到美国政府司法部不得不管一管的地步了。1956 年,AT&T 和司法部达成协议,再次限制了 AT&T 的行为。反垄断法逼着 AT&T 靠科技进步来提升自己的实力,保持技术上的领先地位,巩固了自己在市场上的垄断。1948 年,AT&T 实现商用的微波通信;1962 年,它发射了第一颗商用通信卫星。那些小的竞争者根本无法撼动 AT&T 的根基。到了 20 世纪 80 年代,美国司法部不得不再次对 AT&T 公司提起反垄断诉讼。美国政府打赢了旷日持久的官司,导致了 AT&T 于 1984 年的第一次分家。这次反垄断的官司,不过是再次替 AT&T 这棵大树修剪一下枝桠。修剪完后,这棵大树发展得更加茂盛。

美国司法部最终宣判了 AT&T 的行为是反竞争的。与该裁决完全不同的一个案例是柯达公司,即判决柯达的行为不是违反竞争。其理由是,柯达公司开发了一种新的胶卷,这种胶卷只能用柯达公司自己制造的设备才能冲印。柯达公司只是对冲印其照片使用的化学试剂进行保密,所形成胶卷生产和冲洗上下游一体化是技术因素造成的。而在 1982 年 AT&T 解体以前,AT&T 公司实行包括提供长途、市话服务,以及通信设备制造和研究开发在内的一体化经营。AT&T 通过设计专门的技术标准,并保守网络标准信息,以排除其他制造企业。柯达公司是利用技术竞争优势,而 AT&T 公司是滥用市场力量;所以,AT&T 一体化和保密是反竞争的。

中国的《反垄断法》于 2007 年 8 月 30 日在第十次全国人大常委会第 29 次会议通过,篇幅不长,通篇共 8 章 57 条。《反垄断法》主要内容在于:第十三、十四、十七条除列举了垄断行为的表现形式外,还规定了兜底条款,授权国务院反垄断执法机构可以认定其他垄断行为,引入并实行了豁免、承诺等制度。豁免主要是相对垄断协议而言的,虽然有部分协议排除、限制了竞争,但其在经济社会发展中的整体利益大于对竞争秩序的损害,国家对其豁免。在第十五条规定了垄断协议豁免的 7 种情形。第七章规定,达成并实施垄断协议或滥用市场支配地位的,由反垄断执法机构责令停止违法行为,没收违法所得,并处上一年度销售额 1%~10% 的罚款;违法实施经营者集中,由国务院反垄断执法机构责令停止实施集中,限期处分资产,限期转让营业以及采取其他必要措施恢复到集中前的状态,处 50 万元以下罚款。给他人造成损失的垄断行为,依法承担民事责任。

目前我国《刑法》中还没有垄断罪,《反垄断法》中也没有对垄断行为追究刑事责任的规定,只有第五十二条对妨害反垄断执法机关执行公务、第五十四条反垄断执法人员滥用职权、玩忽职守等渎职行为者追究刑事责任的规定。作为反垄断执法机构而言,主要是追究垄断行为的行政法律责任。

在"反垄断"问题上,美国具有非常明显的"规则优势",我国面临着多难选择。以"知识产权保护"为例,中国不能说不保护知识产权,但保护知识产权,形成的产业和市场又被美国等技术先进的国家轻而易举地占据了。在通用软件方面,国内以及其他 IT 公司和微软抢份额几乎不可能。中国的软件行业有自己的生存空间,但也存在着自己的制度障碍。要发展中国的 IT 产业,必须营造良好的软环境,包括鼓励商业银行投资、减少工商税务管理的限制、加强用户权益保护以及知识产权的维护。反垄断的目的是保护市场的有效竞争性和消费者的利益。美国政府在批准并购案时,不仅是根据市场集中度指标,还要看兼并后的市场效率。判断垄断的标准不是以企业规模大小来决定,关键要看是否滥用了市场力量。

中国《反垄断法》的出台,并不能解决市场秩序中存在的所有问题。公平、竞争、有序的市场秩序的确立和维护,更多地还需要市场主体的共同努力。更值得注意的是,自从美国拆散了 AT&T 以后,以芝加哥大学为首兴起了"法与经济学"运动,力图推翻"反垄断法"的经济学依据,出现了一股"反反垄断法"的运动。

【案例 10-8】 "小贝尔"公司(Baby Bells)

AT&T 公司由电话之父亚历山大·贝尔创立于 1877 年。从 AT&T 创立的第一天起,它就一直是龙头老大,直到它被割裂为与 AT&T 公司没有隶属关系的 7 个"小贝尔公司"。它在 1892 年将生意从纽约地区扩展到美国中部芝加哥地区,1915 年,它的生意扩展到全国。1927 年,AT&T 的长途电话业务扩展到欧洲。1925 年 AT&T 公司研发机构——贝尔实验室成立。贝尔实验室著名的发明除电话本身外,还包括射电天文望远镜、晶体管、电子交换机、计算机的 UNIX 操作系统和 C 语言等。此外,贝尔实验室还发现了电子的波动性,发明了信息论,发射了第一颗商用通信卫星,铺设了第一条商用光纤。AT&T 在很长时间内垄断着美国并且(通过北电)控制加拿大的电话业务。

许多反托拉斯组织(antitrust suite)在很长一段时间联合起来反对 AT&T 公司。1913 年,根据司法部的金斯堡(Kingsburg)协议,AT&T 被迫从西部联盟(Western Union)中退出,并允许一些独立公司使用它的长途网络。1984 年,根据联邦反垄断法的要求,司法部(Justice Department)迫使 AT&T 拆散成许多地方性的公司,俗称小贝尔公司(如 Nynex in New York and New England;Bell Atlantic,BellSouth and Ameritech in the Midwest; and Southwestern Bell,U. S. West and Pacific Telesis in California and Nevada),这些公司通称为地方 Bell 运营公司(RBOC),而 AT&T 公司从事长途电话业务和通信设备的制造。

10.3.3　IT 垄断对中国信息产业的危害

中国 IT 产业存在着严重的垄断现象,尤其是微软、英特尔分别在软、硬件领域的垄断,不仅让中国广大用户付出了高昂的代价,而且在信息安全、政府采购、知识创新等多方面带来了消极影响,阻碍了中国 IT 产业的健康发展。在 PC 芯片领域,尽管 AMD 相对价格便宜,尤其是在 64 位技术上要领先于英特尔,但英特尔还是垄断了国内 PC 芯片市场。不仅软、硬件形成了垄断,一种新兴的垄断——软件专利垄断正在国内产生作用和影响。中国工程院院士倪光南曾提醒国内用户"对于正逐步形成的软件专利垄断更需要及早防范"。虽然,中国有关部门已经注意到垄断及其带来的危害,国务院设立认定各种垄断行为的反垄断执法机构,引入并实行豁免、推定等制度,但是反垄断任重而道远。因此,反垄断实质是反对私自操纵价格的协议、滥用市场支配地位等,核心是反对不正当的竞争行为。

客观来看,我国是一个没有反垄断传统的国家,反垄断执法经验也十分不足,执行能力较弱。事实上,世界上所有反垄断的发达国家都面临着执法能力建设的问题。因此,执行能力的建设是《反垄断法》颁布实施后亟待解决的问题。以知识产权为例,意大利在 15 世纪就开始授予专利权,对知识产权的保护,西方有着悠久的历史。界定知识产权,是一件非常深奥的学问。我国由于在知识产权保护方面缺乏足够的经验,新老问题会不断出现相互纠结搞得相关部门手忙脚乱,不知所措。

10.4　工作场所的计算机化

卓别林的无声电影《摩登时代》,对于机械化生产线所导致工人的失业和劳动节奏的提速,最后带来的社会动荡做了深刻剖析和无声讽刺。同样,在计算机技术普及的今天,人与计算机的关系、劳动社会关系、就业等会受到什么影响呢?

10.4.1　用人工还是使用机器

1. 机器计算与手工计算

机器,源自于希腊语之 mēchanē(Μηχανή)及拉丁文 machina,原指"巧妙的设计",主要是为了区别于手工工具。在现代中文里,机械和机器基本同义。1724 年,德国莱比锡机械师廖波尔特(Leopold)指出:"机械或工具是一种人造的设备,用它来产生有利的运动;同时在不能用其他方法节省时间和力量的地方,它能做到节省。"计算机是机器的一种,是由人根据自己设计出来的机器,完成人能够做的工作。

1936 年,图灵(Alan Turing)为了解决"可计算性",异想天开地造出了"理想计算机",即"图灵机",用机器的概念来解决高度抽象的元数学问题。所谓通用图灵机是由一个读写头和一条纸带构成的可以按照适当的程序写出任何可计算数的计算机。以此为核心,图灵提出了如图 10-1 所示的计算机划分体系。按照这一划分体系,图灵将数字计算机分为两类：一类是有组织机，一类是无组织机。他还提出了纸机器的概念，"用写下一套步骤规则并请一个人去执行它们的办法来达到一台计算机的效果"，其中的那个人和写好的指令结合成为"纸机器"。根据图灵的定义，手工计算也归到他的计算机系列中去。

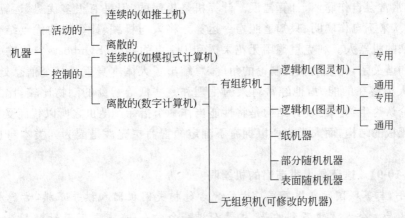

图 10-1　计算机划分体系示意图

2. 硬件与软件

计算机是由硬件与软件构成的。以微型计算机为例，其最为重要的部件是主机，由机箱（含电源）、主板、内存、硬盘、CPU 等组成，类似人的内部器官；键盘和鼠标相当于人的"四肢"，显示器和音频设备相当于人的"五官"。它们各司其职，构成了计算机的"血肉之躯"。计算机的软件是一系列信息的总和，是计算机的"灵魂"，负责分配、协调、调度、指挥硬件的执行；尽管它的实体是看不见、摸不着的，但它又是真实存在的。没有软件的计算机称为"裸机"，基本上没有任何功能可用，除了消耗能量。

人也分为硬件和软件。先说硬件，人体由内分泌、生殖、泌尿、运动、循环、消化、呼吸、神经系统和感觉器官等组成，器官由各种组织构成。计算机由若干单元组成，各个单元又由不同的电路板、芯片等元件组成，相当于器官。门电路、触发器、寄存器等芯片的组成不外乎金属、化学原料等，这些就是计算机的组织。虽然在这一系统中内分泌、生殖、泌尿不太好做比较，但可以这样认为：计算机的生殖方式是制造，但它必须同其他设备联合；计算机的"泌尿"就是在正常运行时产生的不可见废物的外排，例如电磁辐射等。

再说人体的软件，它目前争议很大并稍有不慎就会落入"唯心主义"的圈子。但人体内的软件确实是存在的。与计算机软件不同的是，它脱离了存储介质是可以独立存在的，同时它也有操作系统和应用软件之分，它们分别存在于人体不同的组织和器官中。人脑与计算机，或者人脑智能与人工智能，它们各有所长也各有所短，各自有各自的存在价值。对简单的智能活动，计算机比人脑快而精确；对高级的智能（创造性智能）活动，人脑比计算机更有效。所以，机器能补充人脑智能的不足部分。如果人脑智能与人工智能结合在一起，整个社会的智商将会大大提高。

3. 维纳"机器蠕虫"

维纳认为机器具有与动物类似的信息流动，并虚拟设计了一种机器蠕虫以阐明机器与生物的共性。1948 年，维纳发表了《控制论：动物和机器中的控制与通信》，描绘出了他心中的理想："能够制造出几乎具有自然精巧程度与性能的人工机器"。虫是低等智商的生物,能够实现虫的性能的机器,自然就具有了人这种高等智能的基本机能。"机器蠕虫"能够像自然界的蠕虫一样回避光线,从光线较亮之处向较弱的方向运动。

所以,人和计算机之间的关系可以描述为:人是聪明的,但是有很多劣势,如动作慢、容易疲劳,还常常会自作聪明、计算错误。计算机是愚蠢的,但是有很多优势,运算飞快、不知疲劳,而且从来不自作聪明、只知道照指令运算。将人与机械、计算机的优点结合在一起可能就是未来的机器人。利克里德用无花果树和 BG 虫的共存(Symbosis①)比喻了计算机与人之间的和谐关系,而维纳从控制论的角度,总结出了人体本身就是一个信息处理的机体。为了解释人类潜在的能力,他经常将人的生理和一些低等智商的动物比较,比如说一些昆虫。控制论认为生物体的设计结构是将性能当作一个指标。昆虫之所以智商受到限制是因为本身的死板的结构,而人类之所以拥有不确定的智商扩充性是因为人类本身拥有的流动的结构。

【案例 10-9】 这还是人类造出的机器吗?

1985 年,前苏联国际象棋冠军尼古拉·古德柯夫同机器人棋手下棋,古德柯夫连续赢了机器人 3 局。令人意想不到的是,机器人棋手会向人(或者并不是针对人类而是针对比赛、棋盘或棋子)采取报复行动,竟然向金属释放了强大的电流,结果伤害了古德柯夫,在场观众目睹了冠军棋手古德柯夫被击倒在地。

人类创造生产了计算机,并假想着计算机给人类带来帮助,节省时间、能量和娱乐,但实际上计算机具备了自己的行为方式,人类不知不觉会被自己所创造的计算机所算计、受到伤害,带来很多预想不到的麻烦。汤姆·福雷斯特和佩里·莫里森等曾经指出,现有的复杂系统的运作已超出人类智力所能理解的范围。为了提升人们理解或预见一个系统所有可能状况(包括错误状况)的能力,计算机设计开发人员、计算机使用者以及相关管理人员应该事先充分进行沟通交流,增强相互之间的理解(包括原理、操作方法、后果等),避免造成谁都不愿意看到的、"优秀的技术被恶劣的人不适宜地利用"的结果。计算机伦理学追求的是"好的技术设计开发者将适宜的技术交给诚实的使用者",从而使技术与人类形成一种共存、共栖关系。否则,计算机伤害人类的事故将会重演。

10.4.2 计算机和工作质量

现代社会里有许多工作、劳动等都从人工转向了机器。从日常生活的水电费用交纳充值、做水饺到工业上的雕刻,再到农业上的播种、收麦等都走上了机械化道路,甚至连手术和精密的实验都实现了机器化。计算机能可靠地完成的工作包括:数据的记录、处理、查询和管理,利用计算机控制、多媒体、网络等技术可以做到信息传递、报表生成、信号控制或文件起草和发布等,前提是人类要准确无误地"教会"计算机正确的方法。关于机器人的定义,仍在争论中,美国机器人协会(Robot Institute of America,RIA)给机器人下过一个技术性的定义:机器人是一种能重复编制程序、具有多种职能的操纵者。他通过多种安排好的动作来操纵原料、部件、工具或专用设备,以完成各式各样的任务。

首先,机器人的使用可以使某些工业生产过程完全自动化。传统的自动化技术和自动化程序是有限的,例如在机械行业中材料的搬运、机床的上下料、产品的装配等环节无法实

---

① 两种不同的生物生活在一起的亲密合伙,甚至接近联盟合作。

现自动化。应用机器人以后,这些工作完全可以由机器人来干。日本已有一部分工厂实现了"无人化"生产。

其次,机器人的使用可大大提高劳动生产率和产品质量,降低生产成本和原材料的消耗。日本从1967年引进机器人技术后,使生产成本下降,产品质量提高。在日、美之间的汽车、机械、电子产品的国际竞争中,日本取得优势,其中以机器人为代表的自动化技术起了关键性的作用。

第三,机器人的使用使工厂生产能适应市场变化的需要,快速转型或转产。机器人实际上可以顶替各种不同角色。一个原先买来为完成某一职能的机器人,当需要它以新的职能去完成别的任务时,只要改变其程序就行了。这种灵活性有利于工厂产品的更新换代,也是机器人免于陈旧过时之弊。

在企业管理领域,如果具备了以下条件,人工管理体制也会成功:

(1) 管理制度适应企业的不断发展。

(2) 完善的文档资料管理。

(3) 人才流动的比例合理。

(4) 雇员均受到良好的管理培训,而且完全坚守制度。

其实,建立一个良好的管理制度也是非常困难的,很多企业都在不遗余力地建设和维护好自己的管理制度。对于制造业企业,管理阶层更加注重技术引进销售收益、降低成本,而忽略改善管理制度,甚至不依赖管理制度。当企业规模达到一定程度时,就会逐渐暴露出来一些问题,例如,日常应急情况会变本加厉,利润不会随着销售额的增加而上升,员工流动率高及士气低落,现金周转出现问题等。

当企业没有实施信息化时,上述问题并不容易被察觉,确定其根源更加不容易,只会流露出来一些表象:所有部门的人都很忙,忙于救火救急。当企业遇到这些没有预料到的问题时,很自然地想到制订一些暂时性的解决方案。每天如此,那些靠人工解决问题的方法又受到质疑企业重新考虑采纳信息化。

因此,对于用人工还是用机器,应该考虑两个方面的问题。第一,机器(包括计算机等信息设备)现在是否已具有人类的智慧,并进行知识创造和故障控制。机器具有人工无法比拟的优点,就是不知疲倦地运转,加倍的产出、效率高。但是机器本身不可能去想出方法来改进一项工艺,减少劳动力的投入。它们只能是被预装上程序,然后被动地去运行,一切都受到人工的操作控制。其工作质量完全依赖于程序的好坏。如果机器出现故障,旁边没有人时时关注机器的运行,一个非常可怕的事故可能会发生,引起连锁反应。第二,机器虽然节省了人工劳动力,但有时候也会导致社会问题。当前在金融危机的大背景下,人的就业便成为一个相当大的社会问题。大批下岗人员要工作,但是机器已经相当先进,几乎涵盖各个行业,社会已经不需要人工的劳动了,失业问题怎么解决?

10.4.3 计算机和就业

因为工薪制仍然是大部分人生存的基本方式,工作劳动仍然是普通公民生活的中心。尽管由于即将到来的闲适社会而时常传言有偿劳动将会消逝,但有幸得到工作的人们显得比以往更加卖力地工作。这又一次说明了竞争是生命的基本活动和行为。

1. 对新技术影响就业的不同观点

新技术在工作场所中的影响,在历史上是一件颇有争议的事。一种观点是,失业可以由新技术的应用造成。最著名的例子是卢德分子(Luddites)。他们在 1811—1812 年间跑遍英国北部,砸碎新的纺织机器。他们认为,这些纺织机器会大量削减纺织行业中人们的职位(其实并没有)。同样,在 1978—1979 年,当集成电路板首次出现在人们视野中时,在制造业和商业中关于这种新技术对就业的影响的预言又传了出来。更有甚者,人们要求对自动化技术征税(如荷兰),并召集一些团伙完全反对工作中的基于微处理机的技术,因为他们认为该技术有破坏就业状况的潜力。

另一种观点是,新技术最终会创造更多的就业机会。美国的一篇重要报道反映了谨慎的乐观主义如何代替了对待计算机对就业影响的争议中的悲观主义。理查德·赛义特(Richart Cyert)和大卫·摩维利(David Mowery)提出,没有明显的证据支持大量失业是由技术的变更引起的。还有一些作者在 1987 年的官方调查——《技术与就业:美国经济领域的革新与增长》(它是由美国国际科学研究院委托的)中阐明,新的技术最终会创造而不是破坏更多的就业机会。尽管他们表示,这将需要经历一个比较漫长而痛苦的时期去调整某些工人的工作。

还有一些学者持谨慎的观点,他们一方面重复传统的论调,认为失业更大程度上是由新技术应用的缓慢而不是过快地使用造成的。另一方面,他们拥护宣传教育和培训,以便加速应用新技术的步伐。

随着 20 世纪 90 年代初计算机的快速发展,新技术与就业的争议又被提上了日程。在美国,著名的"美国工作制造机"(Creat American Job Machine)渐渐停止,它曾在 20 世纪 70 年代到 80 年代创造出 3100 万个职位。而到了 1990—1992 年,将近 22 万的职位因为企业缩小规模、改组、转移(解雇的委婉说法)而丧失。在改组与计算机化的大多数事例中,可提供的职位数目通常在减少。20 世纪 90 年代,一些 20 世纪 80 年代创造出许多职位的小公司,再也不像以前那样能创造出新职位了。许多公司精简职员并打算在必要时雇佣兼职工人。

2. 计算机化给就业带来的冲击

随着越来越多的人使用计算机工作,计算机化的工作场所是否创造或者减少就业就成了一个重要问题。事实上它已产生了大量关于工作数量和职业生活的质量的争论。

一方面,工作场所的计算机化使生产管理有许多选择,包括不同软件的选择,而不同的软件程序对于生产数量和质量有着完全不同的影响。一般来讲,工作场所的计算机化提高了工作环境质量,促进了工作满意度,岗位责任更加明确,提高了工作能力或技巧。

另一方面,工作场所计算机化给就业机会带来的冲击,主要影响到那些没有什么技能的手工业者和书记员。英国曾有一份政府支持的调查报告——《工作场所的产业关系与技术革新》,通过对 2000 处工作场所进行调查,发现相当比例的计算机代替了工人的工作,尽管这一取代过程不是在短期而是在长期内完成的。该报告作者 W. W. 丹尼尔(W. W. Daniel)说,在被调查者中,新技术的引进,导致了其中 1/10 的场所的工人比率有所增长,但有 1/5 的在下降(通常稳定下降)。尽管各部门有很重要的变化,但运用先进技术去代替手工操作者的工作场所在 4 年的观察期后会有一个最大的下降。

此外,相对于整体的就业状况,高科技仍是较小的行业。这也是对传统制造业与高科技部门中的失业现象比较之后产生的结论。以美国为例，汽车工厂仍然雇佣了比整个高技术部门多两倍的员工。在 20 世纪 80 年代末，劳动部门预测，美国高科技行业将在 1995 年前产生 75 万～11 万个职位，但这种增长仍不足 1980—1983 年制造业中失业的人数的一半，也不及 1990—1992 年间制造业中失业的全部职位。

【案例 10-10】 高科技能创造职位吗？——来自美国的调查数据

美国斯坦福大学(Stanford University)的亨利·列文(Herry Levin)与罗斯尔·罗伯格尔(Russell Rumberger)的一项重要研究表明，"不管是高科技工厂或高技术职业，它们都会在下一个 10 年里提供许多新的职位，未来职位的增多将体现在服务性与书记类的工作，它们对学位要求很少或几乎不做要求，且支付的工资在平均水平之下"。无独有偶，1988 年和 1991 年的两份马萨诸塞咨询者的调查也证实，高科技职位的创造有些问题。1988 年的调查包括美国 1.8 万家信息技术、生物工艺和电信公司。其中。只有 40% 的公司比往年创造了更多的职位，其平均增长率为 7.2%。尽管一些公司报告其就业增长在 50% 以上，但大多数的公司在减少就业机会。基于这些结果，调查预测 20 世纪 90 年代整个高科技部门的职位增长一般在每年 3% 左右。1991 年对美国 2.2 万家小型高科技公司的调查发现，他们记录了自 1989 年以来的平均职位增长率为 10.6%，但增加的职位总数(14 万)相对于同期从制造业失去的工作人数而言仍相距甚远。

3. 数据加工出口

在美国还有这样一种趋势，高新部门更有可能减少职位。这是由于美国公司通过使用新的卫生和电信技术，向那些有廉价劳力的国家出口程序和数据加工工作。如美国汽车制造者正在许多地方兴建高科技的生产厂家，如墨西哥。所以，一些公司如 Trovelers，New York Life 和 McGraw-Hill 等横跨大西洋，发送数据去爱尔兰加工，那里有 3000 个"后勤办公室"为国外公司编程，数据录入和起诉索赔等工作机会被创造出来。《商业周报》报道，"拥有 20% 的失业率，爱尔兰受过良好教育工人的工资却是最低的"。印度的程序设计人员也被美国和欧洲的一些公司大量地雇用着。例如，英国的伦敦运输公司把伦敦地铁系统设计新时刻表的工作交给了德里公司。印度专门建造一条高质量的卫星通信链，以便发展与国外的编程交易。

4. 重复性压力

20 世纪 80 年代由于信息技术应用得缓慢和无序，还没有大规模的技术性失业，现在，即使是在发达国家关于计算机在制造行业和服务行业不断侵夺工作机会的担忧也日益加重。计算机化也会使管理者裁掉尽可能多的人员，使剩下的人员在一个无个性、无精神的工作环境里，变成无须技能只需敲击键盘、点击鼠标、观看屏幕的机械工作者。

在企业信息化比较先进的公司中，管理者在新生产系统的设计和应用方面有许多选择，这使得普通员工对于计算机影响职业生活的质量的担心也在增长。假如新的工作程序和办公设备设计得比较糟糕，办公室的计算机化将会增加人员的工作压力并损害身体健康。同时一味提高速度和过度的重复操作(比如强调每小时键盘输入数量)有时会因重复性压力导致人的损伤。

而像计算机键盘、屏幕、鼠标等使用会损害健康的议论和抱怨，近年来在国外已经导致诉讼，其诉讼对象就是一些管理者和计算机销售商，如关于重复性压力损伤(HSI)造成损害的诉讼。

【案例分析】

1. 情况介绍

"学术论文检测系统"是利用网络将任何一篇需要检验的文章,与资源库中的文章进行比对。凡是相同的句子,检测系统都能感知到并标注出来。国内一位 2009 年毕业的博士生,花了两年时间撰写了 20 万字的学术论文。按照论文答辩程序,这篇论文先后送给 3 名校内,2 名校外共 5 位教授进行评审并打分;再由 3 名校外,2 名校内,共 5 名教授组成答辩委员会进行答辩。该论文被这 10 名评审教授和答辩委员会专家给出了相当高的评价,分数也很高,尤其是在创新性上。

后来,该学生所在的学校通过"学术论文检测系统"认定该论文有 22% 雷同之处,要求学生必须修改论文,重新进行答辩。一台机器(一个系统)否定了一篇被 10 位教授在创新性上给出很高评价的论文,即"宁信机、不信人"的价值取向占据了主导。

论文作者坦诚自己引用了不少前人的研究成果,但是都是作为论据并形成了自己的体系。而"学术论文检测系统"对论文中注释得清清楚楚的引用资料全都视为雷同,其实这完全有可能是合乎学术规范的引用。当然,引用过多也不对,需要有个合理的标准线,但"学术论文检测系统"分不清楚抄袭和引用。

由于受到众多学生的质疑,"学术论文检测系统"的开发者强调说,"学术论文检测系统"只是一个辅助工具,是否属于抄袭尚需专家鉴定。

学术研究成果无法进行数字化计量和评价,这是一个世界级难题。学校做决定的依据是采纳计算机检测的结果,用一个冷冰冰的百分数,"判定"该论文在"原创"方面"不合格"。使用检测系统查完之后,还要由专家做最后的判断。这也许还只是理想化的情况。从社会学上讲,所谓的"科学官僚"体制只会用最简单、最机械的方法做事。需要人来判断的时候,其中的不确定性会让其不知所措。最后,专家判断的环节被免除了,只剩下冷冰冰的机器。甚至专家已经给出了意见,做出了结论之后,也可以被这台机器(这个系统)推翻。

2. 讨论问题

(1) 请讨论"评审教授和答辩委员会的评价意见也不是绝对的"这一观点。

(2) 商家申辩"学术论文检测系统"只是作为一个辅助工具,是否是在推卸责任?

(3) 对于学校更为相信"学术论文检测系统"的现象,"宁信机、不信人",你是如何看待的?

思考讨论之十

1. 根据本章"网络信息资源"的定义,举例说明你经常利用何种网上资源?

2. 在计算机联网的情况下,局域网的网管可以控制网内每台计算机的上网情况。试分析这种技术的经济利益。

3. 计算机设计开发人员、计算机使用者以及相关管理人员如何能事先充分进行沟通交流?

4. 由于 IT 的复杂性和效益隐蔽性,直接论证在 IT 方面的投入与企业竞争力呈现正比关系几乎是不太可能的。那么,有没有更好的评价 IT 价值的方法?

5. 如何认识计算机行业的"垄断"?反垄断斗争的理论基础是什么?全球科学技术发

展的历史曾出现过类似的现象么?

6. 人体内的软件也有操作系统和应用软件之分,你同意这一观点吗? 如果是,它们分别存在于人体哪些组织和器官中?

7. 诺基亚手机销售是采取统一定价吗? 还是其他定价方法?

8. 在计算机技术产业中采用更多的机器、计算机(如机器人等),能否提高生产效率? 是否能改善劳动力,尤其是智力型劳动力短缺?

参考文献

1　1 台机器否定 10 个教授. http://bbs. edu. sina. com. cn/thread-41-0/table-108722-950. html

2　反思美加大停电. http://www. competitionlaw. cn/show. aspx? id=3412&cid=24

3　2003 年 8 月美加大停电:历史上规模最大的停电事故. http://www. hangzhou. com. cn/20070716/ca1340189. htm

4　白秀丽. 是朋友还是敌人——"新新人类"机器人. 北京:光明日报出版社,2007

5　经济学论坛. 中国经济学教育科研网. http://bbs. cenet. org. cn/

6　下一代网 NGN 承载的关键问题. http://bbs. telreading. com/thread-67169-1-1. html

7　软件销售十大具体策略. http://www. cbinews. com/htmlnews/2009-05-07/95831. htm

8　Agent 技术在分布式入侵检测系统中的应用. http://eduvnet. yesky. com/security/81/7619081. shtml

9　http://en. wikipedia. org/wiki/TRUSTe

10　网络层访问权限控制技术. 好喜爱学习网. http://www. haoxiai. net/wangluojichu/wangluoguanli/127110. html

11　张雨林. 我国网络隐私权的法律适用与保护现状. http://www. law-lib. com/LW/lw_view. asp? no=4437&page=2

12　局域网内设置计算机访问权限问题. http://www. onegreen. net/Article_Show. asp? ArticleID=1362

13　管理优先账户验证 防止 IT 员工滥用职权. http://security. zdnet. com. cn/security_zone/2009/0408/1362015. shtml

附录 A

美国计算机协会(ACM)伦理与职业行为规范[①]

1992 年 10 月 16 日,ACM 执行委员会表决通过了经过修订的"伦理规范"。
建议用下列守则及解释性指南补充新《ACM 章程》第 17 章中的《规范》。

我们希望美国计算机协会的每一名正式会员、非正式会员和学生会员就合乎伦理规范的职业行为做出承诺。《规范》由 24 条守则组成,对个人责任做了简洁的陈述,确定了承诺的各项内容。

它包含职业人士可能会遇到的许多(但非全部)问题。第 1 章概述了基本的伦理问题;第 2 章则关注专业人员行为上的额外的、比较特殊的问题;第 3 章的条款适用于更为特殊的担任领导职位的个体,无论是工作中的领导,还是志愿性的地位,例如在美国计算机协会这样的组织中;与遵守《规范》相关的原则由第 4 章提供。

《规范》附有一系列"指南",它提供了进一步的解释,帮助会员处理本《规范》涉及的各种问题。可想而知,与《规范》的正文相比,指南的内容将改动得更为频繁。

《规范》及所附"指南"的意图,是为专业人员在业务行为中做合乎道德的决定提供一个基础。间接地,它们也可以为要不要举报违反职业道德准则的行为提供一个判断的基础。

需要注意的是,尽管现有的道德准则并未提及计算机行业,《规范》所做的正是要把这些基本准则应用到计算机专业人员的行为中去。《规范》中的这些守则都表述为某个一般的样式,正是为了强调这些应用于计算机伦理的原则,都源自于那些更为普通的道德法则。

当然,伦理规则的某些词句可以有多种解释,而且任何伦理原则在某些特殊情况下可能与其他的伦理原则发生冲突。关于伦理冲突的问题,最好通过对基本原则的深入思考来找出答案,而不要依赖细枝末节的规章条例。

1. 一般道德守则

作为美国计算机协会的一名会员,我将……

1.1　造福社会与人类　这一关系到所有人生活质量的原则,确认了保护人类基本权利

---

① 美国计算机协会(ACM)伦理与职业行为规范(ACM Code of Ethics and Professional Conduct). ACM 通讯,1993,36(2):100～105

及尊重一切文化多样性的义务。计算机专业人员的一个基本目标,是将计算机系统的负面影响——包括对健康及安全的威胁——减至最小。在设计或实现系统时,计算机专业人员必须尽力确保他们的劳动成果将用于对社会负责的途径,将满足社会的需要,将不会对健康与安定造成损害。

除了社会环境的安全,人类福祉还包括自然环境的安全。因此,设计和开发系统的计算机专业人员必须对可能破坏地方或全球环境的行为保持警惕,并引起他人的注意。

1.2 避免损害他人 "损害"的意思是伤害或负面的后果,诸如不希望看到的信息丢失、财产损失、财产破坏或有害的环境影响。这一法则禁止以损害下列人群的方式运用计算机技术:用户、普通公众、雇员和雇主。有害行为包括对文件和程序的有意破坏或修改,它会导致资源的严重损失或人力资源的不必要的耗费,比如清除系统内计算机病毒所需的时间和精力。

善意的行为,包括那些为完成给定任务的行为,也有可能造成意外的损害。在这样的事件中,负责任的个人或集体有义务尽可能地消除或减轻负面后果。避免无心之过的一个办法,是在设计和实现过程中,对决策影响范围内的潜在后果进行仔细的考虑。

为尽量避免对他人的非故意损害,计算机专业人员必须尽可能在执行系统设计和检验的公认标准时减少失误。此外,对系统的社会影响进行评估,以揭示对他人造成严重损害的可能性,往往也是有必要的。如果计算机专业人员就系统特征对用户、合作者或上级主管做了歪曲,那他必须对任何伤害性后果承担个人责任。

在工作环境下,计算机专业人员对任何可能对个人或社会造成严重损害的系统的危险征兆负有附加的上报责任。如果他的上级主管没有采取措施减轻上述的危险,为有助于纠正问题或降低风险,"打小报告"也许是有必要的。然而,对违规行为的轻率或错误的报告本身可能是有害的。因此,在报告违规之前,必须对相关的各个方面进行全面评估。尤其是,对风险及责任的估计必须可靠。建议事先征询其他的计算机专业人员。(参照守则2.5关于全面评估的部分。)

1.3 诚实可信 诚实是信任的一个重要组成部分。缺少信任的组织将无法有效运转。诚实的计算机专业人员不会在某个系统或系统的设计上故意不老实或者弄虚作假,相反,他会彻底公开系统所有的局限和问题。

计算机专业人员有义务对他或她的个人资格,以及任何可能关系到自身利益的情况抱以诚实的态度。

作为美国计算机协会这样一个志愿组织的成员,他们的立场或行为有时也许会被许多专业人员称做自讨"苦"吃。美国计算机协会的会员要试着去留意,避免人们对美国计算机协会本身、协会及下属单位的立场和政策产生误解。

1.4 做到公平而不歧视 这一守则体现了平等、宽容、尊重他人以及公平正义原则的价值。基于种族、性别、宗教信仰、年龄、身体缺陷、民族起源或类似因素的歧视,显然违背了美国计算机协会的政策,是不被容许的。

对信息和技术的应用或错误应用,可能会导致不同群体的人们之间的不平等。在一个公平的社会里,每个人都拥有平等的机会去参与计算机资源的使用或从中获益,而无须考虑他们的种族、性别、宗教信仰、年龄、身体缺陷、民族起源或其他类似因素。但是,这些理念并不为计算机资源的擅自使用提供正当性,也不是违背本规范的任何其他伦理守则的合适借口。

1.5 尊重包括著作权和专利权在内的各项产权 在大多数情况下，对著作权、专利权、商业秘密和许可证协议条款的侵犯为法律所禁止。即使在软件得不到足够保护的时候，对它各项权利的侵犯依然与职业行为相违背。对软件的拷贝只应在适当的授权下进行。决不能纵容未经授权的复制行为。

1.6 尊重知识产权 计算机专业人员有义务保护知识产权的完整性。具体地说，不得将他人的想法或成果据为己有，即使在其（比如著作权或专利权）未受明确保护的情况下。

1.7 尊重他人的隐私 在人类文明史上，计算机及通信技术使得个人信息的搜集和交换具有了前所未有的规模。因而侵犯个人及群体隐私的可能性也随之增加。专业人员有责任维护个人数据的隐私权及完整性。这包括采取预防措施确保数据的准确性，以及防止这些数据被非法访问或泄漏给无关人士。此外，必须制定规程允许个人检查他们的记录和修正错误。

本守则的含义是，系统只能搜集必要的个人信息，对这些信息的保存和使用周期必须有明确的规定并强制执行，为某个特殊用途搜集的个人信息，未经当事人（们）同意不得用于别的目的。这些原则适用于电子通信（包括电子邮件），在没有用户或者拥有系统操作与维护方面合法授权的人士许可的情况下，阻止那些截取或监听用户电子数据（包括短信息）的进程。系统正常运行和维护期的用户数据监测，必须在最严格的保密级别下进行，除非有明显的违反法律、组织规章或本《规范》的情况发生。即便上述情况发生，相关信息的情况和内容也只允许透露给正确的权威机构。

1.8 保密 当一个人直接做出保密的承诺，或者不那么直接，当此人能够在履行职责以外获取私人的信息时，前面的诚实原则也适用于信息保密的问题。信守为雇主、客户和用户保密的所有职责是符合伦理要求的，除非法律或本《规范》其他原则的要求使某人从这些职责中解脱出来。

2. 比较特殊的专业人员职责

作为美国计算机协会的一名计算机专业人员，我将……

2.1 不论专业工作的过程还是其产品，都努力实现最高的品质、效能和尊严 追求卓越也许是专业人员最重要的职责。计算机专业人员必须努力追求品质，并认识到品质低劣的系统可能会导致严重的负面后果。

2.2 获得和保持专业能力 把获得与保持专业能力当成分内之事的人才可能会优秀。一个专业人员必须制订适合自己的各项能力的标准，然后努力达到这些标准。可以通过下述方法提升自己的专业知识和技能：自学，出席研讨会、交流会或讲习班；加入专业组织。

2.3 熟悉并遵守与业务有关的现有法规 美国计算机协会会员必须遵守现有的地方、州、省、国家及国际法规，除非另有强制性的道德依据可以让他/她不这么做。还应遵守所加入的组织的政策和规程。但是服从之外还应保留自我判别的能力，有时候现有的法规和章程可能是不道德或不合适的，因此，必须予以质疑。

当法律或规章缺乏坚实的道德基础，或者与另一条更重要的法律相冲突时，违犯有可能是合乎道德的。如果一个人因为某条法律或规章看上去不道德，或任何其他原因，而决定违犯它时，这个人必须对其行为及后果承担一切责任。

2.4　接受和提供适当的专业化评价　高质量的专业工作,尤其在计算机专业,有赖于专业化的评价和批评。只要时机合适,各个会员应当寻求和利用同伴的评价,同时对他人的工作提供自己的评价。

2.5　对计算机系统及它们的效果做出全面彻底的评估,包括分析可能存在的风险　在评价、推荐和发布系统及其他时,计算机专业人员必须尽可能介绍得生动、全面、客观。计算机专业人员处于受到特殊信赖的位置,因此也就担负特殊的责任要向雇主、客户、用户以及公众提供客观、可靠的评估。专业人员在评估时还必须排除自身利益的影响,如守则1.3所陈述的。

正如守则1.2关于避免损害的讨论中所指出的,系统任何危险的征兆都必须上报给有机会并且/或者有责任去解决它们的人。参照守则1.2的"指南"部分,还有更多关于损害的内容,包括对专业人员违规行为的上报。

2.6　遵守合同、协议和分派的任务　遵守诺言是正直和诚实的表现。对于一个计算机专业人员,它包括确保系统各部分正常运行。同样,当一个人和别的团队一起承担项目时,此人有责任向该团队通报工作的进度。

如果一个计算机专业人员感到无法按计划完成分派的任务时,他/她有责任要求变动。在接受工作任务前,必须经过认真的考虑,全面衡量对于雇主或客户的风险和利害关系。这里所依据的主要原则是,一个人有义务对专业工作承担起个人责任。但在某些情况下,可能要优先考虑其他的伦理原则。

不应该完成某个具体任务的判断可能不会被接受。虽然有明确的考虑和理由支持这样的判断,但却未能使工作任务发生变动时,合同和法律仍然会要求他按指令继续进行。是否继续进行,最终取决于计算机专业人员个人的伦理判断。不管做出什么样的决定,他都必须承担其后果。无论如何,"违心"执行任务并不意味着专业人员可以不对其行为造成的负面后果负责任。

2.7　促进公众对计算机技术及其影响的了解　计算机专业人员有责任与公众分享专业知识,促进公众对计算机技术,包括计算机系统及其局限的影响的了解。本守则隐含了一条义务,即驳斥一切有关计算机技术的错误观点。

2.8　只在授权状态下使用计算机及通信资源　窃取或者破坏有形及电子资产是守则1.2"避免损害他人"所禁止的。而对某个计算机或通信系统的入侵和非法使用,则在本守则范围之内。"入侵"包括在没有明确授权的情况下,访问通信网络及计算机系统或系统内的账号和/或文件。只要没有违背歧视原则(参照1.4),个人和组织有权限制对他们系统的访问。

未经许可,任何人不得进入或使用他人的计算机系统、软件或数据文件。在使用系统资源,包括通信端口、文件系统空间、其他的系统外设及计算机时间之前,必须经过适当的批准。

3.　组织领导守则

作为美国计算机协会的一名会员及一个组织的领导者,我将……

3.1　强调组织单位成员的社会责任,促进对这些责任的全面担当　任何类型的组织都具有公众影响力,因此它们必须担当社会责任。如果组织的章程和立场倾向于社会的福祉,就能够减少对社会成员的伤害,进而服务于公共利益,履行社会职责。因此,除了完成质量指标,组织领导还必须鼓励全面参与履行社会责任。

3.2 组织人力物力,设计并建立提高劳动生活质量的信息系统 组织领导有责任确保计算机系统提高,而非降低劳动生活质量。实现一个计算机系统时,组织必须考虑所有员工的个人及职业上的发展、人身安全和个人尊严。在系统设计过程和工作场所中,应当考虑运用适当的人机工程学标准。

3.3 肯定并支持对一个组织所拥有的计算机和通信资源的正当及合法的使用 因为计算机系统既可以成为损害组织的工具,也可以成为帮助组织的工具,组织领导必须清楚地定义什么是对组织所拥有的计算机资源的正当使用,什么是不正当的。虽然这些规则的数目和涉及范围应当尽可能小,但一经制订,它们就应该得到彻底的贯彻实施。

3.4 在评估和制订需求的过程中,要确保用户及受系统影响的人已经明确表达了他们的要求。必须确保系统将来能满足这些需求 系统的当前用户、潜在用户以及其他可能受这个系统影响的人,他们的要求必须得到评估并列入需求报告。系统认证应确保已经照顾到了这些需求。

3.5 提供并支持那些保护用户及其他受系统影响的人的尊严的政策 设计或实现有意无意地贬低某些个人或团体的系统,在伦理上是不能被接受的。处于决策地位的计算机专业人员应确保所设计和实现的系统,是保护个人隐私和强调个人尊严的。

3.6 为组织成员学习计算机系统的原理和局限创造条件 这是对"公众了解"守则(2.7)的补充。受教育的机会是促使所有组织成员全身心投入的一个重要因素。必须让所有成员有机会提高计算机方面的知识和技能,包括提供能让他们熟悉特殊类型的系统的效果和局限的课程。尤其是,必须让专业人员了解到,围绕着过于简单的模型,围绕着任何现实操作条件下都不大可能实现的构想和设计,以及与这个行业的复杂性有关的问题,构造系统所要面对的危险。

4. 遵守《规范》

作为美国计算机协会的一名会员我将……

4.1 维护和发扬《规范》的各项原则 计算机行业的未来既取决于技术上的优秀,也取决于道德上的优秀。美国计算机协会的每一名会员,不仅自己应该遵守《规范》所表述的原则,还应鼓励和支持其他的会员遵守这些原则。

4.2 视违反《规范》为不符合美国计算机协会会员身份的行为 专业人员对某个伦理规范的遵守,主要是一种志愿行为。但是,如果有会员公然违反《规范》去从事不道德的勾当,美国计算机协会多半会取消其会员资格[①]。

---

① 本《规范》及补充性指南由《美国计算机协会(ACM)伦理与职业行为规范》修订工作组负责完成,成员包括:罗纳德·E.安德森(主席)、杰拉尔德·恩格尔、唐纳德·戈特巴恩、格雷斯·C.赫特莱因、亚历克斯·霍夫曼、布鲁斯·乔沃、戴博拉·G.约翰逊、多丽丝·K.利德克、乔伊斯·柯里·利特尔、戴安·马丁、唐·B.帕克、朱迪思·A.佩罗拉、理查德·S.罗森伯格。本工作组由 ACM/SIGCAS(计算机与社会专项组)组织,由 ACM 专项委托基金提供资助。

附录 B

软件工程职业道德规范和实践要求(5.2版)^①

IEEE-CS 和 ACM 软件工程道德和职业实践联合工作组推荐

经 IEEE-CS 和 ACM 批准定为讲授和实践软件工程的标准

序 言

本规范的简明版以更高级的摘要形式归纳了规范的主要意向,完整版所包括的条款则给出了范例和细节,说明这些意向会如何改变软件工程专业人员的行为,没有这些意向,细节会变得过于法律化和繁琐,而没有细节补充,意向又会显得高调而空洞,因此意向和细节使规范构成一个整体。

软件工程师应履行其实践承诺,使软件的需求分析、规格说明、设计、开发、测试和维护成为一项有益和受人尊敬的职业。为实现他们对公众健康、安全和利益的承诺目标,软件工程师应当坚持以下 8 项原则:

(1) 公众:软件工程师应当以公众利益为目标;

(2) 客户和雇主:在保持与公众利益一致的原则下,软件工程师应注意满足客户和雇主的最高利益;

(3) 产品:软件工程师应当确保他们的产品和相关的改进符合最高的专业标准;

(4) 判断:软件工程师应当维护他们职业判断的完整性和独立性;

(5) 管理:软件工程的经理和领导人员应赞成和促进对软件开发和维护合乎道德规范的管理;

(6) 专业:在与公众利益一致的原则下,软件工程师应当推进其专业的完整性和声誉;

(7) 同行:软件工程师对其同行应持平等和互助和支持的态度;

(8) 自我:软件工程师应当参与终生职业实践的学习,并促进合乎道德的职业实践方法。

---

① Software Engineering Code of Ethics and Professional Practice(Version 5.2)

完 整 版

序 言

　　计算机正逐渐成为商业、工业、政府、医疗、教育、娱乐和整个社会的发展中心,软件工程师通过直接参与或者教授,对软件系统的分析、说明、设计、开发、授证、维护和测试做出贡献,正因为他们在开发软件系统中的作用,软件工程师有很大机会去做好事或带来危害,有能力让他人做好事或带来危害,以及影响他人做好事或造成危害。为了尽可能确保他们的努力会用于好的方面,软件工程师必须做出自己的承诺,使软件工程成为有益和受人尊敬的职业,为符合这一承诺,软件工程师应当遵循下列职业道德规范和实践。

　　本规范包含有关专业软件工程师行为和决断的 8 项原则,这涉及那些实际工作者、教育工作者、经理、主管人员、政策制定者以及与职业相关的受训人员和学生。这些原则指出了有个人、小组和团体参与其中的道德责任关系,以及这些关系中的主要责任,每个原则的条款就是对这些关系中的某些责任做出说明,这些责任是基于软件工程师的人性、对受软件工程师工作影响的人们的特别关照以及软件工程实践的独特因素。本规范把这些规定为任何要认定或有意从事软件工程的人的基本责任。

　　不能把规范的个别部分孤立开来使用以辩护错误,所列出的原则和条款并不是非常完善和详尽的,在职业指导的所有实际使用情况中,不应当将条款的可接受部分与不可接受部分分离开来,本规范也不是简单的道德算法,不可用来产生道德决定,在某些情况下,标准可能互相抵触或与来自其他地方的标准抵触,在这种情况下就要求软件工程师用自己的道德判断,做出在特定情况下符合职业道德规范和职业实践精神的行动。

　　道德冲突的最好解决方法是对基本原则的周密思考,而不是对条文细节的咬文嚼字,这些原则应当促使软件工程师从更广的角度考虑,谁会受他们工作的影响,研究他们是否和他们的同行已给其他人应有的尊重,考虑对他们工作有所了解的公众将如何看待他们的决定,分析如何使他们的决定影响最小,思考他们的行动是最符合作为软件工程师专业工作要求的,在所有情况下,这些判断关心的主要应是公众的健康、安全和福利,也就是说,"公众利益"是这一规范的核心。

　　因为软件工程动态和求变的背景,要求规范能适合新的变化情况,但是即使在这样一般的情况下,规范对软件工程师和他们的经理提供了支持,帮助他们需要在所遇的特定情况中通过制定职业道德标准采取建设性的动作,本规范不仅为团体中的个人,而且为整个团体提供了一个能遵循的道德基础,本规范也替那些要求软件工程师或其团体去做道德上不适当的行为下了定义和限制。

　　本规范不单是用来判断有问题行为的性质,它也具有重要的教育功能,由于这一规范表达了行业对职业道德的一致认识,这是教育公众和有志向职业人员有关软件工程师道德责任的一种工具。

原 则

　　原则 1　公众　软件工程师应当以公众利益为目标,特别是在适当的情况下软件工程师应当:

1.01 对他们的工作承担完全的责任;

1.02 用公益目标节制软件工程师、雇主、客户和用户的利益;

1.03 批准软件,应在确信软件是安全的、符合规格说明的、经过合适测试的、不会降低生活品质、影响隐私权或有害环境的条件之下,一切工作以大众利益为前提;

1.04 当他们有理由相信有关的软件和文档,可以对用户、公众或环境造成任何实际或潜在的危害时,向适当的人或当局揭露;

1.05 通过合作全力解决由于软件及其安装、维护、支持或文档引起的社会严重关切的各种事项;

1.06 在所有有关软件、文档、方法和工具的申述中,特别是与公众相关的,力求正直,避免欺骗;

1.07 认真考虑诸如体力残疾、资源分配、经济缺陷和其他可能影响使用软件益处的各种因素;

1.08 应致力于将自己的专业技能用于公益事业和公共教育的发展。

原则 2 客户和雇主 在保持与公众利益一致的原则下,软件工程师应注意满足客户和雇主的最高利益,特别是在适当的情况下软件工程师应当:

2.01 在其胜任的领域提供服务,对其经验和教育方面的不足应持诚实和坦率的态度;

2.02 不明知故犯使用非法或非合理渠道获得的软件;

2.03 在客户或雇主知晓和同意的情况下,只在适当准许的范围内使用客户或雇主的资产;

2.04 保证他们遵循的文档按要求经过某一人授权批准;

2.05 只要工作中所接触的机密文件不违背公众利益和法律,对这些文件所记载的信息需严格保密;

2.06 根据其判断,如果一个项目有可能失败,或者费用过高,违反知识产权法规,或者存在问题,应立即确认、文档记录、收集证据和报告客户或雇主;

2.07 当他们知道软件或文档有涉及社会关切的明显问题时,应确认、文档记录和报告给雇主或客户;

2.08 不接受不利于为他们雇主工作的外部工作;

2.09 不提倡与雇主或客户的利益冲突,除非出于符合更高道德规范的考虑,在后者情况下,应通报雇主或另一位涉及这一道德规范的适当的当事人。

原则 3 产品 软件工程师应当确保他们的产品和相关的改进符合最高的专业标准,特别是在适当的情况下软件工程师应当:

3.01 努力保证高质量、可接受的成本和合理的进度,确保任何有意义的折衷方案雇主和客户是清楚和接受的,从用户和公众角度是合用的;

3.02 确保他们所从事或建议的项目有适当和可达到的目标;

3.03 识别、定义和解决他们工作项目中有关的道德、经济、文化、法律和环境问题;

3.04 通过适当地结合教育、培训和实践经验,保证他们能胜任正从事和建议开展的工作项目;

3.05 保证在他们从事或建议的项目中使用合适的方法;

3.06 只要适用,遵循最适合手头工作的专业标准,除非出于道德或技术考虑可认定时

才允许偏离;

    3.07   努力做到充分理解所从事软件的规格说明;

    3.08   保证他们所从事的软件说明是良好文档、满足用户需要和经过适当批准的;

    3.09   保证对他们从事或建议的项目做出现实和定量的估算,包括成本、进度、人员、质量和输出,并对估算的不确定性做出评估;

    3.10   确保对其从事的软件和文档资料有合适的测试、排错和评审;

    3.11   保证对其从事的项目,有合适的文档,包括列入他们发现的重要问题和采取的解决办法;

    3.12   开发的软件和相关的文档,应尊重那些受软件影响的人的隐私;

    3.13   小心和只使用从正当或法律渠道获得的精确数据,并只在准许范围内使用;

    3.14   注意维护容易过时或有出错情况时的数据完整性;

    3.15   处理各类软件维护时,应保持与新开发时一样的职业态度。

原则 4　判断　软件工程师应当维护他们职业判断的完整性和独立性,特别是在适当的情况下软件工程师应当:

    4.01   所有技术性判断服从支持和维护人价值的需要;

    4.02   只有在对本人监督下准备的文档,或在本人专业知识范围内并经本人同意的情况下才签署文档;

    4.03   对受他们评估的软件或文档,保持职业的客观性;

    4.04   不参与欺骗性的财务行为,如行贿、重复收费或其他不正当财务行为;

    4.05   对无法回避和逃避的利益冲突,应告示所有有关方面;

    4.06   当他们的雇主或客户存有未公开和潜在利益冲突时,拒绝以会员或顾问身份参加与软件事务相关的私人、政府或职业团体。

原则 5　管理　软件工程的经理和领导人员应赞成和促进对软件开发和维护合乎道德规范的管理,特别是在适当的情况下软件工程师应当:

    5.01   对其从事的项目保证良好的管理,包括促进质量和减少风险的有效步骤;

    5.02   保证软件工程师在遵循标准之前便知晓它们;

    5.03   保证软件工程师知道雇主是如何保护对雇主或其他人保密的口令、文件和信息的有关政策和方法;

    5.04   布置工作任务应先考虑其教育和经验会有合适的贡献,再加上有进一步教育和经验的要求;

    5.05   保证对他们从事或建议的项目,做出现实和定量的估算,包括成本、进度、人员、质量和输出,并对估算的不确定性做出评估;

    5.06   在雇佣软件工程师时,需实事求是地介绍雇佣条件;

    5.07   提供公正和合理的报酬;

    5.08   不能不公正地阻止一个人取得可以胜任的岗位;

    5.09   对软件工程师有贡献的软件、过程、研究、写作或其他知识产权的所有权,保证有一个公平的协议;

    5.10   对违反雇主政策或道德观念的指控,提供正规的听证过程;

    5.11   不要求软件工程师去做任何与道德规范不一致的事;

5.12　不能处罚对项目的开展在道德方面提出疑问的人。

原则 6　专业　在与公众利益一致的原则下,软件工程师应当推进其专业的完整性和声誉,特别是在适当的情况下软件工程师应当:

6.01　协助发展一个适合执行道德规范的组织环境;

6.02　推进软件工程的共识性;

6.03　通过适当参加各种专业组织、会议和出版物,扩充软件工程知识;

6.04　作为一名职业成员,支持其他软件工程师努力遵循本道德规范;

6.05　不以牺牲职业、客户或雇主利益为代价,谋求自身利益;

6.06　服从所有监管作业的法令,唯一可能的例外是,仅当这种符合与公众利益有不一致时;

6.07　要精确叙述自己所从事软件的特性,不仅避免错误的断言,也要防止那些可能造成猜测投机、空洞无物、欺骗性、误导性或者有疑问的断言;

6.08　对所从事的软件和相关文档,负起检测、修正和报告错误的责任;

6.09　保证让客户、雇主和主管人员知道软件工程师对本道德规范的承诺,以及这一承诺带来的后果;

6.10　避免与本道德规范有冲突的业务和组织沾边;

6.11　要认识违反本规范是与成为一名专业工程师不相称的;

6.12　在出现明显违反本规范情况时,应向有关当事人表达自己的关切,除非在没有可能、会影响生产或有危险时才可例外;

6.13　当向明显违反道德规范的人无法磋商,或者会影响生产或有危险时,应向有关当局报告。

原则 7　同行　软件工程师对其同行应持平等、互助和支持的态度,特别是在适当的情况下软件工程师应当:

7.01　鼓励同行遵守本道德规范;

7.02　在专业发展方面帮助同行;

7.03　充分信任和赞赏其他人的工作,克制追逐不应有的赞誉;

7.04　评审别人的工作,应客观、直率和适当地进行文档记录;

7.05　持良好的心态听取同行的意见、关切和抱怨;

7.06　协助同行充分熟悉当前的标准工作实践,包括保护口令、文件和保密信息有关的政策和步骤,以及一般的安全措施;

7.07　不要不公正地干涉同行的职业发展,但出于客户、雇主或公众利益的考虑,软件工程师应以善意态度质询同行的胜任能力;

7.08　在有超越本人胜任范围的情况时,应主动征询其他熟悉这一领域的专业人员。

原则 8　自身　软件工程师应当参与终生职业实践的学习,并促进合乎道德的职业实践,特别是软件工程师应不断尽力于:

8.01　深化他们的开发知识,包括软件的分析、规格说明、设计、开发、维护和测试,相关的文档以及开发过程的管理;

8.02　提高他们在合理的成本和时限范围内,开发安全、可靠和有用质量软件的能力;

8.03　提高他们产生正确、有含量的和良好编写的文档能力;

8.04 提高他们对所从事软件和相关文档资料,以及应用环境的了解;

8.05 提高他们对从事软件和文档有关标准和法律的熟悉程度;

8.06 提高他们对本规范,及其解释和如何应用于本身工作的了解;

8.07 不因为难以接受的偏见不公正地对待他人;

8.08 不影响他人在执行道德规范时所采取的任何行动;

8.09 要认识违反本规范是与成为一名专业软件工程师不相称的。

本规范由 IEEE-CS/ACM 软件工程师道德规范和职业实践(SEEPP)联合工作组制订。

执行委员会:Donald Gotterbarn(主席),Keith Miller and Simon Rogerson;

成员:Steve Barber,Peter Barnes,Ilene Burnstein,Michael Davis,Amr ElKadi,N. Ben Fairweather,Milton Fulghum,N. Jayaram,Tom Jewett,Mark Kanko,Ernie Kallman,Duncan Langford,Joyce Currie Little,Ed Mechler,Manuel J. Norman,Douglas Phillips,Peter Ron Prinzivalli,Patrick Sullivan,John Weckert,Vivian Weil,S. Weisband and Laurie Honour Werth。

本标准的版权(1999)属国际电气电子工程师协会(IEEE)和美国计算机学会(ACM)。

本标准可以未经授权而刊印,但应保持原样不做修改,并注明版权所有。

本文乃原标准(英文版)的中文翻译稿,当出现理解问题时,应查阅原标准为准。

附录 C

中国互联网行业自律公约

中国互联网协会,2002 年 4 月 24 日

第一章　总　　则

第一条　遵照"积极发展、加强管理、趋利避害、为我所用"的基本方针,为建立我国互联网行业自律机制,规范行业从业者行为,依法促进和保障互联网行业健康发展,制定本公约。

第二条　本公约所称互联网行业是指从事互联网运行服务、应用服务、信息服务、网络产品和网络信息资源的开发、生产以及其他与互联网有关的科研、教育、服务等活动的行业的总称。

第三条　互联网行业自律的基本原则是爱国、守法、公平、诚信。

第四条　倡议全行业从业者加入本公约,从维护国家和全行业整体利益的高度出发,积极推进行业自律,创造良好的行业发展环境。

第五条　中国互联网协会作为本公约的执行机构,负责组织实施本公约。

第二章　自律条款

第六条　自觉遵守国家有关互联网发展和管理的法律、法规和政策,大力弘扬中华民族优秀文化传统和社会主义精神文明的道德准则,积极推动互联网行业的职业道德建设。

第七条　鼓励、支持开展合法、公平、有序的行业竞争,反对采用不正当手段进行行业内竞争。

第八条　自觉维护消费者的合法权益,保守用户信息秘密;不利用用户提供的信息从事任何与向用户做出的承诺无关的活动,不利用技术或其他优势侵犯消费者或用户的合法权益。

第九条　互联网信息服务者应自觉遵守国家有关互联网信息服务管理的规定,自觉履行互联网信息服务的自律义务:

(一) 不制作、发布或传播危害国家安全、危害社会稳定、违反法律法规以及迷信、淫秽等有害信息,依法对用户在本网站上发布的信息进行监督,及时清除有害信息;

(二) 不链接含有有害信息的网站,确保网络信息内容的合法、健康;

（三）制作、发布或传播网络信息，要遵守有关保护知识产权的法律、法规；

（四）引导广大用户文明使用网络，增强网络道德意识，自觉抵制有害信息的传播。

第十条　互联网接入服务提供者应对接入的境内外网站信息进行检查监督，拒绝接入发布有害信息的网站，消除有害信息对我国网络用户的不良影响。

第十一条　互联网上网场所经营者要采取有效措施，营造健康文明的上网环境，引导上网人员特别是青少年健康上网。

第十二条　互联网信息网络产品制作者要尊重他人的知识产权，反对制作含有有害信息和侵犯他人知识产权的产品。

第十三条　全行业从业者共同防范计算机恶意代码或破坏性程序在互联网上的传播，反对制作和传播对计算机网络及他人计算机信息系统具有恶意攻击能力的计算机程序，反对非法侵入或破坏他人计算机信息系统。

第十四条　加强沟通协作，研究、探讨我国互联网行业发展战略，对我国互联网行业的建设、发展和管理提出政策和立法建议。

第十五条　支持采取各种有效方式，开展互联网行业科研、生产及服务等领域的协作，共同创造良好的行业发展环境。

第十六条　鼓励企业、科研、教育机构等单位和个人大力开发具有自主知识产权的计算机软件、硬件和各类网络产品等，为我国互联网行业的进一步发展提供有力支持。

第十七条　积极参与国际合作和交流，参与同行业国际规则的制定，自觉遵守我国签署的国际规则。

第十八条　自觉接受社会各界对本行业的监督和批评，共同抵制和纠正行业不正之风。

第三章　公约的执行

第十九条　中国互联网协会负责组织实施本公约，负责向公约成员单位传递互联网行业管理的法规、政策及行业自律信息，及时向政府主管部门反映成员单位的意愿和要求，维护成员单位的正当利益，组织实施互联网行业自律，并对成员单位遵守本公约的情况进行督促检查。

第二十条　本公约成员单位应充分尊重并自觉履行本公约的各项自律原则。

第二十一条　公约成员之间发生争议时，争议各方应本着互谅互让的原则争取以协商的方式解决争议，也可以请求公约执行机构进行调解，自觉维护行业团结，维护行业整体利益。

第二十二条　本公约成员单位违反本公约的，任何其他成员单位均有权及时向公约执行机构进行检举，要求公约执行机构进行调查；公约执行机构也可以直接进行调查，并将调查结果向全体成员单位公布。

第二十三条　公约成员单位违反本公约，造成不良影响，经查证属实的，由公约执行机构视不同情况给予在公约成员单位内部通报或取消公约成员资格的处理。

第二十四条　本公约所有成员单位均有权对公约执行机构执行本公约的合法性和公正性进行监督，有权向执行机构的主管部门检举公约执行机构或其工作人员违反本公约的行为。

第二十五条　本公约执行机构及成员单位在实施和履行本公约过程中必须遵守国家有关法律、法规。

第四章　附　则

第二十六条　本公约经公约发起单位法定代表人或其委托的代表签字后生效，并在生效后的 30 日内由中国互联网协会向社会公布。

第二十七条　本公约生效期间，经公约执行机构或本公约十分之一以上成员单位提议，并经三分之二以上成员单位同意，可以对本公约进行修改。

第二十八条　我国互联网行业从业者接受本公约的自律规则，均可以申请加入本公约；本公约成员单位也可以退出本公约，并通知公约执行机构；公约执行机构定期公布加入及退出本公约的单位名单。

第二十九条　本公约成员单位可以在本公约之下发起制订各分支行业的自律协议，经公约成员单位同意后，作为本公约的附件公布实施。

第三十条　本公约由中国互联网协会负责解释。

第三十一条　本公约自公布之日起施行。

参 考 文 献

1. Terrell Ward Bynum, Simon Rogeron. Computer Ethics and Professional Responsibility. Blackwell Publishing,2004

2. (美)理查德·A. 斯班尼罗著(Richard A. Spinello). 信息和计算机伦理案例研究. 赵阳陵,吴贺新,张德,译. 北京:科学技术出版社,2002

3. 殷正坤. 计算机伦理与法律. 武昌:华中科技大学出版社,2003

4. 湘成. 信息代表什么——信息科学与人文视野. 合肥:安徽教育出版社,2002

5. (美)派卡·海曼(Pakka Himanen). 黑客伦理与信息时代精神. 李伦,魏静,唐一之译. 北京:中信出版社,2002

6. 黄寰. 网络伦理危机及对策. 北京:科学出版社,2003

7. 戴黍. 因特网与高校德育:网络社会可持续发展的伦理考察. 乌鲁木齐:新疆大学出版社,2002

8. 许剑颖. 论网络环境中的信息伦理问题及其对策. 情报杂志,2004,(1)

9. 张震. 网络时代伦理. 成都:四川人民出版社,2002

10. 段伟文. 网络空间的伦理反思. 南京:江苏人民出版社,2002

11. 李伦. 鼠标下的德性. 南昌:江西人民出版社,2002

12. Stacey L. Edgar. Morality and Machines: perspectives on computer ethics. Boston: Jones and Bartlett Publishers,Inc.,2002

13. 教育部高等学校计算机科学与技术教学指导委员会. 高等学校计算机科学与技术专业发展战略研究报告暨专业规范(试行). 北京:高等教育出版社,2006

14. CC 2001: Curriculum Guidelines for Undergraduate Degree Programs in Computer Science. http://www.acm.org/education/panel? pageIndex=2

15. CS Interim review. http://www.acm.org/education/panel? pageIndex=2

16. CE 2004: Curriculum Guidelines for Undergraduate Degree Programs in Computer Engineering. http://www.acm.org/education/panel? pageIndex=2

17. IT 2008 (final, pending approval): The Computing Curricula Information Technology Volume is complete and is awaiting final approval from the ACM Education Board and IEEE-CS,which should happen by the end of November. http://www.acm.org/education/panel? pageIndex=2

18. SE 2004: Curriculum Guidelines for Undergraduate Degree Programs in Software Engineering. http://www.acm.org/education/panel? pageIndex=2

19. CC 2005 The Overview Report. http://www.acm.org/education/ curricula-recommendations

20. [澳]汤姆·福雷斯特,佩里·莫里森(Tom Forester,Perry Morrison). 计算机伦理学:计算机学中的警示与伦理困境. 陆成,译. 北京:北京大学出版社,2006

21. Deborah G. Johnson. Computer Ethics,the forth edition. Prentice Hall,2009

b22. 姜媛媛,李德武. 计算机社会与职业问题. 北京:冶金工业出版社,2006

23. 教育部高等学校计算机科学与技术教学指导委员会. 高等学校计算机科学与技术专业公共核心知识体系与课程. 北京:清华大学出版社,2008

24. 教育部高等学校计算机科学与技术教学指导委员会. 高等学校计算机科学与技术专业实践教学体系与规范. 北京:清华大学出版社,2008

25. 阮晓钢. 机器生命的秘密. 北京:北京邮电大学出版社,2005

26. Thomas L. Friedman. The World Is Flat: A Brief History of the Twenty—first Century,Farrar,Straus and Giroux. 2006

27. 周祖城. 企业伦理学. 北京:清华大学出版社,2005

普通高等教育"十一五"国家级规划教材
21世纪大学本科计算机专业系列教材

近期出版书目

- 计算概论(第2版)
- 计算机导论(第2版)
- 计算机伦理学
- 程序设计导引及在线实践
- 程序设计基础(第2版)
- 程序设计基础习题解析与实验指导
- 程序设计基础(C语言)
- 程序设计基础(C语言)实验指导
- 离散数学(第2版)
- 离散数学习题解答与学习指导(第2版)
- 数据结构与算法
- 数据结构(STL框架)
- 形式语言与自动机理论(第2版)
- 形式语言与自动机理论教学参考书
  (第2版)
- 计算机组成原理(第2版)
- 计算机组成原理教师用书(第2版)
- 计算机组成原理学习指导与习题解析
  (第2版)
- 计算机组成与体系结构(第2版)
- 微型计算机系统与接口(第2版)
- 计算机系统结构教程

- 计算机系统结构学习指导与题解
- 计算机操作系统
- 计算机操作系统学习指导与习题解答
- 数据库系统原理
- 编译原理
- 软件工程
- 计算机图形学
- 计算机网络(第2版)
- 计算机网络教师用书(第2版)
- 计算机网络实验指导书(第2版)
- 计算机网络习题集与习题解析(第2版)
- 计算机网络软件编程指导书
- 人工智能
- 多媒体技术原理及应用(第2版)
- 算法设计与分析(第2版)
- 算法设计与分析习题解答(第2版)
- C++程序设计(第2版)
- 面向对象程序设计(第2版)
- 计算机网络工程(第2版)
- 计算机网络工程实验教程
- 信息安全原理及应用